数学基礎コース＝H2

微分積分概論
［新訂版］

越　昭三 ＝ 監修
高橋泰嗣・加藤幹雄 ＝ 共著

サイエンス社

新訂にあたって

　本書の初版が発行されてから，はや 15 年が過ぎた．このたび，この間に著者の気に留まった箇所の修正や新たな問題の補充などを行い本書を新訂することとなった．

　具体的には，第 4 章の陰関数に関する例題 6 を差し替えた他，積分法や重積分法では教育的な配慮から問題を追加して更なる学習効果を図ったことなどである．

　また，昨今の入試方法の多様化などで生じる学生のレベルのばらつきなども考慮し，より見易くなるよう体裁も工夫された．この新訂により，本書がより親しみ易いものとなり，理工学の基礎である微分積分学の学習に一層資することを願っている．

　本書の新訂にあたっては，サイエンス社の田島伸彦氏，鈴木綾子氏に大変お世話になりました．心から感謝いたします．

2013 年 10 月

著　者

まえがき

　本書は理工系の大学初年度における微積分の教科書あるいは参考書として編集されたものである．最近の高等学校における数学の学習内容の多様化を考慮し，1変数の微積分についても基本的なことから記述し，それほど予備知識がなくても微積分の概要が理解できるように配慮した．また，理工系の学生にとって，微積分は各専門分野での学習の基礎となるものである．本書では，計算技術に習熟すると共に，微積分の考え方に触れ，その全体的な流れを理解することを重視した．

　編集上，特に留意したのは次の点である．

　(1) 直観的に理解し易いように，できるだけ図を多くした．

　(2) 例題や例で定理の使い方を説明し，その後には問を設けた．原則として，それらを見開きの形に配置し，読者の便宜を図った．

　(3) 数列や関数の極限を求める際に使われる基本的な定理の証明を ε-δ 論法によって与え，論理的な思考方法に触れることとした．

　(4) 計算力を強化するため，できるだけ多くの計算例を与えた．計算することの楽しさが実感できるように，一般的な解法だけでなく，より簡単な解法が発見できるような問題も数多く選んだ．

　(5) 理工系の専門基礎科目とのつながりを考慮し，級数と微分方程式の初歩を述べた．

　本書の執筆にあたって，多くの類書を参考にさせていただきました．また，サイエンス社の田島伸彦氏，鈴木綾子氏，その他編集校正等でお世話になった方々に心から感謝します．

1998年 3月

監修者
著　者

目　次

第 1 章　極限と連続　　1
1.1 実数の性質と数列の極限 ……………………………… 1
1.2 関数の極限と連続関数 …………………………………… 8
　　　演 習 問 題 …………………………………………………… 19

第 2 章　微 分 法　　21
2.1 導 関 数 …………………………………………………… 21
2.2 高次導関数 ………………………………………………… 32
2.3 平均値の定理 ……………………………………………… 36
2.4 テイラーの定理 …………………………………………… 40
2.5 微分法の応用 ……………………………………………… 46
　　　演 習 問 題 …………………………………………………… 60

第 3 章　積 分 法　　63
3.1 不 定 積 分 ………………………………………………… 63
3.2 有理関数の積分 …………………………………………… 72
3.3 三角関数，無理関数他の積分 …………………………… 76
3.4 定 積 分 …………………………………………………… 82
3.5 広 義 積 分 ………………………………………………… 90
3.6 積分の応用 ………………………………………………… 96
　　　演 習 問 題 …………………………………………………… 104

第 4 章　偏微分法　　　　　　　　　　　106

- **4.1**　2 変数関数と極限 106
- **4.2**　偏導関数 114
- **4.3**　全微分 120
- **4.4**　合成関数の微分とテイラーの定理 128
- **4.5**　偏微分の応用 138
- 演習問題 144

第 5 章　重積分法　　　　　　　　　　　146

- **5.1**　2 重積分 146
- **5.2**　広義の 2 重積分 160
- **5.3**　3 重積分 164
- **5.4**　重積分の応用 168
- 演習問題 176

第 6 章　級数　　　　　　　　　　　179

- **6.1**　級数の収束・発散 179
- **6.2**　正項級数 182
- **6.3**　絶対収束級数・条件収束級数 188
- **6.4**　整級数 190
- 演習問題 196

付章　微分方程式　　　　　　　　　　　197

- **A.1**　1 階微分方程式 197
- **A.2**　2 階微分方程式 204

問題の略解　　　　　　　　　　　207
索引　　　　　　　　　　　216

三角関数の公式

(1) **加法定理**

$$\sin(x \pm y) = \sin x \cos y \pm \cos x \sin y$$

$$\cos(x \pm y) = \cos x \cos y \mp \sin x \sin y$$

(2) **2倍角の公式**

$$\sin 2x = 2\sin x \cos x$$

$$\cos 2x = \cos^2 x - \sin^2 x = 2\cos^2 x - 1 = 1 - 2\sin^2 x$$

(3) **半角の公式**

$$\sin^2 \frac{x}{2} = \frac{1 - \cos x}{2}, \quad \cos^2 \frac{x}{2} = \frac{1 + \cos x}{2}$$

(4) **和・差を積にする公式**

$$\sin \alpha + \sin \beta = 2 \sin \frac{\alpha + \beta}{2} \cos \frac{\alpha - \beta}{2}$$

$$\sin \alpha - \sin \beta = 2 \cos \frac{\alpha + \beta}{2} \sin \frac{\alpha - \beta}{2}$$

$$\cos \alpha + \cos \beta = 2 \cos \frac{\alpha + \beta}{2} \cos \frac{\alpha - \beta}{2}$$

$$\cos \alpha - \cos \beta = -2 \sin \frac{\alpha + \beta}{2} \sin \frac{\alpha - \beta}{2}$$

(5) **積を和・差にする公式**

$$\sin A \cos B = \frac{1}{2} \{\sin(A+B) + \sin(A-B)\}$$

$$\cos A \cos B = \frac{1}{2} \{\cos(A+B) + \cos(A-B)\}$$

$$\sin A \sin B = -\frac{1}{2} \{\cos(A+B) - \cos(A-B)\}$$

第1章

極限と連続

1.1 実数の性質と数列の極限

実数の性質 微分積分の舞台となる実数の集合に目を向けよう．実数の間に成り立つ「四則演算」，「大小関係」，また実数が数直線上の点で表されることなどについてはすでによく慣れているであろう．ここでは微分積分学において本質的な「実数の連続性」について理解しておこう．

実数全体の集合を $\boldsymbol{R}$，自然数全体の集合 $\{1, 2, \cdots\}$ を $\boldsymbol{N}$ で表す．S を $\boldsymbol{R}$ の部分集合とする．x が S の元であることを $x \in S$ で表す．S に属するすべての x がある定数 M 以下，すなわち $x \leqq M$ であるとき S は**上に有界**であるといい，M を S の**上界**という．M より大きな数はまた S の上界である．そこで S の上界で最小なものを S の**上限** (supremum) といい $\sup S$ で表す．**下に有界**，**下界**，**下限** (infimum)，$\inf S$ も同様に定義される．S が上に有界かつ下に有界であるとき，S は**有界**であるという．また S の**最大数** (maximum)，**最小数** (minimum) をそれぞれ $\max S$, $\min S$ で表す．

明らかに S の最大数は S の最小上界である．すなわち，S に最大数があればそれは上限に等しい．同様に，S に最小数があればそれは下限に等しい．なお，S が上に（下に）有界でないとき，$\sup S = \infty$ ($\inf S = -\infty$) と書く．

例 1 $\boldsymbol{N}$ には最小数 1 が存在するから
$$\inf \boldsymbol{N} = \min \boldsymbol{N} = 1.$$
他方 $\boldsymbol{N}$ は上に有界でないから，$\sup \boldsymbol{N}$, $\max \boldsymbol{N}$ は存在しない．すなわち，$\sup \boldsymbol{N} = \infty$．

例 2 $S = \{1 - 1/n \ ; \ n \in \boldsymbol{N}\}$ とすると，$\inf S = \min S = 0$ で $\sup S = 1$ だが $\max S$ は存在しない． ■

例 3 S を区間 $(a, b] = \{x \, ; a < x \leqq b\}$ とすると，$\sup S = \max S = b$ で $\inf S = a$ だが $\min S$ は存在しない．(区間については 10p 注を参照) ■

一般に S が上に有界でも S に最大数があるとは限らないが，それに代る上限はいつでも存在するというのが次の「実数の連続性」である．下限についても同様である．

> **実数の連続性** 上に有界な集合には上限が存在する（下に有界な集合には下限が存在する）．

問 1 S が上に有界であるとき，S に最大数が存在するための必要十分条件は $\sup S \in S$ であることを示せ．

例題 1 ——————————————————————— 三角不等式 ———

次を示せ．
(1) $|x+y| \leqq |x| + |y|$ （三角不等式） (2) $\bigl||x| - |y|\bigr| \leqq |x-y|$

【解　答】 (1) は $-|x| - |y| \leqq x + y \leqq |x| + |y|$ から明らか．
(2) (1) より $|x| = |(x-y) + y| \leqq |x-y| + |y|$ であるから，
$$|x| - |y| \leqq |x-y|.$$
x と y を入れかえて，$|y| - |x| \leqq |y-x| = |x-y|$．これより $\bigl||x|-|y|\bigr| \leqq |x-y|$ が得られる． ■

ここで 2 項定理について思い出しておこう．異なる n 個のものから r 個を取り出す**組合せ**（Combination）の総数を $_n\mathrm{C}_r$ で表すと

$$_n\mathrm{C}_r = \frac{n(n-1)\cdots(n-r+1)}{r!} = \frac{n!}{r!(n-r)!}$$

$$(r! = r(r-1)\cdots 2 \cdot 1, \ 0! = 1)$$

1.1 実数の性質と数列の極限

である．すなわち，

$$_nC_0 = 1, \quad {}_nC_1 = n, \quad {}_nC_2 = \frac{n(n-1)}{2!}, \quad {}_nC_3 = \frac{n(n-1)(n-2)}{3!},$$
$$\cdots, \quad {}_nC_n = \frac{n!}{n!} = 1.$$

異なる n 個のものから r 個を取り出すのは残りの $(n-r)$ 個をとることと同じであるから

$$_nC_r = {}_nC_{n-r} \tag{1.1}$$

が成り立つ．また ${}_nC_r$ は，r 個の中に特定の 1 個が含まれる場合の数 ${}_{n-1}C_{r-1}$ と含まれない場合の数 ${}_{n-1}C_r$ の和に等しい．すなわち

$$_nC_r = {}_{n-1}C_{r-1} + {}_{n-1}C_r \tag{1.2}$$

が成り立つ．さて，

$$a + b = {}_1C_0 a + {}_1C_1 b$$
$$(a+b)^2 = a^2 + 2ab + b^2 = {}_2C_0 a^2 + {}_2C_1 ab + {}_2C_2 b^2$$
$$(a+b)^3 = a^3 + 3a^2 b + 3ab^2 + b^3 = {}_3C_0 a^3 + {}_3C_1 a^2 b + {}_3C_2 ab^2 + {}_3C_3 b^3$$

であるが，一般に $(a+b)^n$ の展開式は次の形となる．

2 項定理 $(a+b)^n = {}_nC_0 a^n + {}_nC_1 a^{n-1} b + {}_nC_2 a^{n-2} b^2$
$$+ \cdots + {}_nC_r a^{n-r} b^r + \cdots + {}_nC_n b^n$$

(1.2) によって 2 項定理の係数（**2 項係数**という）は次のように配列されていることが分かる．

```
n = 1              1     1
n = 2           1     2     1
n = 3        1     3     3     1
n = 4     1     4     6     4     1
n = 5   1    5    10   10    5    1
```

問 2 $h > 0$, $n \in \mathbf{N}$ のとき次の不等式を示せ．

(1) $(1+h)^n \geqq 1 + nh$ (2) $\sqrt[n]{1+h} \leqq 1 + \dfrac{h}{n}$

数列の極限　n を限りなく大きくすると a_n が限りなく a に近づくとき，数列 $\{a_n\}$ は a に**収束する**といい，$\lim_{n\to\infty} a_n = a$，または $a_n \to a \ (n \to \infty)$ で表す．このとき a を $\{a_n\}$ の**極限値**という．$\{a_n\}$ がどんな実数にも収束しないとき $\{a_n\}$ は**発散する**という．特に a_n が限りなく大きくなるとき $\{a_n\}$ は $+\infty$（正の無限大）に発散するという．また $a_n < 0$ で $|a_n|$ が限りなく大きくなるとき $\{a_n\}$ は $-\infty$（負の無限大）に発散するという．このときそれぞれ $\lim_{n\to\infty} a_n = +\infty$，$\lim_{n\to\infty} a_n = -\infty$ で表す（$+\infty$ は単に ∞ とも書く）．

さて，ここで述べた"限りなく近づく"といった直観的な表現には客観的な基準がない．そのため収束するかどうか判定不能な場合も少なくない．そこで"限りなく近づく"という表現で我々が理解しようとしている事柄を，誰もが同じ認識に立てる形で述べておこう．

数列 $\{a_n\}$ が a に収束するとは，どんなに小さな正の数 ε に対してもある自然数 n_0 があって，

$$n \geqq n_0 \ \ \text{ならば} \ \ |a_n - a| < \varepsilon$$

が成り立つことである．すなわち，a_n と a との距離を ε より小さくするためには n を n_0 以上に大きくすればよく，このような n_0 が ε ごとに定まることである．ここで $|a_n - a| < \varepsilon$ は $a - \varepsilon < a_n < a + \varepsilon$ と同値である．

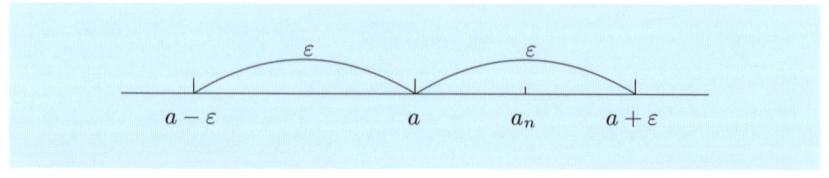

同様に数列 $\{a_n\}$ が $+\infty$ に発散するとは，どんなに大きな正数 M に対してもある自然数 n_0 があって，「$n \geqq n_0$ ならば $a_n > M$」が成り立つことである．

注　極限のこのような取り扱いについては，後出の定理 2（はさみうちの定理），定理 3 の証明でその練習をする程度にとどめる．また，それらの定理を直観的に理解して先に進んでも差し支えない．次節で述べる関数の極限についても同様である．

1.1 実数の性質と数列の極限

定理 1（極限の基本性質） $\lim_{n\to\infty} a_n = a, \ \lim_{n\to\infty} b_n = b$ とする．

(1) $\lim_{n\to\infty}(a_n \pm b_n) = a \pm b$

(2) $\lim_{n\to\infty} a_n b_n = ab$，特に，$\lim_{n\to\infty} ka_n = ka$ （k は定数）

(3) $\lim_{n\to\infty} \dfrac{a_n}{b_n} = \dfrac{a}{b}$ （$b_n, b \neq 0$）

(4) $a_n \leqq b_n$ ならば，$a \leqq b$

極限値の計算には次の「はさみうちの定理」がよく用いられる．

定理 2（はさみうちの定理）
$a_n \leqq c_n \leqq b_n, \ \lim_{n\to\infty} a_n = \lim_{n\to\infty} b_n = a$ ならば $\lim_{n\to\infty} c_n = a$

証明 任意の $\varepsilon > 0$ をとると，$\lim_{n\to\infty} a_n = \lim_{n\to\infty} b_n = a$ より

$n \geqq n_1$ ならば $a - \varepsilon < a_n < a + \varepsilon$，

$n \geqq n_2$ ならば $a - \varepsilon < b_n < a + \varepsilon$

となる自然数 n_1, n_2 が存在する．ここで $n_0 = \max\{n_1, n_2\}$ とすると

$n \geqq n_0$ ならば $a - \varepsilon < a_n \leqq c_n \leqq b_n < a + \varepsilon$

となり，結論が得られる． ■

例4 $\lim_{n\to\infty} \sqrt[n]{a} = 1 \ (a > 0)$ を示せ．

【解】 $a > 1$ とする．$a = 1 + h, \ h > 0$ とおくと問 2(2) より

$$1 < \sqrt[n]{a} = \sqrt[n]{1+h} \leqq 1 + \frac{h}{n}.$$

したがって定理 2 より $\sqrt[n]{a} \to 1 \ (n \to \infty)$．$0 < a < 1$ のとき，$b = \dfrac{1}{a}$ とおくと $b > 1$ だから $\sqrt[n]{a} = \dfrac{1}{\sqrt[n]{b}} \to 1 \ (n \to \infty)$．$a = 1$ なら明らか． ■

問 3 $a > 0 \ (a \neq 1)$ のとき，$\lim_{n\to\infty} a^n = \begin{cases} \infty & (a > 1) \\ 0 & (0 < a < 1) \end{cases}$ を示せ．

例題 2

$a > 0$ のとき，$\displaystyle\lim_{n\to\infty} \frac{a^n}{n!} = 0$ を示せ．

【解答】 $0 < a \leqq 1$ のとき，$0 < \dfrac{a^n}{n!} \leqq \dfrac{1}{n!}$ より明らか．$a > 1$ のとき，$m \leqq a < m+1$ である自然数 m をとり $r = a/(m+1)$ (<1) とおく．また $a^m/m! = M$ とおくと，$n \geqq m+1$ ならば

$$0 \leqq \frac{a^n}{n!} = \frac{a}{n} \cdots \frac{a}{m+1} \frac{a}{m} \cdots \frac{a}{1} \leqq Mr^{n-m} \to 0 \quad (n \to \infty)$$

となり，はさみうちの定理より結論を得る． ∎

さて，ある定数 M が存在して

$$\text{すべての } n \text{ に対して，} \quad a_n \leqq M \quad (a_n \geqq M)$$

が成り立つとき，数列 $\{a_n\}$ は**上に有界**（**下に有界**）であるという．上かつ下に有界であるとき $\{a_n\}$ は**有界**であるという．また

$$\text{すべての } n \text{ に対して，} \quad a_n \leqq a_{n+1}$$

が成り立つとき $\{a_n\}$ は（単調）**増加数列**であるという．逆向きの不等号が成り立つとき $\{a_n\}$ は（単調）**減少数列**であるという．これらを合わせて**単調数列**という．

次の定理は実数の連続性と同値であることが知られている．

定理 3 上に有界な増加数列は収束する（下に有界な減少数列は収束する）．

証明 $\{a_n\}$ を上に有界な増加数列とし，$l = \sup\{a_n\}$ とする．任意の $\varepsilon > 0$ に対して，$l - \varepsilon$ は $\{a_n\}$ の上界ではないから，$l - \varepsilon < a_{n_0}$ となる a_{n_0} が存在する．このとき，

$$n \geqq n_0 \quad \text{ならば} \quad l - \varepsilon < a_{n_0} \leqq a_n \leqq l < l + \varepsilon.$$

したがって $\{a_n\}$ は l に収束する． ∎

例題 3

数列 $\left\{\left(1+\dfrac{1}{n}\right)^n\right\}$ は収束することを示せ．

証明 $a_n = \left(1+\dfrac{1}{n}\right)^n$ とすると 2 項定理より

$$a_n = 1 + n\dfrac{1}{n} + \dfrac{n(n-1)}{2!}\dfrac{1}{n^2} + \cdots + \dfrac{n(n-1)(n-2)\cdots 1}{n!}\dfrac{1}{n^n}$$

$$= 1+1+\dfrac{1}{2}\left(1-\dfrac{1}{n}\right)+\cdots+\dfrac{1}{n!}\left(1-\dfrac{1}{n}\right)\left(1-\dfrac{2}{n}\right)\cdots\left(1-\dfrac{n-1}{n}\right)$$

$$\tag{1.3}$$

$$\leqq 1+1+\dfrac{1}{2}\left(1-\dfrac{1}{n+1}\right)+\cdots+\dfrac{1}{n!}\left(1-\dfrac{1}{n+1}\right)\left(1-\dfrac{2}{n+1}\right)\cdots\left(1-\dfrac{n-1}{n+1}\right)$$

$$+\dfrac{1}{(n+1)!}\left(1-\dfrac{1}{n+1}\right)\left(1-\dfrac{2}{n+1}\right)\cdots\left(1-\dfrac{n}{n+1}\right) = a_{n+1}.$$

よって，$\{a_n\}$ は増加数列である．また (1.3) から

$$a_n \leqq 1+1+\dfrac{1}{2}+\cdots+\dfrac{1}{n!} \leqq 1+1+\dfrac{1}{2}+\cdots+\dfrac{1}{2^{n-1}}$$

$$= 1+\dfrac{1-(1/2)^n}{1-1/2} < 3$$

となるから $\{a_n\}$ は上に有界．したがって定理 3 より $\{a_n\}$ は収束する．∎

ネイピアの数 e の定義 $e = \lim\limits_{n\to\infty}\left(1+\dfrac{1}{n}\right)^n$ と定義し，これをネイピア (**Napier**) の数という．e の値はこの段階では分からないが上の証明から $2 < e < 3$ であることが分かる．次章（微分法）で学ぶテイラーの定理を用いれば，e が無理数であることが証明され，必要な精度の e の近似値が計算できる（$e = 2.7182818284\cdots$ である）．

1.2 関数の極限と連続関数

関数 ある規則にしたがって集合 S の各元 x に実数 y が対応しているとき，その規則，あるいはその対応そのものを**関数** (function) といい，$y = f(x)$ で表す（$f(x)$ あるいは単に f で表すこともある）．集合 S をこの関数の**定義域**，S の元の f による値全体の集合 $\{f(x); x \in S\}$ を**値域**という．微分積分で扱う関数はそのほとんどが数式で表される．例えば x にその 2 乗を対応させる関数 f は $f(x) = x^2$ で表される．

関数の極限 x が a に限りなく近づくとき，$f(x)$ が l に限りなく近づくならば，関数 $f(x)$ の $x = a$ における**極限値**は l であるといい，$\lim_{x \to a} f(x) = l$，または $f(x) \to l \ (x \to a)$ で表す．

"限りなく近づく" という表現のあいまいさは次の定義によって解消される．$f(x)$ の $x = a$ における極限値が l であるとは，どんな小さな $\varepsilon > 0$ に対しても十分小さな $\delta > 0$ をとると

$$0 < |x - a| < \delta \quad \text{ならば} \quad |f(x) - l| < \varepsilon$$

が成り立つことである．すなわち，どんなに小さな $\varepsilon > 0$ に対しても，$f(x)$ と l との距離を ε より小さくするためには x を a にどの程度近づければよいか，その "基準" δ が定まるという訳である（これを **ε-δ 論法**という）．

このことは，$x = a$ の近くでの $f(x)$ の状態について述べているだけで，

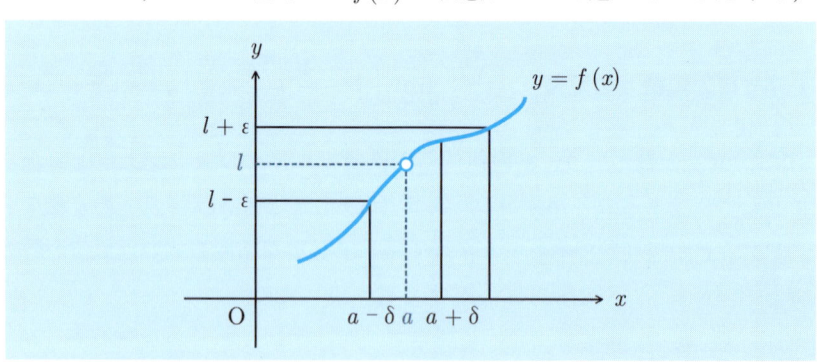

1.2 関数の極限と連続関数

$x = a$ においては何ら情報を与えていない. 例えば $f(x)$ は $x = a$ で定義されていなくてもよいし, 定義されていても $f(a)$ は $l = \lim_{x \to a} f(x)$ と等しいとは限らない.

x を a に右から近づけていくと $f(x)$ が限りなく l に近づくとき, $f(x)$ の $x = a$ における**右極限値**は l であるといい, $\lim_{x \to a+0} f(x) = l$ または $f(x) \to l$ $(x \to a+0)$ で表す. **左極限値** $\lim_{x \to a-0} f(x) = l$ についても同様である. $a = 0$ の場合 $x \to 0+0$ $(x \to 0-0)$ の代りに単に $x \to +0$ $(x \to -0)$ と書く.

問 4 $\lim_{x \to a} f(x) = l$ であるためには $\lim_{x \to a+0} f(x) = \lim_{x \to a-0} f(x) = l$ となることが必要十分であることを示せ.

x が a に限りなく近づくとき $f(x)$ が限りなく大きくなるならば, $f(x)$ は $x = a$ において **$+\infty$ (正の無限大)** に発散するといい, $\lim_{x \to a} f(x) = +\infty$ または $f(x) \to +\infty$ $(x \to a)$ で表す. **$-\infty$ (負の無限大)** に発散する場合も同様である. また, $\lim_{x \to \infty} f(x) = l$, $\lim_{x \to \infty} f(x) = +\infty$ なども同様に定義される ($+\infty$ は単に ∞ とも書く).

定理 4(極限の基本性質) $\lim_{x \to a} f(x) = l$, $\lim_{x \to a} g(x) = m$ とすると

(1) $\lim_{x \to a} \{f(x) \pm g(x)\} = l \pm m$

(2) $\lim_{x \to a} f(x) g(x) = lm$ 特に, $\lim_{x \to a} kf(x) = kl$ (k は定数)

(3) $\lim_{x \to a} \dfrac{f(x)}{g(x)} = \dfrac{l}{m}$ $(m \neq 0)$

(4) $f(x) \leqq g(x)$ ならば $l \leqq m$

注 定理 4 は $a = \pm\infty$, あるいは $x \to a+0$, $x \to a-0$ のときにも成り立つ. また, l や m が $\pm\infty$ のとき, $\infty + \infty = \infty$, $\infty \cdot \infty = \infty$, $1/(-\infty) = 0$ などのように右辺が意味をもつ場合には成り立つ.

関数の極限値の計算にも次の「はさみうちの定理」がよく用いられる．

定理 5 （はさみうちの定理）
$f(x) \leqq h(x) \leqq g(x)$, $\lim_{x \to a} f(x) = \lim_{x \to a} g(x) = l$ ならば，$\lim_{x \to a} h(x) = l$．

問 5 定理5を示せ．

連続関数 $\lim_{x \to a} f(x) = f(a)$ が成り立つとき $f(x)$ は $x = a$ で連続であるという．また，
$$\lim_{x \to a+0} f(x) = f(a) \quad (\lim_{x \to a-0} f(x) = f(a))$$
が成り立つとき，$f(x)$ は $x = a$ で右連続（左連続）であるという．区間 I の各点で連続であるとき $f(x)$ は**区間 I** で連続であるという．

注 ここでいう**区間** (interval) とは次の形の集合を総称したものである．$-\infty < a < b < \infty$ とする．
$[a,b] = \{x ; a \leqq x \leqq b\}$（閉区間），$(a,b) = \{x ; a < x < b\}$（開区間），
$[a,b) = \{x ; a \leqq x < b\}$（右半開区間），$(a,b] = \{x ; a < x \leqq b\}$（左半開区間），
$(-\infty, \infty) = \mathbf{R}$（全区間）．$[a, \infty), (-\infty, b)$ なども同様．

また，上の定義において，例えば $f(x)$ が閉区間 $I = [a,b]$ で連続とは，I の端の点 a, b ではそれぞれ右連続，左連続であればよい．

問 6 $f(x)$ が $x = a$ で連続であるためには，$f(x)$ が $x = a$ で右連続かつ左連続であることが必要十分．これを示せ．

定理 6 （連続関数の基本性質）
 (1) $f(x), g(x)$ が $x = a$ で連続ならば，$f(x) \pm g(x)$, $f(x)g(x)$, $kf(x)$, $f(x)/g(x)$ も $x = a$ で連続．
 (2) $y = f(x)$ が $x = a$ で連続，$z = g(y)$ が $y = f(a)$ で連続ならば，合成関数 $z = g(f(x))$ も $x = a$ で連続．

以上のことは区間で連続な関数についても成り立つ．

(1) は定理 4 からただちに得られる．(2) は直観的に理解できるであろう．

例5　$\sin x, \cos x$ は全区間 $(-\infty, \infty)$ で連続．$\tan x$ は定義域，すなわち全区間から $\pi/2 \pm k\pi \, (k = 0, 1, 2, \cdots)$ を除いた集合で連続．実際，任意の a において

$$0 \leqq |\sin x - \sin a| = 2\left|\cos\frac{x+a}{2}\sin\frac{x-a}{2}\right|$$

$$\leqq 2\left|\sin\frac{x-a}{2}\right| \leqq |x-a| \to 0 \quad (x \to a)$$

（最後の不等式については 16p 注参照）．はさみうちの定理より $\lim_{x \to a}\sin x = \sin a$ となり，$\sin x$ は $(-\infty, \infty)$ で連続である．定理 6(2) より $\cos x = \sin\left(\frac{\pi}{2} - x\right)$ も $(-\infty, \infty)$ で連続．定理 6(1) より $\tan x = \dfrac{\sin x}{\cos x}$ は $\cos x \neq 0$ の範囲で連続．　∎

さて，区間 I で定義された関数 $y = f(x)$ に対して，平面上の集合 $\{(x, f(x)) ; x \in I\}$ を関数 $f(x)$ の**グラフ**という．またこれを**曲線** $y = f(x)$ という．

次の定理によれば連続関数のグラフ（**連続曲線**という）には切れ目がない．

> **定理 7**（**中間値の定理**）　関数 $f(x)$ は閉区間 $[a, b]$ で連続とし，$f(a) \neq f(b)$ とする．このとき $f(a)$ と $f(b)$ の間の任意の数 k に対して $f(c) = k$ となる $c \, (a < c < b)$ が存在する．

例えば，$f(a) < f(b)$ なら $c = \sup\{x \in [a, b] ; f(x) < k\}$ ととればよい．

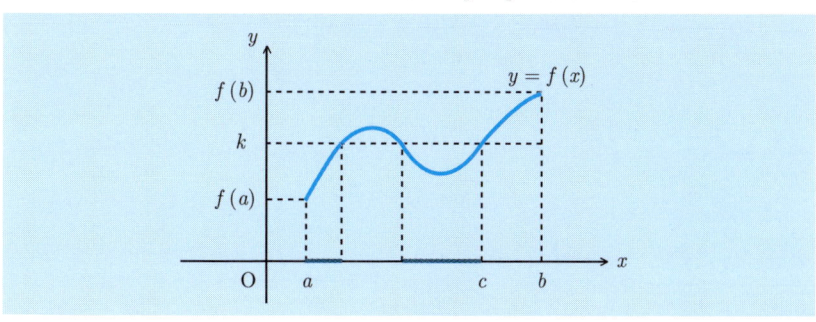

関数 $f(x)$ が区間 I で

$$x_1 < x_2 \quad \text{ならば} \quad f(x_1) \leqq f(x_2) \ (f(x_1) \geqq f(x_2))$$

をみたすとき，$f(x)$ は区間 I で**単調増加（単調減少）**であるという．ここで

$$f(x_1) < f(x_2) \quad (f(x_1) > f(x_2))$$

が成り立つときには，$f(x)$ は区間 I で**狭義単調増加（狭義単調減少）**であるという．単調増加関数，単調減少関数を合わせて**単調関数**という．また狭義単調増加関数，狭義単調減少関数を合わせて**狭義の単調関数**という．

定理 8（逆関数の存在） $y = f(x)$ を閉区間 $[a,b]$ で連続な狭義単調増加関数とすると，区間 $[f(a), f(b)]$ 内の各 y に対して $y = f(x)$ となる x が $[a,b]$ 内にただ 1 つ存在する．すなわち $y = f(x)$ の逆関数 $x = f^{-1}(y)$ が存在する．このとき $x = f^{-1}(y)$ は定義域 $[f(a), f(b)]$ で連続，狭義単調増加である（$f(x)$ が狭義単調減少関数の場合も同様）．

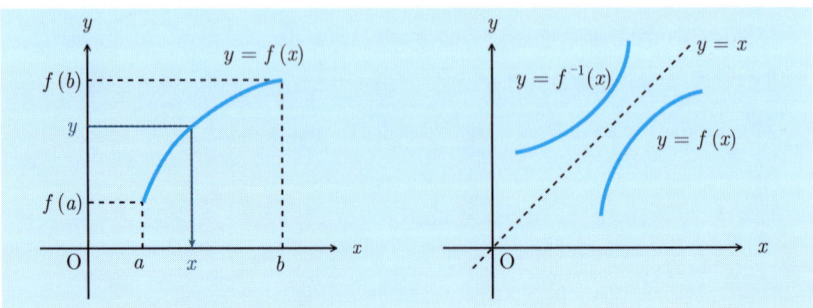

$y = f(x)$ の逆関数 $x = f^{-1}(y)$ は通例 x と y を入れかえて

$$y = f^{-1}(x)$$

と書く．このとき $y = f^{-1}(x)$ のグラフは，$y = f(x)$ のグラフを直線 $y = x$ に関して折り返したものとなる（上図右）．

例6 $n \in \mathbf{N}\ (n \geqq 2)$ とする.$y = x^n\ (x \geqq 0)$ は連続な狭義単調増加関数であるから逆関数が存在する.それを $x = \sqrt[n]{y}$,また x と y を入れかえて $y = \sqrt[n]{x}$ で表す.とくに $n = 2$ のとき $y = \sqrt{x}$ と書く.

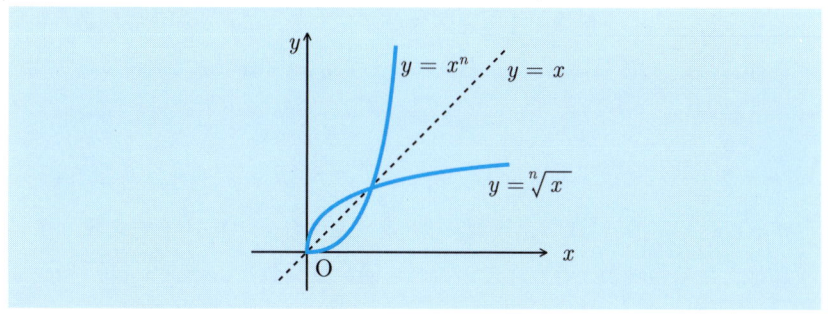

注 n が奇数のとき,$y = x^n$ は $(-\infty, \infty)$ で連続,狭義単調増加であるから,逆関数 $y = \sqrt[n]{x}$ は $y = x^n$ の値域 $(-\infty, \infty)$ で定義される.

指数関数と対数関数 $a > 0,\ a \neq 1$ とする.x に a^x を対応させる関数 $y = a^x$ を a を底とする**指数関数**という.$y = a^x$ は $(-\infty, +\infty)$ で連続,狭義の単調関数だから逆関数が存在する.これを a を底とする**対数関数**といい,$x = \log_a y$,あるいは x, y を入れかえて $y = \log_a x$ で表す.特に $a = e$ のとき,$\log_e x$ を $\log x$ と書き,**自然対数**という.

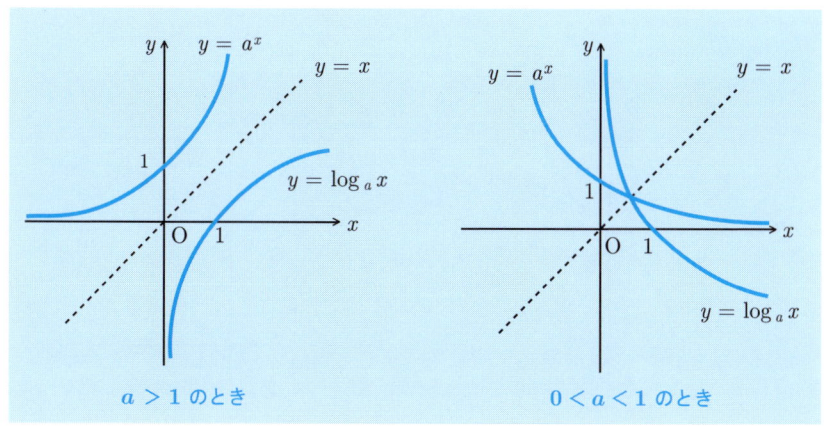

$a > 1$ のとき　　　　　　　$0 < a < 1$ のとき

第1章 極限と連続

逆三角関数 三角関数は周期関数だから,逆関数を考えるためには定義域を適当な範囲に制限する必要がある.

$y = \sin x$ は $[-\pi/2, \pi/2]$ で狭義単調増加,連続だから,$[-1,1]$ を定義域,$[-\pi/2, \pi/2]$ を値域とする逆関数が存在する.これを**逆正弦関数**といい $x = \sin^{-1} y$,あるいは x と y を入れかえて $\boldsymbol{y = \sin^{-1} x}$ で表す(アークサインと読む).すなわち,

$$y = \sin^{-1} x \quad (-1 \leqq x \leqq 1) \iff x = \sin y \quad (-\pi/2 \leqq y \leqq \pi/2)$$

$y = \cos x$ は $[0, \pi]$ で狭義単調減少,連続だから,$[-1,1]$ を定義域,$[0, \pi]$ を値域とする逆関数が存在する.これを**逆余弦関数**といい $x = \cos^{-1} y$,あるいは x と y を入れかえて $\boldsymbol{y = \cos^{-1} x}$ で表す(アークコサインと読む).すなわち,

$$y = \cos^{-1} x \quad (-1 \leqq x \leqq 1) \iff x = \cos y \quad (0 \leqq y \leqq \pi)$$

$y = \tan x$ は $(-\pi/2, \pi/2)$ で狭義単調増加,連続だから,$(-\infty, \infty)$ を定義域,$(-\pi/2, \pi/2)$ を値域とする逆関数が存在する.これを**逆正接関数**といい $x = \tan^{-1} y$,あるいは x と y を入れかえて $\boldsymbol{y = \tan^{-1} x}$ で表す(アークタンジェントと読む).すなわち,

$$y = \tan^{-1} x \quad (-\infty < x < \infty) \iff x = \tan y \quad (-\pi/2 < y < \pi/2)$$

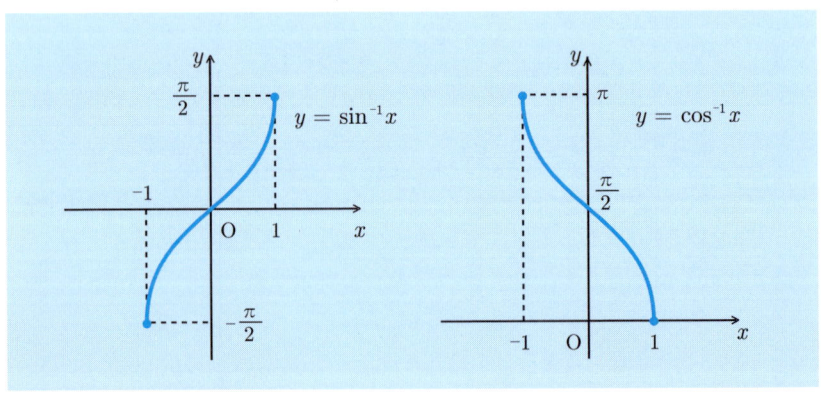

1.2 関数の極限と連続関数

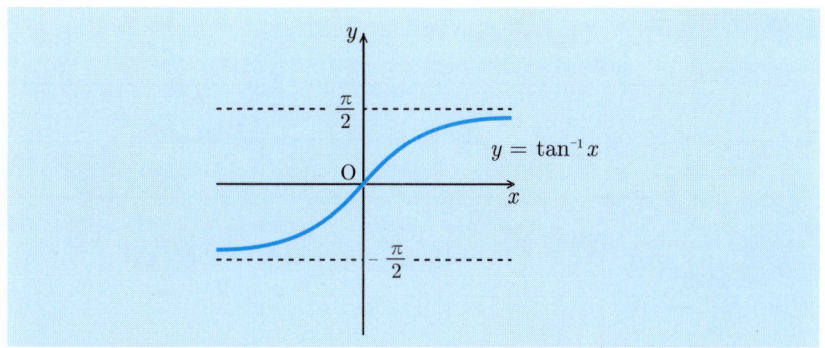

例題 4

(1) $\sin^{-1} x = \cos^{-1}(4/5)$ をみたす x を求めよ.

(2) $\sin^{-1} x + \cos^{-1} x = \pi/2$ を示せ.

【解答】(1) $\sin^{-1} x = \cos^{-1}(4/5) = y$ とおくと, $-\pi/2 \leqq y \leqq \pi/2$ かつ $0 \leqq y \leqq \pi$ だから $0 \leqq y \leqq \pi/2$. $\cos y = 4/5$ より

$$x = \sin y = \sqrt{1 - \cos^2 y} = 3/5.$$

(2) $\sin^{-1} x = y$ とおくと $\sin y = x$ $(-\pi/2 \leqq y \leqq \pi/2)$ だから

$$\cos(\pi/2 - y) = \sin y = x.$$

このとき $0 \leqq \pi/2 - y \leqq \pi$ であるから $\cos^{-1} x = \pi/2 - y = \pi/2 - \sin^{-1} x$ となり, 結論を得る. ∎

問 7 次の値を求めよ.

(1) $\sin^{-1} \dfrac{1}{\sqrt{2}}$ (2) $\cos^{-1} \dfrac{\sqrt{3}}{2}$ (3) $\tan^{-1} \dfrac{1}{\sqrt{3}}$

(4) $\sin^{-1}(-1)$ (5) $\tan^{-1} 1$ (6) $\displaystyle\lim_{x \to \infty} \tan^{-1} x$

問 8 次の式をみたす x を求めよ.

(1) $\cos^{-1} x = \tan^{-1} \sqrt{5}$ (2) $\sin^{-1} \dfrac{3}{5} = \tan^{-1} x$

問 9 $\tan^{-1} \dfrac{1}{2} + \tan^{-1} \dfrac{1}{3} = \dfrac{\pi}{4}$ を示せ.

基本的な極限

例題 5

$\lim_{x \to 0} \dfrac{\sin x}{x} = 1$ を示せ．

証明 $0 < x < \dfrac{\pi}{2}$ とすると下図において，△OAB，扇形 OAB，△OAC の面積を比較して

$$\frac{1}{2}\sin x < \frac{1}{2}x < \frac{1}{2}\tan x.$$

これより

$$1 < \frac{x}{\sin x} < \frac{1}{\cos x}$$

ゆえに

$$1 > \frac{\sin x}{x} > \cos x.$$

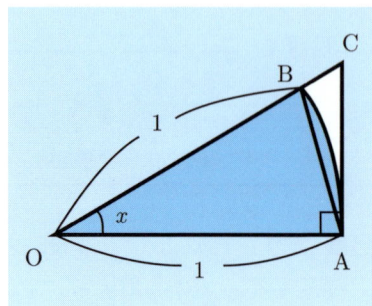

これは $-\dfrac{\pi}{2} < x < 0$ のときにも成り立つから，$x \to 0$ として結論が得られる．■

注 すべての x に対して

$$|\sin x| \leqq |x|$$

が成り立つことが上の証明から分かる．

問 10 次の極限値を求めよ．

(1) $\displaystyle\lim_{x \to 0} \frac{\sin 3x}{\sin 2x}$

(2) $\displaystyle\lim_{x \to 0} \frac{\tan x}{x}$

(3) $\displaystyle\lim_{x \to 0} \frac{\sin^{-1} x}{x}$

(4) $\displaystyle\lim_{x \to 0} x \sin \frac{2}{x}$

1.2 関数の極限と連続関数

─ 例題 6 ─

次を示せ.

(1) $\lim_{x \to \pm\infty} \left(1 + \dfrac{1}{x}\right)^x = e$ (2) $\lim_{x \to 0} (1+x)^{1/x} = e$

【解 答】 (1) 任意の $x > 1$ に対して $n \leqq x < n+1$ をみたす自然数 n をとると

$$\left(1 + \frac{1}{x}\right)^x \leqq \left(1 + \frac{1}{n}\right)^x < \left(1 + \frac{1}{n}\right)^{n+1}$$

$$\left(1 + \frac{1}{x}\right)^x > \left(1 + \frac{1}{n+1}\right)^x \geqq \left(1 + \frac{1}{n+1}\right)^n$$

であるから

$$\left(1 + \frac{1}{n+1}\right)^{n+1} \left(1 + \frac{1}{n+1}\right)^{-1} < \left(1 + \frac{1}{x}\right)^x < \left(1 + \frac{1}{n}\right)^n \left(1 + \frac{1}{n}\right).$$

ここで $x \to \infty$ とすると $n \to \infty$ となり,はさみうちの定理(変形)から

$$\lim_{x \to +\infty} \left(1 + \frac{1}{x}\right)^x = e. \tag{1.4}$$

$x \to -\infty$ のときは $t = -x$ とおくと $t \to +\infty$ だから,(1.4) から

$$\left(1 + \frac{1}{x}\right)^x = \left(1 - \frac{1}{t}\right)^{-t} = \left(\frac{t}{t-1}\right)^t$$

$$= \left(1 + \frac{1}{t-1}\right)^{t-1} \left(1 + \frac{1}{t-1}\right)$$

$$\to e \cdot 1 = e \quad (x \to -\infty).$$

(2) $x = \dfrac{1}{t}$ とおくと,$\lim_{x \to \pm 0} (1+x)^{1/x} = \lim_{t \to \pm\infty} \left(1 + \dfrac{1}{t}\right)^t = e.$ ∎

例題 7

次を示せ.

(1) $\displaystyle\lim_{x\to 0}\frac{\log(1+x)}{x}=1$　　(2) $\displaystyle\lim_{x\to 0}\frac{e^x-1}{x}=1$

【解　答】 (1)　例題 6(2) から $\displaystyle\lim_{x\to 0}(1+x)^{1/x}=e$. したがって
$$\lim_{x\to 0}\frac{\log(1+x)}{x}=\lim_{x\to 0}\log(1+x)^{1/x}$$
$$=\log e=1\quad(x\to 0)$$

(この計算は，$\log x$ の $x=e$ での連続性から許されることに注意しよう．)

(2)　$e^x-1=t$ とおくと $x=\log(1+t)$. $x\to 0$ のとき $t\to 0$ だから
$$\lim_{x\to 0}\frac{e^x-1}{x}=\lim_{t\to 0}\frac{t}{\log(1+t)}=1. \qquad\blacksquare$$

例 7　$\displaystyle\lim_{x\to 0}\frac{\log(2-e^x)}{2x}$ を求めよ．

【解】　$1-e^x\to 0\ (x\to 0)$ だから，例題 7 より
$$\frac{\log(2-e^x)}{2x}=\frac{1}{2}\frac{\log\{1+(1-e^x)\}}{1-e^x}\cdot\frac{1-e^x}{x}\to -\frac{1}{2}\quad(x\to 0). \qquad\blacksquare$$

注　一般に $\displaystyle\lim_{x\to a}f(x)=l$ で $\displaystyle\lim_{n\to\infty}x_n=a\ (x_n\ne a)$ ならば，$\displaystyle\lim_{n\to\infty}f(x_n)=l$ となることは容易に分かる．これより，数列の極限値は関数のそれにおきかえて計算することができる．例えば例 7 より
$$\lim_{n\to\infty}\frac{\log(2-e^{1/n})}{2/n}=\lim_{x\to 0}\frac{\log(2-e^x)}{2x}=-\frac{1}{2}.$$

問 11　次の極限値を求めよ．

(1) $\displaystyle\lim_{x\to 0}(1+ax)^{1/x}$　　(2) $\displaystyle\lim_{x\to 0}\frac{\log(1+x+x^2)}{5x}$

(3) $\displaystyle\lim_{n\to\infty}\left(1+\frac{2}{n}\right)^n$

演習問題 1-A

1. 次の数列の極限値を求めよ．

   (1) $\lim_{n\to\infty} (\sqrt{n+1} - \sqrt{n})$

   (2) $\lim_{n\to\infty} \dfrac{n^2 + 5n + 10}{2n^2 - 2n + 1}$

   (3) $\lim_{n\to\infty} \dfrac{1}{n} \cos(n\pi)$

   (4) $\lim_{n\to\infty} n \sin \dfrac{\pi}{n}$

   (5) $\lim_{n\to\infty} \left(1 - \dfrac{1}{n+1}\right)^n$

   (6) $\lim_{n\to\infty} \left(1 - \dfrac{1}{n^2}\right)^n$

2. 次の関数の極限値を求めよ．

   (1) $\lim_{x\to 1} \dfrac{x^2 - 1}{x^3 - 1}$

   (2) $\lim_{x\to\infty} (\sqrt{x^2 + x + 1} - x)$

   (3) $\lim_{x\to\infty} \dfrac{\sin 3x}{x}$

   (4) $\lim_{x\to 0} \dfrac{\tan^{-1} x}{x}$

   (5) $\lim_{x\to 0} (1 + x + x^2)^{1/x}$

   (6) $\lim_{x\to 0} \dfrac{x^2 \sin(1/x)}{\sin x}$

3. 次の等式が成り立つことを示せ．

   (1) $\sin^{-1}(-x) = -\sin^{-1} x$

   (2) $\cos^{-1}(-x) = \pi - \cos^{-1} x$

   (3) $\tan^{-1}(-x) = -\tan^{-1} x$

   (4) $\sin^{-1} x = \tan^{-1} \dfrac{x}{\sqrt{1 - x^2}}$

   (5) $\tan^{-1} x + \tan^{-1} \dfrac{1}{x} = \dfrac{\pi}{2}$ $(x > 0)$

4. 次の関数を**双曲線関数**という：

   $$\sinh x = \dfrac{e^x - e^{-x}}{2}, \quad \cosh x = \dfrac{e^x + e^{-x}}{2}, \quad \tanh x = \dfrac{\sinh x}{\cosh x}$$

   (sinh はハイパボリックサインと読む．他も同様である)．
   次の関係式を示せ．

   (1) $\cosh^2 x - \sinh^2 x = 1$

   (2) $\sinh(x \pm y) = \sinh x \cosh y \pm \cosh x \sinh y$

   (3) $\cosh(x \pm y) = \cosh x \cosh y \pm \sinh x \sinh y$

   (4) $\lim_{x\to 0} \dfrac{\sinh x}{x} = 1$

5. 方程式 $e^x - 3x = 0$ は 0 と 1 の間，また 1 と 2 の間に解をもつことを示せ．

演習問題 1-B

1. $\lim_{n\to\infty} \sqrt[n]{n} = 1$ を示せ．

2. 上に有界な集合 S に対して $l = \sup S$ とする．このとき $a_n \in S$ $(n = 1, 2, \cdots)$ で
$$\lim_{n\to\infty} a_n = l$$
となる数列 $\{a_n\}$ が存在することを示せ．

3. $a > 0$ とする．$x_1 > \sqrt{a}$ とし
$$x_{n+1} = \frac{1}{2}\left(x_n + \frac{a}{x_n}\right) \quad (n = 1, 2, \cdots)$$
とする．数列 $\{x_n\}$ は収束することを示せ．またその極限値は $\sqrt{a}$ であることを示せ．

4. $a_m - a_n \to 0$ $(m, n \to \infty)$ をみたす数列 $\{a_n\}$ を**コーシー（Cauchy）列**という．

    (1) 収束する数列はコーシー列であることを示せ．逆に，コーシー列は必ず収束することが知られている．これを**実数の完備性**という．

    (2) 数列 $\{a_n\}$ に対して，定数 c $(0 < c < 1)$ が存在して
    $$\text{すべての } n \text{ に対して } \quad |a_{n+2} - a_{n+1}| \leqq c|a_{n+1} - a_n|$$
    が成り立つならば，$\{a_n\}$ は収束することを示せ．

5. 次のような区間の列がある．
$$[a_1, b_1] \supseteq [a_2, b_2] \supseteq \cdots \supseteq [a_n, b_n] \supseteq \cdots$$
次に答えよ．

    (1) 数列 $\{a_n\}, \{b_n\}$ は収束することを示せ．

    (2) $\lim_{n\to\infty}(b_n - a_n) = 0$ ならば，
    $$\lim_{n\to\infty} a_n = \lim_{n\to\infty} b_n$$
    であることを示せ．

第2章

微 分 法

2.1 導関数

微分係数・導関数　　有限な極限値

$$\lim_{h\to 0}\frac{f(a+h)-f(a)}{h} \tag{2.1}$$

が存在するとき，関数 $f(x)$ は $x=a$ で微分可能であるという．この極限値を $f(x)$ の $x=a$ における**微分係数**といい，$f'(a)$ で表す．

$f(x)$ が $x=a$ で微分可能であるとき，点 $\mathrm{A}(a,f(a))$ を通り，傾きが $f'(a)$ の直線

$$y-f(a)=f'(a)(x-a)$$

を曲線 $y=f(x)$ の点 A における**接線**という．

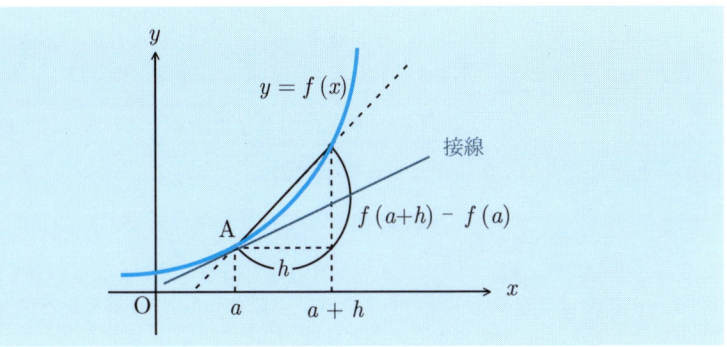

(2.1) において右極限値（左極限値）が存在するとき，すなわち

$$\lim_{h \to +0} \frac{f(a+h)-f(a)}{h} \quad \left(\lim_{h \to -0} \frac{f(a+h)-f(a)}{h} \right)$$

が存在するとき，$f(x)$ は $x=a$ で右微分可能（左微分可能）であるという．この極限値を $f(x)$ の $x=a$ における右微分係数（左微分係数）といい，$f'_+(a)$ ($f'_-(a)$) で表す．$f(x)$ が $x=a$ で微分可能であるためには，$f'_+(a)=f'_-(a)$ であることが必要十分である．$y=f(x)$ が区間 I の各点で微分可能なとき，$f(x)$ は区間 I で微分可能であるという．I が閉区間 $[a,b]$ ならば $f(x)$ は $x=a$ では右微分可能，$x=b$ では左微分可能であればよい．区間 I の各点 x に対して微分係数 $f'(x)$ を対応させる関数を $f(x)$ の導関数といい，y', $f'(x)$, $\dfrac{dy}{dx}$, $\dfrac{df}{dx}$, $\dfrac{d}{dx}f(x)$ などで表す．$f(x)$ の導関数を求めることを $f(x)$ を微分するという．

注　$f(x)$ が $x=a$ で微分可能であるとき

$$\frac{f(a+h)-f(a)}{h} - f'(a) = \varepsilon(h)$$

とおくと

$$f(a+h)-f(a) = f'(a)h + h\varepsilon(h), \tag{2.2}$$

$$\varepsilon(h) \to 0 \quad (h \to 0)$$

となる．$h\varepsilon(h)/h = \varepsilon(h) \to 0 \ (h \to 0)$ であるから，(2.2) の右辺の第 2 項 $h\varepsilon(h)$ は $h \to 0$ のとき，h より急速に 0 に収束する．したがって，h の定数倍である第 1 項 $f'(a)h$ より急速に 0 に収束する．このことから h が 0 に近いとき

$$f(a+h)-f(a) \fallingdotseq f'(a)h$$

であると考えてよい．ここで $a+h=x$ とおくと

$$f(x) \fallingdotseq f(a) + f'(a)(x-a)$$

となる．すなわち，$f(x)$ が $x=a$ で微分可能であるとき，$x=a$ の近くでは $f(x)$ は $x=a$ における接線，すなわち 1 次式で近似される．2.2 節で見るように高次の微分を考えると，n 次式による，より精度の高い近似が可能になる．

2.1 導関数

さて，基本的な関数の導関数を計算しよう．

例 1 $(x^n)' = nx^{n-1}$ （n は自然数）．

【解】 $f(x) = x^n$ とおくと

$$f(x+h) - f(x) = (x+h)^n - x^n$$
$$= h\left({}_nC_1 x^{n-1} + {}_nC_2 x^{n-2} h + \cdots + {}_nC_n h^{n-1}\right)$$

だから，$f'(x) = \lim_{h \to 0} \dfrac{f(x+h) - f(x)}{h} = nx^{n-1}$. ∎

問 1 $f(x) = c$（定数）のとき $f'(x) = 0$ であることを示せ．

例 2 $(\sin x)' = \cos x$.

【解】 $\dfrac{1}{h}\{\sin(x+h) - \sin x\} = \dfrac{2}{h}\cos\dfrac{2x+h}{2}\sin\dfrac{h}{2}$

$= \cos\left(x + \dfrac{h}{2}\right)\dfrac{\sin(h/2)}{h/2} \to \cos x \quad (h \to 0)$

（$\cos x$ の連続性と 16p 例題 5 より）． ∎

問 2 $(\cos x)' = -\sin x$ を示せ．

例 3 $(e^x)' = e^x$.

【解】 1 章例題 7(2) より

$(e^x)' = \lim_{h \to 0} \dfrac{e^{x+h} - e^x}{h} = \lim_{h \to 0} \dfrac{e^x(e^h - 1)}{h} = e^x \lim_{h \to 0} \dfrac{e^h - 1}{h} = e^x$. ∎

例 4 $(\log x)' = \dfrac{1}{x}$ $(x > 0)$.

【解】 1 章例題 7(1) より

$\dfrac{\log(x+h) - \log x}{h} = \dfrac{\log(1 + h/x)}{h} = \dfrac{1}{x}\dfrac{\log(1 + h/x)}{h/x} \to \dfrac{1}{x} \quad (h \to 0)$ ∎

問 3 $f(x) = |x|$ は $x = 0$ で微分可能でないことを示せ．

導関数の基本性質

定理 1 関数 $f(x)$ が $x=a$ で微分可能ならば $f(x)$ は $x=a$ で連続である．

証明 $f(x)$ が $x=a$ で微分可能ならば
$$f(a+h) - f(a) = \frac{f(a+h)-f(a)}{h}h$$
$$\to f'(a) \cdot 0 = 0 \quad (h \to 0)$$

すなわち $\lim_{x \to a} f(x) = f(a)$ となり，$f(x)$ は $x=a$ で連続である． ∎

注 この定理の逆は必ずしも成り立たない．例えば，
$$y = |x|$$
は $x=0$ で連続だが微分可能でない．

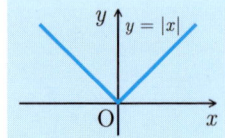

定理 2（導関数の基本性質） 関数 $f(x), g(x)$ が区間 I で微分可能ならば，$f(x) \pm g(x)$, $kf(x)$（k は定数），$f(x)g(x)$, $f(x)/g(x)$ も I で微分可能で

(1) $\{f(x) \pm g(x)\}' = f'(x) \pm g'(x)$

(2) $\{kf(x)\}' = kf'(x)$

(3) $\{f(x)g(x)\}' = f'(x)g(x) + f(x)g'(x)$

(4) $\left\{\dfrac{f(x)}{g(x)}\right\}' = \dfrac{f'(x)g(x) - f(x)g'(x)}{g(x)^2} \quad (g(x) \neq 0)$

特に

(5) $\left\{\dfrac{1}{g(x)}\right\}' = -\dfrac{g'(x)}{g(x)^2} \quad (g(x) \neq 0)$

証明 (3) を示そう．$x \in I, x+h \in I \ (h \neq 0)$ とすると

2.1 導関数

$$\frac{1}{h}\{f(x+h)g(x+h) - f(x)g(x)\}$$
$$= \frac{1}{h}\{f(x+h)g(x+h) - f(x)g(x+h) + f(x)g(x+h) - f(x)g(x)\}$$
$$= \frac{f(x+h)-f(x)}{h}g(x+h) + f(x)\frac{g(x+h)-g(x)}{h}$$
$$\to f'(x)g(x) + f(x)g'(x) \quad (h\to 0) \quad (g(x) \text{ に定理 1 を用いた})$$

となり結論を得る. ∎

例 5 $(x^2 \log x)' = (x^2)' \log x + x^2 (\log x)' = 2x\log x + x$. ∎

例 6 $(x^{-n})' = -nx^{-n-1} \ (n \in \boldsymbol{N})$.

【解】定理 2 (5) より

$$\left(\frac{1}{x^n}\right)' = -\frac{nx^{n-1}}{(x^n)^2} = -\frac{n}{x^{2n-(n-1)}} = -\frac{n}{x^{n+1}}.$$ ∎

例 7 $(\tan x)' = \left(\dfrac{\sin x}{\cos x}\right)' = \dfrac{(\sin x)' \cos x - \sin x (\cos x)'}{\cos^2 x}$
$$= \frac{\cos^2 x + \sin^2 x}{\cos^2 x} = \frac{1}{\cos^2 x}.$$ ∎

問 4 次の関数を微分せよ.

(1) $x^5 - \dfrac{1}{x^3}$　　(2) $\left(x - \dfrac{1}{x^2}\right)^2$　　(3) $\dfrac{x^3 + 2x - 1}{x^2 + 1}$

(4) $x\sin x + \cos x$　　(5) $\dfrac{1}{\tan x}$　　(6) $e^x \cos x$

(7) $x\log x - x$　　(8) $\dfrac{x}{\log x}$

問 5 $(fgh)' = f'gh + fg'h + fgh'$ を示せ.

第2章 微分法

> **定理 3** （合成関数の微分法） 関数 $y = f(x)$ が区間 I で微分可能，その値域 $f(I)$ で $z = g(y)$ が微分可能ならば，合成関数 $z = g(f(x))$ は I で微分可能で
>
> $$\frac{dz}{dx} = \frac{dz}{dy}\frac{dy}{dx} = g'(f(x))f'(x).$$

証明 x を I 内の任意の点とする．$f(x)$ は x で微分可能だから，$h \neq 0$ ($x+h \in I$) に対して

$$\varepsilon(h) = \frac{f(x+h) - f(x)}{h} - f'(x)$$

とおくと

$$f(x+h) - f(x) = f'(x)h + h\varepsilon(h)$$

で $\lim_{h \to 0} \varepsilon(h) = 0$ となる．また $z = g(y)$ は $f(x)$ で微分可能であるから

$$\eta(k) = \frac{g(f(x)+k) - g(f(x))}{k} - g'(f(x)) \quad (k \neq 0)$$

とおき，$\eta(0) = 0$ とすると，

$$g(f(x)+k) - g(f(x)) = g'(f(x))k + k\eta(k), \quad \lim_{k \to 0} \eta(k) = 0.$$

ここで $k = f(x+h) - f(x)$ とおくと $h \to 0$ のとき $k \to 0$ で，

$$\begin{aligned} g(f(x+h)) - g(f(x)) &= \{g'(f(x)) + \eta(k)\}\{f(x+h) - f(x)\} \\ &= \{g'(f(x)) + \eta(k)\}\{f'(x) + \varepsilon(h)\}h. \end{aligned}$$

したがって，

$$\begin{aligned} \frac{g(f(x+h)) - g(f(x))}{h} &= \{g'(f(x)) + \eta(k)\}\{f'(x) + \varepsilon(h)\} \\ &\to g'(f(x))f'(x) \quad (h \to 0) \end{aligned}$$

となり結論を得る． ■

2.1 導関数

例8 $(x^\alpha)' = \alpha x^{\alpha-1}$ $(x > 0)$. ここで α は実数.

【解】 $(x^\alpha)' = (e^{\alpha \log x})' = e^{\alpha \log x}(\alpha \log x)' = x^\alpha \dfrac{\alpha}{x} = \alpha x^{\alpha-1}$.

例9 $(a^x)' = a^x \log a$ $(a > 0)$.

【解】 $(a^x)' = (e^{x \log a})' = e^{x \log a}(x \log a)' = a^x \log a$.

例10 $(\log |x|)' = \dfrac{1}{x}$ $(x \neq 0)$.

【解】 $x > 0$ のとき例4より, $(\log |x|)' = (\log x)' = \dfrac{1}{x}$.

$x < 0$ のとき, $(\log |x|)' = \{\log(-x)\}' = \dfrac{1}{-x}(-x)' = \dfrac{1}{x}$.

問6 $(\log_a |x|)' = \dfrac{1}{x \log a}$ $(a > 0, a \neq 1)$ を示せ.

例11 $(\log |f(x)|)' = \dfrac{f'(x)}{f(x)}$.

例題 1

$y = \log \left| x + \sqrt{x^2 + A} \right|$ $(A \neq 0)$ を微分せよ.

【解答】 $y' = \dfrac{1}{x + \sqrt{x^2 + A}} \left\{ 1 + \dfrac{1}{2}(x^2 + A)^{-1/2} \cdot 2x \right\}$

$= \dfrac{1}{x + \sqrt{x^2 + A}} \left(1 + \dfrac{x}{\sqrt{x^2 + A}} \right)$

$= \dfrac{1}{x + \sqrt{x^2 + A}} \dfrac{x + \sqrt{x^2 + A}}{\sqrt{x^2 + A}} = \dfrac{1}{\sqrt{x^2 + A}}$.

問7 次の関数を微分せよ.

(1) $(x^2 + 1)^7$ (2) $\cos 5x^2$ (3) $(\sin 3x)^2$

(4) $\dfrac{1}{(x^2 + 1)^3}$ (5) $x\sqrt{x^2 + a^2}$ (6) $xe^{\cos 2x}$

(7) $\sqrt{1 + 2 \log x}$ (8) $\log(\log x)$

例題 2　　　　　　　　　　　　　　　　　対数微分法

$y = x\sqrt{\dfrac{1-x}{1+x}}$ を微分せよ．

【解答】　両辺の絶対値の対数をとって $\log|y| = \log|x| + \dfrac{1}{2}(\log|1-x| - \log|1+x|)$．この両辺を x で微分すると

$$\dfrac{y'}{y} = \dfrac{1}{x} + \dfrac{1}{2}\left(\dfrac{-1}{1-x} - \dfrac{1}{1+x}\right) = \dfrac{1}{x} - \dfrac{1}{1-x^2} = \dfrac{1-x-x^2}{x(1-x^2)}.$$

したがって，$y' = \dfrac{1-x-x^2}{1-x^2}\sqrt{\dfrac{1-x}{1+x}}.$ ∎

問 8　次の関数を微分せよ．

(1)　x^x　　(2)　$\sqrt{\dfrac{1-x^2}{1+x^2}}$

定理 4　（逆関数の微分法）　関数 $y = f(x)$ は区間 I で狭義の単調関数で微分可能とする．I で $f'(x) \neq 0$ ならば，逆関数 $x = f^{-1}(y)$ は区間 $J = f(I)$（$f(x)$ の値域）で微分可能で

$$\dfrac{dx}{dy} = \dfrac{1}{\dfrac{dy}{dx}}.$$

証明　$f(x)$ は連続だから，1章の定理 8 により逆関数 $x = f^{-1}(y)$ は存在し連続である．x_1 を I 内の任意の点とし $y_1 = f(x_1)$ とする．$x = f^{-1}(y)$ の連続性から $y \to y_1$ ならば $x \to x_1$ であるから，

$$\dfrac{f^{-1}(y) - f^{-1}(y_1)}{y - y_1} = \dfrac{x - x_1}{f(x) - f(x_1)}$$

$$= \dfrac{1}{\dfrac{f(x) - f(x_1)}{x - x_1}} \to \dfrac{1}{f'(x_1)} = \dfrac{1}{f'(f^{-1}(y_1))} \quad (y \to y_1)$$

となり，結論を得る． ∎

2.1 導関数

例12 (1) $(\sin^{-1} x)' = \dfrac{1}{\sqrt{1-x^2}} \quad (-1 < x < 1)$.

(2) $(\tan^{-1} x)' = \dfrac{1}{1+x^2} \quad (-\infty < x < \infty)$.

【解】(1) $\sin^{-1} x = y$ とおくと $x = \sin y, -\pi/2 < y < \pi/2$. 定理4より

$$\dfrac{d}{dx}\sin^{-1} x = \dfrac{1}{\dfrac{dx}{dy}} = \dfrac{1}{\cos y} = \dfrac{1}{\sqrt{1-\sin^2 y}} = \dfrac{1}{\sqrt{1-x^2}}.$$

(2) $\tan^{-1} x = y$ とおくと $x = \tan y, -\pi/2 < y < \pi/2$. したがって

$$\dfrac{d}{dx}\tan^{-1} x = \left(\dfrac{dx}{dy}\right)^{-1} = \cos^2 y = \dfrac{1}{1+\tan^2 y} = \dfrac{1}{1+x^2}. \quad \blacksquare$$

問 9 $(\cos^{-1} x)' = -\dfrac{1}{\sqrt{1-x^2}} \;(-1 < x < 1)$ を示せ.

例13 $(\log x)' = 1/x$ は定理4から次のように導いてもよい：
$y = \log x$ とおくと $x = e^y$ だから,

$$\dfrac{d}{dx}\log x = \left(\dfrac{dx}{dy}\right)^{-1} = (e^y)^{-1} = \dfrac{1}{x}. \quad \blacksquare$$

例題 3

$y = \sin^{-1}\sqrt{1-x^2}$ を微分せよ.

【解答】 $y' = \dfrac{1}{\sqrt{1-(1-x^2)}}\left(\sqrt{1-x^2}\right)' = \dfrac{1}{\sqrt{x^2}}\{(1-x^2)^{1/2}\}'$

$= \dfrac{1}{|x|}\dfrac{1}{2}(1-x^2)^{-1/2}(-2x) = -\dfrac{x}{|x|\sqrt{1-x^2}}. \quad \blacksquare$

問 10 次の関数を微分せよ.

(1) $\sin^{-1}\dfrac{x}{a} \quad (a > 0)$ (2) $(\tan^{-1} 2x)^3$ (3) $\cos^{-1}\dfrac{1}{x}$

次に関数が媒介変数（パラメータ）を用いて表される場合を考えよう．

> **定理 5**　（パラメータ表示された関数の微分法）　$x = \varphi(t), y = \psi(t)$ は区間 I で微分可能とし，$x = \varphi(t)$ は I で狭義の単調関数で $\varphi'(t) \neq 0$ とする．このとき y は x の関数として微分可能で
> $$\frac{dy}{dx} = \frac{\dfrac{dy}{dt}}{\dfrac{dx}{dt}}.$$

証明　定理4から，$x = \varphi(t)$ の逆関数 $t = \varphi^{-1}(x)$ が存在し微分可能で，
$$\frac{dt}{dx} = \left(\frac{dx}{dt}\right)^{-1}.$$
そこで x に t を対応させ，さらにこの t に y を対応させることによって y は x の関数となる．すなわち，y は $t = \varphi^{-1}(x)$ と $y = \psi(t)$ の合成関数 $y = \psi(\varphi^{-1}(x))$ であるから，定理3より微分可能で
$$\frac{dy}{dx} = \frac{dy}{dt}\frac{dt}{dx} = \frac{\dfrac{dy}{dt}}{\dfrac{dx}{dt}}$$
が成り立つ．　∎

例14　$x = \cos\theta, y = \sin\theta$ のとき，
$$\frac{dy}{dx} = \frac{dy}{d\theta}\left(\frac{dx}{d\theta}\right)^{-1} = \frac{\cos\theta}{-\sin\theta} = -\frac{1}{\tan\theta}.$$
$$\frac{d^2y}{dx^2} = \left\{\frac{d}{d\theta}\left(\frac{dy}{dx}\right)\right\}\left(\frac{dx}{d\theta}\right)^{-1}$$
$$= \left\{\frac{d}{d\theta}\left(-\frac{1}{\tan\theta}\right)\right\}\frac{1}{-\sin\theta} = -\frac{1}{\sin^3\theta}.$$

2.1 導関数

問 11 $x = \cos^3 t$, $y = \sin^3 t$ のとき $\dfrac{dy}{dx}$, $\dfrac{d^2y}{dx^2}$ を求めよ.

これまでに求めた基本的な関数の導関数をまとめておこう.

基本的な関数の導関数

(1) $(x^\alpha)' = \alpha x^{\alpha-1}$ 　　　　(α は実数)

(2) $(e^x)' = e^x$

(3) $(a^x)' = a^x \log a$ 　　　　($a > 0,\ a \neq 1$)

(4) $(\log |x|)' = \dfrac{1}{x}$

(5) $(\log_a |x|)' = \dfrac{1}{x \log a}$ 　　　　($a > 0,\ a \neq 1$)

(6) $(\sin x)' = \cos x$

(7) $(\cos x)' = -\sin x$

(8) $(\tan x)' = \dfrac{1}{\cos^2 x}$

(9) $(\sin^{-1} x)' = \dfrac{1}{\sqrt{1-x^2}}$

(10) $(\cos^{-1} x)' = -\dfrac{1}{\sqrt{1-x^2}}$

(11) $(\tan^{-1} x)' = \dfrac{1}{1+x^2}$

2.2 高次導関数

区間 I で微分可能な関数 $y = f(x)$ の導関数 $f'(x)$ が I で微分可能なとき，$f(x)$ は I で **2 回微分可能**であるという．$f'(x)$ の導関数 $(f'(x))'$ を $f(x)$ の **2 次導関数**といい，y'', $f''(x)$, $\dfrac{d^2 y}{dx^2}$, $\dfrac{d^2}{dx^2} f(x)$ などで表す．以下同様に 3 次，4 次，$\cdots$ の導関数を考えることができる．

一般に $f(x)$ の $(n-1)$ 次導関数が微分可能なとき $f(x)$ は I で n **回微分可能**であるといい，$f(x)$ の n **次導関数**を $y^{(n)}$, $f^{(n)}(x)$, $\dfrac{d^n y}{dx^n}$, $\dfrac{d^n}{dx^n} f(x)$ などで表す．$f(x)$ が n 回微分可能で $f^{(n)}(x)$ が連続であるとき $f(x)$ は n **回連続微分可能**，あるいは C^n **級**の関数であるという．

例15 $y = \log x$ とすると，$y' = x^{-1}$, $y'' = -x^{-2}$, $y''' = (-1)(-2)x^{-3}$．以下同様にして
$$y^{(n)} = (-1)(-2)\cdots\{-(n-1)\}x^{-n} = \frac{(-1)^{n-1}(n-1)!}{x^n}.$$

例16 $(\sin x)^{(n)} = \sin\left(x + \dfrac{n\pi}{2}\right)$.

【解】
$$(\sin x)' = \cos x = \sin\left(x + \frac{\pi}{2}\right),$$
$$(\sin x)'' = \left\{\sin\left(x + \frac{\pi}{2}\right)\right\}'$$
$$= \sin\left(\left(x + \frac{\pi}{2}\right) + \frac{\pi}{2}\right) = \sin\left(x + 2\frac{\pi}{2}\right)$$
となり，以下同様にして（微分するたびに $\pi/2$ を加える）結論を得る．

問 12 $(\cos x)^{(n)} = \cos\left(x + \dfrac{n\pi}{2}\right)$ を示せ．

問 13 次の関数の n 次導関数を求めよ．

(1) $\sin 3x$ (2) $\dfrac{1}{2x+1}$ (3) a^x

2.2 高次導関数

例17 関数 $f(x), g(x)$ が n 回微分可能ならば，$f(x) \pm g(x)$ も n 回微分可能で，

$$\{f(x) \pm g(x)\}^{(n)} = f^{(n)}(x) \pm g^{(n)}(x)$$

が成り立つ（定理 2(1) より明らか）． ∎

例題 4

次の関数の n 次導関数を求めよ．
(1)　$y = e^x \sin x$　　(2)　$y = \sin 3x \cos 2x$

【解　答】　(1)　$y' = e^x \sin x + e^x \cos x = e^x(\sin x + \cos x)$
$$= \sqrt{2}\, e^x \sin\left(x + \frac{\pi}{4}\right).$$

したがって

$$y'' = \sqrt{2}\left\{e^x \sin\left(x + \frac{\pi}{4}\right)\right\}' = \sqrt{2}\, e^x \left\{\sin\left(x + \frac{\pi}{4}\right) + \cos\left(x + \frac{\pi}{4}\right)\right\}$$
$$= (\sqrt{2})^2 e^x \sin\left(x + 2\frac{\pi}{4}\right).$$

以下同様にして，$y^{(n)} = (\sqrt{2})^n e^x \sin\left(x + \frac{n\pi}{4}\right)$.

(2)　$\sin 3x \cos 2x = \dfrac{1}{2}(\sin 5x + \sin x)$ であるから

$$y^{(n)} = \frac{1}{2}\{(\sin 5x)^{(n)} + (\sin x)^{(n)}\}$$
$$= \frac{1}{2}\left\{5^n \sin\left(5x + \frac{n\pi}{2}\right) + \sin\left(x + \frac{n\pi}{2}\right)\right\}. \quad ∎$$

問 14 次の関数の n 次導関数を求めよ．

(1)　$e^x \cos x$　　(2)　$\dfrac{1}{x^2 - 1}$　　(3)　$\cos 5x \cos 2x$

積の n 次導関数については次のライプニッツの公式が有用である．

> **定理 6**　（ライプニッツ（**Leibniz**）の公式）　関数 $f(x), g(x)$ が n 回微分可能ならば，積 $f(x)g(x)$ も n 回微分可能で
> $$(fg)^{(n)} = f^{(n)}g + {}_n\mathrm{C}_1 f^{(n-1)}g' + {}_n\mathrm{C}_2 f^{(n-2)}g'' + \cdots$$
> $$+ {}_n\mathrm{C}_r f^{(n-r)}g^{(r)} + \cdots + fg^{(n)}.$$

証明　定理 2(3) より
$$(fg)' = f'g + fg'$$
$$(fg)'' = (f'g + fg')' = (f''g + f'g') + (f'g' + fg'')$$
$$= f''g + {}_2\mathrm{C}_1 f'g' + fg''$$
$$(fg)''' = (f''g + {}_2\mathrm{C}_1 f'g' + fg'')'$$
$$= (f'''g + f''g') + {}_2\mathrm{C}_1(f''g' + f'g'') + (f'g'' + fg''')$$
$$= f'''g + ({}_2\mathrm{C}_0 + {}_2\mathrm{C}_1)f''g' + ({}_2\mathrm{C}_1 + {}_2\mathrm{C}_2)f'g'' + fg'''$$
$$= f'''g + {}_3\mathrm{C}_1 f''g' + {}_3\mathrm{C}_2 f'g'' + fg'''.$$

以下同様に定理 2(3) と (1.1), (1.2) を用いて結論を得る．■

問 15　数学的帰納法により定理 6 を証明せよ．

> **例題 5**
> $y = x^3 e^x$ の n 次導関数を求めよ．

【解答】ライプニッツの公式より

$$(x^3 e^x)^{(n)} = (e^x)^{(n)} \cdot x^3 + {}_n\mathrm{C}_1 (e^x)^{(n-1)}(x^3)'$$
$$+ {}_n\mathrm{C}_2 (e^x)^{(n-2)}(x^3)'' + {}_n\mathrm{C}_3 (e^x)^{(n-3)}(x^3)'''$$
$$= e^x x^3 + n e^x \cdot 3x^2 + \frac{n(n-1)}{2!} e^x \cdot 6x + \frac{n(n-1)(n-2)}{3!} e^x \cdot 6$$
$$= e^x \{x^3 + 3nx^2 + 3n(n-1)x + n(n-1)(n-2)\}. \quad ■$$

問 16 次の関数の n 次導関数を求めよ．
(1) $x\sin x$　　(2) $x^2 e^{3x}$　　(3) $x^3 a^x$

例題 6

$f(x) = \tan^{-1} x$ のとき $f^{(n)}(0)$ を求めよ．

【解　答】 $f'(x) = \dfrac{1}{1+x^2}$ だから $(1+x^2)f'(x) = 1$. この両辺を k 回微分すると定理 6 より

$$(1+x^2)f^{(k+1)}(x) + k \cdot 2x f^{(k)}(x) + \frac{k(k-1)}{2} 2 f^{(k-1)}(x) = 0.$$

ここで $x = 0$ とおくと $f^{(k+1)}(0) + k(k-1)f^{(k-1)}(0) = 0$. したがって

$$f^{(k+1)}(0) = -k(k-1) f^{(k-1)}(0). \tag{2.3}$$

$n = 2m+1$ のとき，(2.3) をくり返し用いると，$f'(0) = 1$ だから

$$\begin{aligned}
f^{(2m+1)}(0) &= -2m(2m-1) f^{(2m-1)}(0) \\
&= (-1)^2 2m(2m-1)(2m-2)(2m-3) f^{(2m-3)}(0) \\
&= \cdots \\
&= (-1)^m (2m)!\, f'(0) = (-1)^m (2m)!.
\end{aligned}$$

$n = 2m$ のとき，(2.3) より特に $f''(0) = 0$ であるから，

$$\begin{aligned}
f^{(2m)}(0) &= -(2m-1)(2m-2) f^{(2m-2)}(0) \\
&= \cdots \\
&= (-1)^{m-1}(2m-1)!\, f''(0) = 0. \quad\blacksquare
\end{aligned}$$

問 17 $f(x) = \log(1+x^2)$ のとき $f^{(n)}(0)$ を求めよ．

2.3 平均値の定理

微分法の応用は多岐にわたり実用上も重要であるが，それらは平均値の定理とその拡張であるテイラーの定理によるところが大きい．まず連続関数の最大値・最小値の存在を保証する次の定理から述べよう．この定理は実数の連続性に由来する．

> **定理 7** （最大値・最小値の存在） 関数 $f(x)$ が有界閉区間 $[a,b]$ で連続ならば，$f(x)$ は $[a,b]$ で最大値および最小値をとる．

次の例から分かるように，$f(x)$ は「有界閉区間で連続」という条件がないと最大値や最小値をとるとは限らない：

(1) $y = 1/x$ は有界閉区間 $[-1,1]$ で $x = 0$ を除いて連続であるが，$[-1,1]$ で最大値も最小値もとらない（$[-1,1]$ に不連続点 $x = 0$ が存在する）．

(2) $y = \log x$ は左半開区間 $(0,1]$ で連続だが $(0,1]$ で最小値をとらない．

(3) $y = e^x$ は無限区間 $(-\infty, \infty)$ で連続だが，そこで最大値も最小値もとらない．

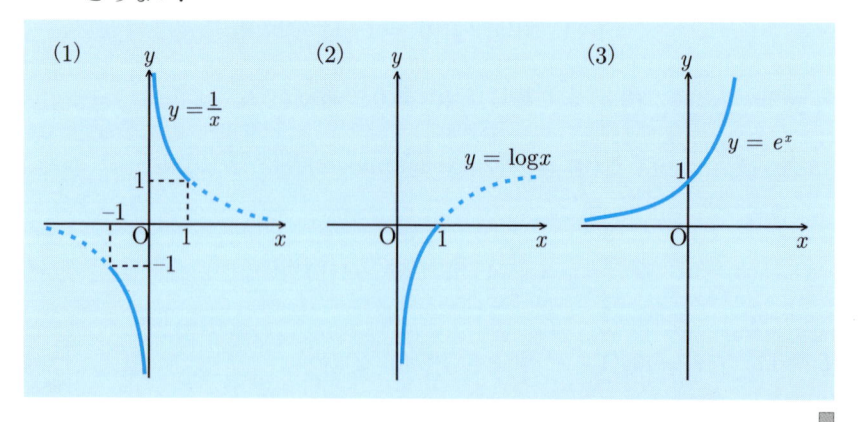

2.3 平均値の定理

定理 8 （ロル（**Rolle**）の定理） 関数 $f(x)$ は $[a,b]$ で連続, (a,b) で微分可能で, $f(a) = f(b)$ ならば

$$f'(c) = 0 \quad (a < c < b)$$

をみたす c が存在する.

証明 $f(x)$ が $[a,b]$ で定数なら明らか. $f(x)$ は定数でないとして $f(a) = f(b)$ より大きくなるところがあるとしよう. 定理 7 より, $f(x)$ は $[a,b]$ で最大値をとる. そこで最大値をとる点を c とすると, $a < c < b$ である. この c に対して $f'(c) = 0$ となる. 実際, $c+h \in [a,b]$ であるどんな h に対しても $f(c+h) \leqq f(c)$ であるから

$$h > 0 \text{ ならば} \quad \frac{f(c+h) - f(c)}{h} \leqq 0$$

ここで $h \to +0$ とすると $f'(c) = f'_+(c) \leqq 0$ となる. 同様に

$$h < 0 \text{ ならば} \quad \frac{f(c+h) - f(c)}{h} \geqq 0$$

であるから $h \to -0$ として $f'(c) = f'_-(c) \geqq 0$. したがって $f'(c) = 0$ を得る. もし $f(x)$ がつねに $f(a) = f(b)$ 以下ならば最小値をとる点を c とすればよい.

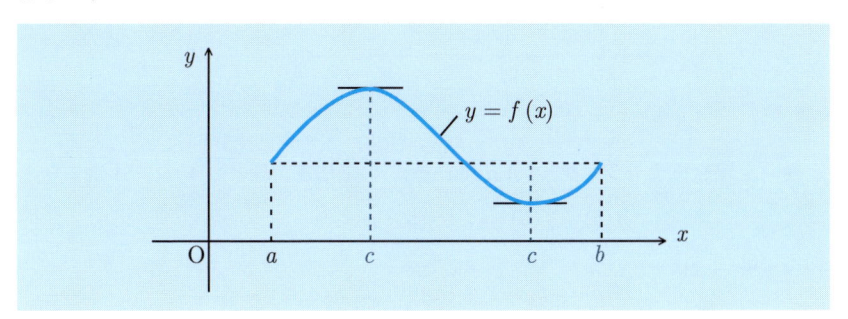

注 $a < c < b$ である c は $0 < \theta < 1$ をみたす θ によって

$$c = a + \theta(b - a) \tag{2.4}$$

と表される. 実際 $\theta = (c-a)/(b-a)$ とおけばよい（図示してみよ）.

定理 9　（平均値の定理）　関数 $f(x)$ が $[a,b]$ で連続，(a,b) で微分可能ならば，
$$\frac{f(b)-f(a)}{b-a} = f'(c) \quad (a<c<b) \tag{2.5}$$
をみたす c が存在する．

証明　$\dfrac{f(b)-f(a)}{b-a} = K$ とし，$F(x) = f(x) - f(a) - K(x-a)$ とおく．$F(x)$ は $[a,b]$ で連続，(a,b) で微分可能，また $F(a) = F(b) = 0$ であるから，ロルの定理より a と b の間に $F'(c) = f'(c) - K = 0$ となる c が存在する．したがって
$$f'(c) = K = \frac{f(b)-f(a)}{b-a}.$$

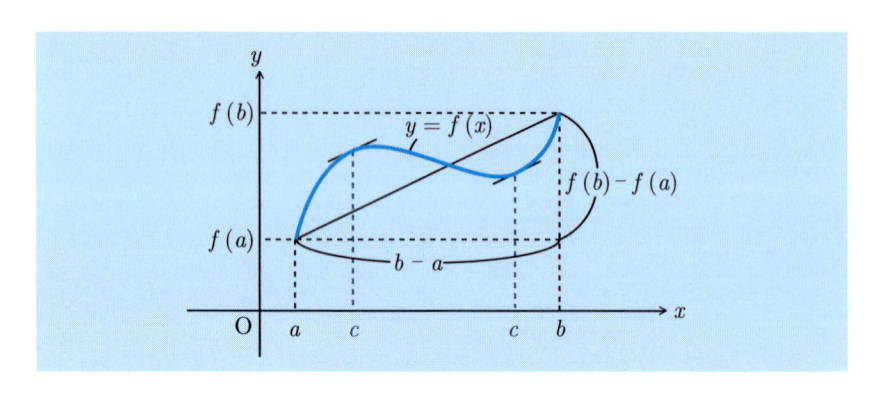

注　定理 9 をラグランジュ（**Lagrange**）の平均値定理という．(2.5) はまた
$$f(b) - f(a) = f'(c)(b-a) \quad (a<c<b)$$
あるいは
$$f(b) = f(a) + f'(c)(b-a) \quad (a<c<b)$$
と表される．また定理 9 は，(2.4) より
$$f(b) = f(a) + f'(a+\theta(b-a))(b-a) \quad (0<\theta<1)$$
をみたす θ が存在するといってもよい．

2.3 平均値の定理

> **定理 10** （コーシー（**Cauchy**）の平均値定理） 関数 $f(x), g(x)$ は $[a,b]$ で連続，(a,b) で微分可能とし，(a,b) で $g'(x) \neq 0$ とすると
>
> $$\frac{f(b)-f(a)}{g(b)-g(a)} = \frac{f'(c)}{g'(c)} \quad (a<c<b)$$
>
> をみたす c が存在する．

証明 まず $g(a) \neq g(b)$ であることに注意しよう．実際もし $g(a) = g(b)$ とすると，ロルの定理から (a,b) 内に $g'(x) = 0$ となる点があることになり，仮定に反する．そこで

$$\frac{f(b)-f(a)}{g(b)-g(a)} = K$$

とおき

$$F(x) = f(x) - f(a) - K\{g(x) - g(a)\}$$

とする．$F(x)$ は $[a,b]$ で連続，(a,b) で微分可能，また $F(a) = F(b) = 0$ であるから，ロルの定理より

$$F'(c) = f'(c) - Kg'(c) = 0 \quad (a<c<b)$$

となる c が存在する．したがって

$$\frac{f'(c)}{g'(c)} = K = \frac{f(b)-f(a)}{g(b)-g(a)}$$

となる． ∎

注 コーシーの平均値定理で $g(x) = x$ とおくとラグランジュの平均値定理が得られる．また $b < a$ のときも同じ結論が得られる．

2.4 テイラーの定理

テイラーの定理　ラグランジュの平均値定理は次のように拡張される．

> **定理 11**　（テイラー（**Taylor**）の定理）　関数 $f(x)$ が a, b $(a \neq b)$ を含む区間 I で n 回微分可能ならば，
> $$f(b) = f(a) + \frac{f'(a)}{1!}(b-a) + \frac{f''(a)}{2!}(b-a)^2$$
> $$+ \cdots + \frac{f^{(n-1)}(a)}{(n-1)!}(b-a)^{n-1} + R_n,$$
> $$\text{ただし，} R_n = \frac{f^{(n)}(c)}{n!}(b-a)^n \quad (a < c < b)$$
> をみたす c が存在する（R_n を**剰余項**という）．

証明　$a < b$ とする．

$$f(b) - \left[f(a) + \frac{f'(a)}{1!}(b-a) + \frac{f''(a)}{2!}(b-a)^2 \right.$$
$$\left. + \cdots + \frac{f^{(n-1)}(a)}{(n-1)!}(b-a)^{n-1} \right] = \frac{(b-a)^n}{n!} K$$

とおき

$$F(x) = f(b) - f(x) - \frac{f'(x)}{1!}(b-x) - \frac{f''(x)}{2!}(b-x)^2$$
$$- \cdots - \frac{f^{(n-1)}(x)}{(n-1)!}(b-x)^{n-1} - \frac{(b-x)^n}{n!} K$$

とする．仮定から $F(x)$ は $[a, b]$ で連続，(a, b) で微分可能．また $F(a) = F(b) = 0$ であるから，ロルの定理によって $F'(c) = 0$ $(a < c < b)$ をみたす c が存在する．また，

$$F'(x) = -f'(x) - \{f''(x)(b-x) - f'(x)\}$$
$$- \frac{1}{2}\{f'''(x)(b-x)^2 - 2f''(x)(b-x)\} - \cdots$$
$$- \frac{1}{(n-1)!}\{f^{(n)}(x)(b-x)^{n-1} - (n-1)f^{(n-1)}(x)(b-x)^{n-2}\}$$

$$+ \frac{K}{(n-1)!}(b-x)^{n-1}$$
$$= -\frac{1}{(n-1)!}f^{(n)}(x)(b-x)^{n-1} + \frac{K}{(n-1)!}(b-x)^{n-1}$$
$$= -\frac{(b-x)^{n-1}}{(n-1)!}\{f^{(n)}(x) - K\}$$

であるから,
$$F'(c) = -\frac{(b-c)^{n-1}}{(n-1)!}\{f^{(n)}(c) - K\} = 0.$$

$b \neq c$ より $f^{(n)}(c) = K$ となり結論を得る. また, この証明で $b < a$ としてもよい. ■

注 テイラーの定理で $n=1$ とおくとラグランジュの平均値定理が得られる.

マクローリンの定理

テイラーの定理で $a=0, b=x$ とおいて次のマクローリンの定理が得られる.

定理 12 (マクローリン (Maclaurin) の定理) 関数 $f(x)$ が $x=0$ を含む区間 I で n 回微分可能ならば, 任意の $x \in I$ に対して, 次式をみたす θ が存在する.

$$f(x) = f(0) + \frac{f'(0)}{1!}x + \frac{f''(0)}{2!}x^2 + \cdots + \frac{f^{(n-1)}(0)}{(n-1)!}x^{n-1} + R_n$$

$$\text{ただし, } R_n = \frac{f^{(n)}(\theta x)}{n!}x^n \quad (0 < \theta < 1)$$

注 マクローリンの定理の剰余項 R_n における θx は, $c = a + \theta(b-a)$ $(0 < \theta < 1)$ で $a=0, b=x$ とおいて得られる. $x > 0$ ならば $0 < \theta x < x$, $x < 0$ ならば $x < \theta x < 0$ であるから, θx $(0 < \theta < 1)$ は x と 0 の大小によらずその中間の数を表す. また θ は x や n が変わればそれに応じて変わる. この意味で $\theta = \theta(x, n)$ と書くこともある. このとき同様に R_n を $R_n(x)$ と書く.

問 18 (1) $f(x) = x^3 - 2x^2 + 3x - 1$ にマクローリンの定理 ($n=4$) を適用せよ. また $a=1, b=x$ としてテイラーの定理 ($n=4$) を適用せよ.

(2) $f(x) = \log(1+x)$ にマクローリンの定理を $n=4$ で適用せよ.

第 2 章 微 分 法

例18 $f(x) = e^x$ とする．$f^{(k)}(x) = e^x$ だから $f(0) = f^{(k)}(0) = 1$ $(k = 1, 2, \cdots)$．マクローリンの定理より任意の $x \in \boldsymbol{R}$ と $n \in \boldsymbol{N}$ に対して

$$e^x = 1 + \frac{x}{1!} + \frac{x^2}{2!} + \cdots + \frac{x^{n-1}}{(n-1)!} + \frac{e^{\theta x}}{n!}x^n$$

となる $\theta\,(0 < \theta < 1)$ が存在する． ∎

例題 7

ネイピアの数 e は無理数であることを示せ．

証明 e が有理数と仮定し，$e = m/n$（n, m は自然数）としよう．e^x にマクローリンの定理を $n+1$ で適用すると，ある $\theta\,(0 < \theta < 1)$ が存在して

$$e^x = 1 + \frac{x}{1!} + \frac{x^2}{2!} + \cdots + \frac{x^n}{n!} + \frac{e^{\theta x}}{(n+1)!}x^{n+1}.$$

ここで $x = 1$ とおくと

$$e = 1 + \frac{1}{1!} + \frac{1}{2!} + \cdots + \frac{1}{n!} + \frac{e^\theta}{(n+1)!} = \frac{m}{n}. \tag{2.6}$$

右側の等式の両辺に $n!$ をかけると

$$n!\left(1 + \frac{1}{1!} + \frac{1}{2!} + \cdots + \frac{1}{n!}\right) + \frac{e^\theta}{n+1} = m(n-1)!$$

となるから，$\dfrac{e^\theta}{n+1}$ は（正の）整数となり $\dfrac{e^\theta}{n+1} \geqq 1$．また，$e < 3$ であるから

$$2 \leqq n + 1 \leqq e^\theta < e < 3.$$

これより $n = 1$，すなわち $e = m$（自然数）となる．これは $2 < e < 3$ であることに矛盾する．したがって e は無理数である． ∎

例19 （e の近似値） $e = 2.71828\cdots$．

【解】 (2.6) より，$e = 1 + \dfrac{1}{1!} + \dfrac{1}{2!} + \cdots + \dfrac{1}{9!} + \dfrac{e^\theta}{10!}$ であるから

2.4 テイラーの定理

$$e \fallingdotseq 1 + \frac{1}{1!} + \frac{1}{2!} + \cdots + \frac{1}{9!}$$

と近似したときの誤差は $e^\theta/10!$ である．各項の小数第 9 位を四捨五入して計算すると

$$1 + \frac{1}{1!} + \frac{1}{2!} + \cdots + \frac{1}{9!} \fallingdotseq 2.71828181$$

となり計算誤差は 0.0000001 より小さい．また

$$0 < \frac{e^\theta}{10!} < \frac{3}{10!} \fallingdotseq 0.00000083 \quad (\text{小数第 9 位を繰り上げた})$$

であるから誤差の限界は合わせて 0.00000093 となり $e \fallingdotseq 2.71828$ は小数第 5 位まで正確な近似値であることが分かる．■

例題 8

$f(x) = \sin x$ にマクローリンの定理を適用せよ．

【解　答】 $f^{(k)}(x) = \sin(x + k\pi/2) \ (k = 1, 2, \cdots)$ だから

$$f^{(k)}(0) = \sin \frac{k\pi}{2} = \begin{cases} (-1)^{m-1} & (k = 2m - 1 \text{ のとき}) \\ 0 & (k = 2m \text{ のとき}) \end{cases}$$

したがって $n = 2m$ または $2m + 1$ のとき，マクローリンの定理よりある $\theta \ (0 < \theta < 1)$ が存在して $\sin x$ は次式のように表される．

$$\sin x = \frac{x}{1!} - \frac{x^3}{3!} + \frac{x^5}{5!} - \cdots + (-1)^{m-1} \frac{x^{2m-1}}{(2m-1)!} + \frac{x^n}{n!} \sin\left(\theta x + \frac{n\pi}{2}\right) \quad ■$$

問 19 $n = 2m + 1$ または $2m + 2$ のとき，

$$\cos x = 1 - \frac{x^2}{2!} + \frac{x^4}{4!} - \cdots + (-1)^m \frac{x^{2m}}{(2m)!} + \frac{x^n}{n!} \cos\left(\theta x + \frac{n\pi}{2}\right)$$

となる $\theta \ (0 < \theta < 1)$ が存在することを示せ．

問 20 次の関数にマクローリンの定理を適用せよ．

(1)　$\log(1 + x)$　　(2)　$(1 + x)^\alpha$　　(α は実数)

マクローリン展開 $f(x)$ が 0 を含む開区間 I で無限回微分可能（すべての n に対して n 回微分可能）であるとき, 任意の $x \in I$ と任意の $n \in \mathbf{N}$ に対して

$$f(x) = f(0) + \frac{f'(0)}{1!}x + \frac{f''(0)}{2!}x^2 + \cdots + \frac{f^{(n-1)}(0)}{(n-1)!}x^{n-1} + R_n(x),$$

$$R_n(x) = \frac{f^{(n)}(\theta x)}{n!}x^n \quad (0 < \theta < 1)$$

をみたす $\theta = \theta(x, n)$ が存在する. ここでもし $R_n(x) \to 0 \ (n \to \infty)$ ならば, $f(x)$ は

$$f(x) = f(0) + \frac{f'(0)}{1!}x + \frac{f''(0)}{2!}x^2 + \cdots + \frac{f^{(n)}(0)}{n!}x^n + \cdots$$

と無限級数で表される. 右辺の無限級数を $f(x)$ の**マクローリン展開**あるいは**マクローリン級数**という（級数については 6 章を参照のこと）.

例20

(1) $e^x = 1 + \dfrac{x}{1!} + \dfrac{x^2}{2!} + \cdots + \dfrac{x^n}{n!} + \cdots$ $\qquad (-\infty < x < \infty)$

(2) $\sin x = \dfrac{x}{1!} - \dfrac{x^3}{3!} + \dfrac{x^5}{5!} - \cdots + (-1)^{n-1}\dfrac{x^{2n-1}}{(2n-1)!} + \cdots$
$\qquad\qquad\qquad\qquad\qquad\qquad\qquad\qquad (-\infty < x < \infty)$

(3) $\cos x = 1 - \dfrac{x^2}{2!} + \dfrac{x^4}{4!} - \cdots + (-1)^n\dfrac{x^{2n}}{(2n)!} + \cdots$
$\qquad\qquad\qquad\qquad\qquad\qquad\qquad\qquad (-\infty < x < \infty)$

(4) $\log(1+x) = x - \dfrac{x^2}{2} + \dfrac{x^3}{3} - \cdots + (-1)^{n-1}\dfrac{x^n}{n} + \cdots$
$\qquad\qquad\qquad\qquad\qquad\qquad\qquad\qquad (-1 < x \leqq 1)$

(5) （一般の **2 項定理**） α は任意の実数とする.

$$(1+x)^\alpha = 1 + \frac{\alpha}{1!}x + \frac{\alpha(\alpha-1)}{2!}x^2 + \cdots$$
$$+ \frac{\alpha(\alpha-1)\cdots(\alpha-n+1)}{n!}x^n + \cdots \quad (|x| < 1)$$

特に $\alpha = n$ のとき, $(1+x)^n$ の展開式に一致する.

2.4 テイラーの定理

【解】 (1) を示す．例 18 より $R_n(x) = \dfrac{e^{\theta x}}{n!}x^n$ だから 1 章例題 2 より，

$$|R_n(x)| = \left|\dfrac{e^{\theta x}}{n!}x^n\right| \leqq \dfrac{|x|^n}{n!}e^{|x|} \to 0 \quad (n \to \infty)$$

となり結論を得る．(2), (3) も同様に示される．(4), (5) の証明には，定理 12 において別の形の剰余項（コーシーの剰余など）をとる必要がある．ここでは証明を省略する（6 章 6.4 節参照）． ∎

問 21 例 20 の (2), (3) を示せ．

注 e^x のマクローリン展開 (1) において，$x = i\theta$ (i は虚数単位；$i = \sqrt{-1}$) とおくと，$\sin x, \cos x$ のマクローリン展開 (2), (3) から

$$e^{i\theta} = \cos\theta + i\sin\theta$$

が得られる．これを**オイラー（Euler）の関係式**という．

問 22 $|x| < 1$ のとき次の級数展開が成り立つことを示せ．(6 章定理 1 参照)

$$\log\dfrac{1+x}{1-x} = 2\left(x + \dfrac{x^3}{3} + \dfrac{x^5}{5} + \cdots\right)$$

問 23 $|x| < 1$ のとき次の級数展開が成り立つことを示せ．

(1) $\dfrac{1}{(1+x)^2} = 1 - 2x + 3x^2 - \cdots + (-1)^n(n+1)x^n + \cdots$

(2) $\sqrt{1+x} = 1 + \dfrac{1}{2}x - \dfrac{1}{2\cdot 4}x^2 + \dfrac{1\cdot 3}{2\cdot 4\cdot 6}x^3$

$\quad - \cdots + (-1)^{n-1}\dfrac{1\cdot 3\cdots(2n-3)}{2\cdot 4\cdots(2n)}x^n + \cdots$

ネイピアの数とオイラー

「対数」という言葉はネイピアが導入した．オイラーは級数

$$1 + \dfrac{1}{1!} + \dfrac{1}{2!} + \cdots + \dfrac{1}{n!} + \cdots$$

を考え，その和を e で表した．また，その数値を計算し，e を底とする対数を「自然対数」と名づけた．e はオイラー（Euler）の頭文字といわれる．

2.5 微分法の応用

関数の増減　1章で述べたように，区間 I 内の点 x_1, x_2 に対して
$$x_1 < x_2 \ \ ならば \ \ f(x_1) \leqq f(x_2) \ \ (f(x_1) \geqq f(x_2))$$
が成り立つとき，関数 $f(x)$ は区間 I で**増加関数**（**減少関数**）であるという．また
$$x_1 < x_2 \ \ ならば \ \ f(x_1) < f(x_2) \ \ (f(x_1) > f(x_2))$$
が成り立つとき，関数 $f(x)$ は区間 I で狭義の増加関数（狭義の減少関数）であるという．

> **定理 13**　関数 $f(x)$ は区間 $[a,b]$ で連続，(a,b) で微分可能とする．
> (1) (a,b) で $f'(x) = 0$ ならば，$f(x)$ は $[a,b]$ で定数関数である．
> (2) (a,b) で $f'(x) > 0 \ (f'(x) < 0)$ ならば，$f(x)$ は $[a,b]$ で狭義の増加関数（狭義の減少関数）である．逆は成り立たない．
> (3) (a,b) で $f'(x) \geqq 0 \ (f'(x) \leqq 0)$ ならば，$f(x)$ は $[a,b]$ で増加関数（減少関数）である．逆も成り立つ．

証明　(1) (a,b) で $f'(x) = 0$ とし，$a < x \leqq b$ とする．平均値の定理からある $c \ (a < c < x)$ をとると
$$f(x) = f(a) + f'(c)(x-a) = f(a).$$

(2) (a,b) で $f'(x) > 0$ とし，$a \leqq x_1 < x_2 \leqq b$ とすると平均値の定理からある $c \ (x_1 < c < x_2)$ が存在して $f(x_2) - f(x_1) = f'(c)(x_2 - x_1) > 0$．すなわち $f(x_1) < f(x_2)$．

また $f(x) = x^3$ は $[-1, 1]$ で狭義の増加関数だが $f'(0) = 0$ である．
ゆえに，一般に逆は成り立たない（$f'(x) < 0$ の場合も同様）．

(3) (2) と同様にして，(a,b) で $f'(x) \geqq 0$ ならば $f(x)$ は $[a,b]$ で増加関数となる．逆に，$f(x)$ が $[a,b]$ で増加関数であるとし，(a,b) 内の任意の x_1 をとる．このとき任意の $x \in (a,b)$ に対して

2.5 微分法の応用

$$\frac{f(x) - f(x_1)}{x - x_1} \geqq 0$$

であるから，$x \to x_1$ として $f'(x_1) \geqq 0$ を得る．　■

注　定理 13 は無限区間 $[a, \infty), (-\infty, b], (-\infty, \infty)$ でも成り立つ．例えば $[a, \infty)$ に対しては $a < b$ である任意の b に対して $[a, b]$ で定理 13 を使えばよい．

例題 9

$x > 0$ のとき，$e^x > 1 + x + \dfrac{x^2}{2}$ が成り立つことを示せ．

【解答】$f(x) = e^x - \left(1 + x + \dfrac{x^2}{2}\right)$ $(x \geqq 0)$ とおくと，$f(x)$ は $[0, \infty)$ で連続で

$$f'(x) = e^x - (1 + x), \quad f''(x) = e^x - 1.$$

したがって

$$x > 0 \text{ で } f''(x) > 0$$

であるから，定理 13 と注より $f'(x)$ は $[0, \infty)$ で狭義の増加関数．したがって

$$x > 0 \text{ ならば } f'(x) > f'(0) = 0.$$

再び定理 13 と注より，$f(x)$ は $[0, \infty)$ で狭義の増加関数であるから

$$x > 0 \text{ ならば } f(x) > f(0) = 0$$

となり，結論が得られる．

この不等式はまた次のように示される．マクローリンの定理から，任意の $x > 0$ に対してある θ $(0 < \theta < 1)$ をとると

$$e^x = 1 + \frac{x}{1!} + \frac{x^2}{2!} + \frac{e^{\theta x}}{3!} x^3 > 1 + x + \frac{x^2}{2} \quad ■$$

問 24　$x > 0$ のとき次の不等式が成り立つことを示せ．
(1) $\dfrac{x}{1+x} < \log(1+x) < x$　　(2) $\dfrac{x}{1+x^2} < \tan^{-1} x < x$

関数の極大・極小

関数 $f(x)$ が，$x=a$ を含むある開区間 I で，$x \neq a, x \in I$ ならば

$$f(x) < f(a) \quad (f(x) > f(a)) \tag{2.7}$$

をみたすとき，$f(x)$ は **$x=a$ で極大**（**極小**）であるという．$f(a)$ を**極大値**（**極小値**）という．極大値，極小値をあわせて**極値**という．(2.7) で $f(x) \leqq f(a)$ ($f(x) \geqq f(a)$) が成り立つとき $f(x)$ は **$x=a$ で広義の極大**（**広義の極小**）であるという．

注 ここで，a を含む開区間 I の大きさは問題ではなく，どんなに小さくてもよい．そこで，$f(x)$ が $x=a$ で極大であることを

a に十分近い x ($x \neq a$) に対して，$f(x) < f(a)$ が成り立つ

と区間 I を特定しないで述べてもよい．このような表現に慣れると便利な場合が多い．

定理 14 関数 $f(x)$ が $x=a$ で広義の極値をとり，そこで微分可能であれば

$$f'(a) = 0$$

である．逆は必ずしも成り立たない．

証明 $f(x)$ が $x=a$ で広義の極大であるとする．x が a に十分近いとき，$f(x) \leqq f(a)$ だから

$$x < a \quad \text{ならば} \quad \frac{f(x)-f(a)}{x-a} \geqq 0.$$

ここで $x \to a-0$ として，$f'(a) = f'_-(a) \geqq 0$. 同様に

$$x > a \quad \text{ならば} \quad \frac{f(x)-f(a)}{x-a} \leqq 0$$

であるから $x \to a+0$ として $f'(a) = f'_+(a) \leqq 0$. したがって $f'(a) = 0$ となる（広義の極小の場合も同様）．一方，$f(x) = x^3$ は $f'(0) = 0$ であるが $x=0$ で極値をとらないから，逆は一般に成り立たない． ■

例21 $f(x) = x^2(x-1)^3$ の極値を求める．

$f'(x) = 2x(x-1)^3 + 3x^2(x-1)^2 = x(x-1)^2(5x-2) = 0$ より $x = 0, \dfrac{2}{5}, 1$.

2.5 微分法の応用

定理 13 を用いて増減表を書くと

x		0		2/5		1	
$f'(x)$	+	0	−	0	+	0	+
$f(x)$	↗	極大	↘	極小	↗		↗

ゆえに $f(x)$ は $x = 0$ で極大値 $f(0) = 0$, $x = 2/5$ で極小値 $f(2/5) = -2^2 3^3 / 5^5$ をとる. ■

注 定理 7 によれば連続関数は有界閉区間で最大値・最小値をとる. 例えば, 例 21 では $f(x)$ は $[-1, 1]$ において最大値 $f(0) = f(1) = 0$, 最小値 $f(-1) = -8$ をとる ($f(-1), f(1)$ と極大値・極小値を比較すればよい).

例題 10 ─────────────── **ヤング（Young）の不等式**

$p > 1$, $1/p + 1/q = 1$ とする. 任意の $a, b \geqq 0$ に対して, 次式を示せ.

$$ab \leqq \frac{a^p}{p} + \frac{b^q}{q}$$

証明 $f(x) = x^p/p + b^q/q - bx$ $(x \geqq 0)$ とおく. $f'(x) = x^{p-1} - b = 0$ より $x = b^{1/(p-1)}$ だから $f(x)$ の増減は

x	0		$b^{1/(p-1)}$	
$f'(x)$		−	0	+
$f(x)$		↘	極小	↗

となる. したがって $f(x)$ は $x \geqq 0$ のとき $x = b^{1/(p-1)}$ で最小であるから,

$$f(x) \geqq f(b^{1/(p-1)}) = \frac{1}{p} b^{p/(p-1)} + \frac{1}{q} b^q - b^{p/(p-1)} = 0$$

となり, $x = a$ とおいて結論を得る ($p/(p-1) = q$ に注意). ■

問 25 次の関数の極値を求めよ.

(1) $\dfrac{\log x}{x}$ (2) $\sin^2 x - \sqrt{3} \cos x$ $(0 < x < 2\pi)$

$f(x)$ の $x=a$ における極大・極小は，$x=a$ における高次の微分係数から判定することができる．

> **定理 15** （極大・極小の判定） 関数 $f(x)$ は $x=a$ を含む開区間 I で C^2 級で
> $$f'(a) = 0, \quad f''(a) \neq 0$$
> とする．このとき
> $\quad f''(a) > 0$ ならば $f(x)$ は $x=a$ で極小，
> $\quad f''(a) < 0$ ならば $f(x)$ は $x=a$ で極大．

証明 $f''(a) > 0$ の場合を示す．$f(x)$ は C^2 級であるから，a に十分近い x に対してつねに $f''(x) > 0$ となる．このとき $x \neq a$ である x に対してテイラーの定理より $\theta \ (0 < \theta < 1)$ が存在して

$$f(x) = f(a) + f'(a)(x-a) + \frac{1}{2!}f''(a+\theta(x-a))(x-a)^2$$
$$= f(a) + \frac{1}{2!}f''(a+\theta(x-a))(x-a)^2.$$

ここで $f''(a+\theta(x-a)) > 0$ だから，
$$f(x) > f(a)$$
となり結論が得られる． ■

例22 （最小二乗法） $a_1, a_2, \cdots, a_n \in \mathbf{R}$ に対して
$$f(x) = \sum_{i=1}^{n}(x-a_i)^2 \quad (x \in \mathbf{R})$$
とすると，$f(x)$ は $x = \frac{1}{n}\sum_{i=1}^{n} a_i$ で最小値をとる．

実際，
$$f'(x) = 2\sum_{i=1}^{n}(x-a_i) = 2\left(nx - \sum_{i=1}^{n} a_i\right) = 0$$
より，$x = \frac{1}{n}\sum_{i=1}^{n} a_i$．また $f''(x) = 2n > 0$ であるから定理15より $f(x)$ は $x = \frac{1}{n}\sum_{i=1}^{n} a_i$ で極小となる．$f(x)$ は $\mathbf{R}$ で連続で極小値はただ1つだからそれは最小値である． ■

2.5 微分法の応用

定理 15 は次のように一般的な形で述べることができる.

> **定理 16** （極大・極小の判定）　関数 $f(x)$ は $x=a$ を含む開区間 I で C^n 級で
> $$f'(a) = f''(a) = \cdots = f^{(n-1)}(a) = 0, \quad f^{(n)}(a) \neq 0$$
> であるとする.
> (1) n が偶数のとき $f(x)$ は $x=a$ で極値をとり,
> $$f^{(n)}(a) > 0 \quad \text{ならば} \quad f(x) \text{ は } x=a \text{ で極小},$$
> $$f^{(n)}(a) < 0 \quad \text{ならば} \quad f(x) \text{ は } x=a \text{ で極大}.$$
> (2) n が奇数ならば $f(x)$ は $x=a$ で極値をとらない.

問 26　定理 16 を示せ.

例題 11

関数 $f(x) = x^n e^x$ の $x=0$ における極大・極小を調べよ.

【解　答】　n 以下の任意の自然数 k に対して
$$f^{(k)}(x) = x^n e^x + n\,{}_k\mathrm{C}_1 x^{n-1} e^x + n(n-1)\,{}_k\mathrm{C}_2 x^{n-2} e^x$$
$$+ \cdots + n(n-1)\cdots(n-k+1)\,{}_k\mathrm{C}_k x^{n-k} e^x$$
であるから,
$$f'(0) = f''(0) = \cdots = f^{(n-1)}(0) = 0,$$
$$f^{(n)}(0) = n! > 0.$$
したがって, $f(x)$ は n が偶数のとき $x=0$ で極小値（最小値）$f(0) = 0$ をとり, n が奇数のとき $x=0$ で極値をとらない. ∎

問 27　$f(x) = x^2 \log x$ の極値を求めよ.

問 28　$f(x) = 2(e^x + e^{-x} \cos x) - x^3 - x^2$ の $x=0$ における極大・極小を調べよ.

関数の凹凸・変曲点　関数 $f(x)$ に対して，区間 I で $x_1 < x < x_2$ ならば

$$\frac{f(x) - f(x_1)}{x - x_1} \leq \frac{f(x_2) - f(x)}{x_2 - x} \tag{2.8}$$

が成り立つとき，$f(x)$ は I で（下に）**凸**であるという（下図左）．また (2.8) で逆向きの不等号（$\geq$）が成り立つとき，$f(x)$ は I で（下に）**凹**であるという．「$f(x)$ が I で凸であること」と「$-f(x)$ が I で凹であること」は同値である．また $x = a$ の左右で $f(x)$ の凹凸が変わるとき，$f(x)$ は $\boldsymbol{x=a}$ で**変曲点**をもつという．このとき点 $(a, f(a))$ を $y = f(x)$ の**変曲点**という（下右図）．

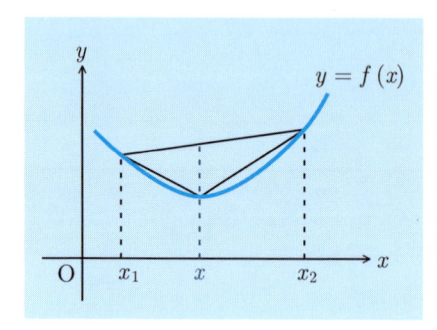

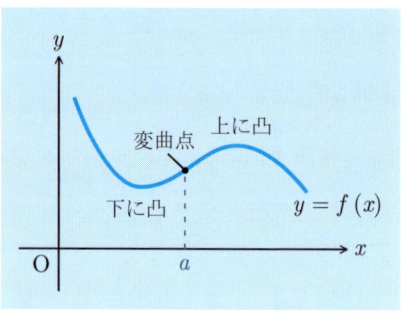

定理 17（関数の凹凸）　関数 $f(x)$ は区間 I で微分可能であるとする．次のことは同値である．

(i) $f(x)$ は I で凸（凹）である．

(ii) $f'(x)$ は I で増加関数（減少関数）である．

(iii) $y = f(x)$ のグラフはその上の任意の点における接線より下に（上に）でない．

さらに $f(x)$ が区間 I で 2 回微分可能であれば，次の (iv) も同値である．

(iv) I で $f''(x) \geq 0$（$f''(x) \leq 0$）である．

証明　凸の場合を証明する（凹の場合はこの結果を $-f(x)$ に適用すればよい）．

(i)⇒(ii)：$x_1 < x_2$ $(x_1, x_2 \in I)$ とする．$f(x)$ が I で凸であるから $x_1 < x < x_2$ である任意の x に対して (2.8) が成り立つ．(2.8) で $x \to x_1+0$，また $x \to x_2-0$ として，

$$f'(x_1) \leqq \frac{f(x_2) - f(x_1)}{x_2 - x_1} \leqq f'(x_2)$$

を得る．

(ii)⇒(iii)：$f'(x)$ が I で増加関数であるとする．I 内に任意の a をとる．曲線 $y = f(x)$ と $x = a$ における接線 $y = f'(a)(x-a) + f(a)$ の位置を比較しよう．$x \neq a$ である任意の $x \in I$ に対してある θ $(0 < \theta < 1)$ が存在して

$$\begin{aligned}
f(x) &- \{f'(a)(x-a) + f(a)\} \\
&= f'(a + \theta(x-a))(x-a) - f'(a)(x-a) \\
&= \{f'(a + \theta(x-a)) - f'(a)\}(x-a)
\end{aligned}$$

となる．$f'(x)$ が I で増加関数であることから，$x-a$ と $f'(a+\theta(x-a))-f'(a)$ は同符号となり

$$f(x) - \{f'(a)(x-a) + f(a)\} \geqq 0$$

となる．すなわち，曲線 $y = f(x)$ は $x = a$ における接線 $y = f'(a)(x-a) + f(a)$ より下にでない．

(iii)⇒(i)：$x_1 < x_0 < x_2$ $(x_1, x_0, x_2 \in I)$ とする．曲線 $y = f(x)$ が $x = x_0$ における接線より下にでないことから

$$\frac{f(x_0) - f(x_1)}{x_0 - x_1} \leqq f'(x_0) \leqq \frac{f(x_2) - f(x_0)}{x_2 - x_0}$$

となるから，$f(x)$ は I で凸である．

また $f(x)$ が区間 I で2回微分可能であるときには，定理13(3) から，「$f'(x)$ が I で増加関数であること」と「I で $f''(x) \geqq 0$ であること」，すなわち (ii) と (iv) は同値である． ∎

系　（変曲点の判定）

(1) $x = a$ の左右で $f''(x)$ の符号が変われば $f(x)$ は $x = a$ で変曲点をもつ．

(2) $f''(a) = 0$ で $f'''(a) \neq 0$ ならば $f(x)$ は $x = a$ で変曲点をもつ．

証明　(1) は定理 17 より明らか．

(2) $f''(a) = 0$ で $f'''(a) > 0$ であるとする．

$$\lim_{x \to a} \frac{f''(x) - f''(a)}{x - a} > 0$$

であるから，a に十分近い x に対してつねに

$$\frac{f''(x) - f''(a)}{x - a} > 0.$$

したがって

$x > a$　ならば　$f''(x) > f''(a) = 0$,

$x < a$　ならば　$f''(x) < f''(a) = 0$

となり，(1) より $(a, f(a))$ は $y = f(x)$ の変曲点である． ∎

例題 12

関数
$$f(x) = e^{-x^2}$$
の増減，凹凸を調べ，曲線 $y = f(x)$ の概形を描け．

【解答】 $f'(x) = -2xe^{-x^2}$,

$$f''(x) = -2(e^{-x^2} - 2x^2 e^{-x^2}) = -2e^{-x^2}(1 - 2x^2).$$

$f'(x) = 0$ より $x = 0$. また $f''(x) = 0$ より $x = \pm 1/\sqrt{2}$. これより増減表を書くと

x		$-1/\sqrt{2}$		0		$1/\sqrt{2}$	
$f'(x)$	+		+	0	−		−
$f''(x)$	+	0	−		−	0	+
$f(x)$	凸	変曲点	凹		凹	変曲点	凸
	↗			極大			↘

したがって $f(x)$ は $x=0$ で極大値 $f(0)=1$ をとり，$x=\pm 1/\sqrt{2}$ で変曲点をもつ．また $y=f(x)$ のグラフは y 軸に関して対称であるから，$\lim_{x \to \pm\infty} e^{-x^2} = 0$ に注意して次のようになる．

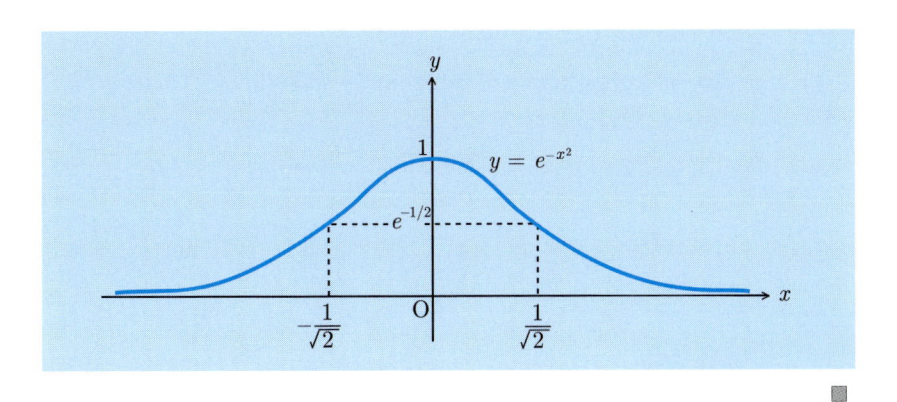

■

問 29 関数

$$f(x) = \frac{x}{x^2+1}$$

の増減，凹凸を調べ，曲線 $y=f(x)$ の概形を描け．

不定形の極限　例えば $\lim_{x \to a} f(x) = \lim_{x \to a} g(x) = 0$ であるとき, $f(x)/g(x)$ に 1 章の定理 4(3) を形式的に適用すると

$$\lim_{x \to a} \frac{f(x)}{g(x)} = \frac{0}{0}$$

となるが, もちろん 0 と 0 を約して 1 などとはできない. このような例を見てみよう.

例23　次の (1)〜(3) ではいずれも $\lim_{x \to 0} f(x) = \lim_{x \to 0} g(x) = 0$ であるが, $\lim_{x \to 0} \frac{f(x)}{g(x)}$ は, (1) 0 に収束, (2) $+\infty$ に発散, (3) 任意の実数 a に収束, とあらゆる場合が起こる:

(1)　$f(x) = x^4$, $g(x) = x^2$ とすると, $\lim_{x \to 0} \frac{f(x)}{g(x)} = \lim_{x \to 0} \frac{x^4}{x^2} = \lim_{x \to 0} x^2 = 0$.

(2)　$f(x) = x^2$, $g(x) = x^4$ とすると, $\lim_{x \to 0} \frac{f(x)}{g(x)} = \lim_{x \to 0} \frac{x^2}{x^4} = \lim_{x \to 0} \frac{1}{x^2} = \infty$.

(3)　$f(x) = ax^2\ (a \neq 0)$, $g(x) = x^2$ とすると, $\lim_{x \to 0} \frac{f(x)}{g(x)} = \lim_{x \to 0} \frac{ax^2}{x^2} = a$.

これは $f(x)$ と $g(x)$ の '収束する速さ' の違いに起因する. ∞/∞ の場合や他の場合にも同じことが起こる. それらをまとめると

$$\frac{0}{0},\ \frac{\infty}{\infty},\ \infty - \infty,\ 0 \cdot \infty,\ \infty^0,\ 0^0,\ 1^\infty$$

などである. これらの形の極限を**不定形の極限**という.

問 30　次のような関数 $f(x)$, $g(x)$ の例をあげよ. $\lim_{x \to \infty} f(x) = \lim_{x \to \infty} g(x) = \infty$ であって $\lim_{x \to \infty} \{f(x) - g(x)\}$ がそれぞれ, (1) 0, (2) ∞, (3) $a\ (a \neq 0)$ となる.

$0/0$, ∞/∞ の不定形の極限値の計算には次のロピタルの定理が有用である. 他の不定形の極限は, 適当な変形によりこの 2 つの場合に帰着される.

2.5 微分法の応用

> **定理 18** （ロピタル (l'Hospital) の定理： $\dfrac{0}{0}$ 型）　関数 $f(x)$, $g(x)$ は a を含む開区間 I で連続，$x=a$ 以外で微分可能で $g'(x) \neq 0$ とする．$\lim\limits_{x \to a} f(x) = \lim\limits_{x \to a} g(x) = 0$ であるとき，
> $$\lim_{x \to a} \frac{f'(x)}{g'(x)} = l \quad \text{ならば} \quad \lim_{x \to a} \frac{f(x)}{g(x)} = l \quad (-\infty \leqq l \leqq \infty).$$

証明　$f(x)$, $g(x)$ は a で連続だから $f(a) = g(a) = 0$. 任意の $x \in I$ ($x \neq a$) に対して，コーシーの平均値定理よりある c ($a < c < x$ または $x < c < a$) が存在して

$$\frac{f(x)}{g(x)} = \frac{f(x) - f(a)}{g(x) - g(a)} = \frac{f'(c)}{g'(c)}.$$

このとき $x \to a$ とすると $c \to a$ であるから，仮定より

$$\frac{f(x)}{g(x)} = \frac{f'(c)}{g'(c)} \to l. \qquad \blacksquare$$

注　定理 18 は $x \to a$ を $x \to a+0$，あるいは $x \to a-0$ としても成り立つ（上の証明から明らか）．また，$x \to a$ を $x \to \infty$ や $x \to -\infty$ とした場合にも同様に成り立つ．

例24　$\lim\limits_{x \to 0} \dfrac{e^x - x - 1}{x^2}$ は $\dfrac{0}{0}$ の不定形．そこで，分母，分子を別々に微分して極限を調べると，

$$\frac{(e^x - x - 1)'}{(x^2)'} = \frac{e^x - 1}{2x} \to \frac{1}{2} \quad (x \to 0)$$

（1 章例題 7 参照）．したがって，ロピタルの定理より

$$\lim_{x \to 0} \frac{e^x - x - 1}{x^2} = \lim_{x \to 0} \frac{(e^x - x - 1)'}{(x^2)'} = \frac{1}{2}. \qquad \blacksquare$$

第 2 章 微 分 法

∞/∞ の不定形に対しても定理 18 と同様のことが成り立つ．

> **定理 19** （ロピタル（l'Hospital）の定理：$\dfrac{\infty}{\infty}$ 型） 関数 $f(x), g(x)$ は a を含む開区間 I において $x = a$ 以外で微分可能で，$g'(x) \neq 0$ とする．$\lim_{x \to a} f(x) = \lim_{x \to a} g(x) = \infty$ であるとき，
> $$\lim_{x \to a} \frac{f'(x)}{g'(x)} = l \quad \text{ならば} \quad \lim_{x \to a} \frac{f(x)}{g(x)} = l \quad (-\infty \leqq l \leqq \infty)$$

注 定理 19 は $x \to a$ を $x \to a+0$，あるいは $x \to a-0$ としても成り立つ．また，$x \to a$ を $x \to \infty$ や $x \to -\infty$ としてもよい．

例25 $\lim_{x \to \infty} \dfrac{(\log x)^2}{x}$ は $\dfrac{\infty}{\infty}$ の不定形．分母，分子を微分して

$$\lim_{x \to \infty} \frac{\{(\log x)^2\}'}{(x)'} = \lim_{x \to \infty} \frac{2(\log x)/x}{1} = \lim_{x \to \infty} \frac{2 \log x}{x}$$

$$\left(-\frac{\infty}{\infty} \text{の不定形}\right)$$

さらに分母，分子を微分して極限を調べると

$$\lim_{x \to \infty} \frac{(2 \log x)'}{(x)'} = \lim_{x \to \infty} \frac{2/x}{1} = 2 \lim_{x \to \infty} \frac{1}{x} = 0.$$

したがって，ロピタルの定理（定理 19）をくり返し用いて

$$\lim_{x \to \infty} \frac{(\log x)^2}{x} = 0.$$

この計算はふつう，便宜的に次のように書く．

$$\lim_{x \to \infty} \frac{(\log x)^2}{x} = \lim_{x \to \infty} \frac{2(\log x)/x}{1} = 2 \lim_{x \to \infty} \frac{\log x}{x}$$

$$= 2 \lim_{x \to \infty} \frac{1/x}{1} = 2 \lim_{x \to \infty} \frac{1}{x} = 0.$$

2.5 微分法の応用

$0/0, \infty/\infty$ 以外の不定形の極限をみてみよう.

例題 13 — 不定形の極限

次の極限値を求めよ．

(1) $\displaystyle\lim_{x \to +0} x^x$ (2) $\displaystyle\lim_{x \to 0} \left(\frac{1}{x} - \frac{1}{\sin x} \right)$

【解答】(1) 0^0 の不定形. $x^x = e^{x \log x}$ だから $x \log x$ の極限を調べればよい.

$$\lim_{x \to +0} x \log x \quad (0 \cdot (-\infty) \text{ の不定形})$$

$$= \lim_{x \to +0} \frac{\log x}{1/x} \quad (-\infty/\infty \text{ の不定形})$$

$$= \lim_{x \to +0} \frac{1/x}{-1/x^2} = -\lim_{x \to +0} x = 0.$$

したがって, $\displaystyle\lim_{x \to +0} x^x = \lim_{x \to +0} e^{x \log x} = e^0 = 1.$

(2) $\infty - \infty$ の不定形.

$$\lim_{x \to 0} \left(\frac{1}{x} - \frac{1}{\sin x} \right) = \lim_{x \to 0} \frac{\sin x - x}{x \sin x} \quad (0/0 \text{ の不定形})$$

$$= \lim_{x \to 0} \frac{\cos x - 1}{\sin x + x \cos x} \quad (0/0 \text{ の不定形})$$

$$= \lim_{x \to 0} \frac{-\sin x}{\cos x + \cos x - x \sin x} = 0. \quad \blacksquare$$

問 31 次の極限値を求めよ.

(1) $\displaystyle\lim_{x \to 0} \frac{1 - \cos x}{x^2}$ (2) $\displaystyle\lim_{x \to 1} \frac{\log x}{1 - x}$ (3) $\displaystyle\lim_{x \to \infty} \frac{x^2}{e^{2x}}$

(4) $\displaystyle\lim_{x \to \infty} x^{1/x}$ (5) $\displaystyle\lim_{x \to \pi/2 - 0} \left(\tan x - \frac{1}{\cos x} \right)$

演習問題 2-A

1. 次の関数を微分せよ．
   (1) $\sinh x$ (2) $\cosh x$ (3) $\tanh x$
   (4) $\log\sqrt{\dfrac{x+1}{x-1}}$ (5) $\log\left|\tan\dfrac{x}{2}\right|$ (6) $\sqrt[5]{(x^2+1)^4}\sqrt[3]{(x^2+2)^2}$
   (7) $x^{1/x}$ (8) $x^{\sin^{-1}x}$ (9) $\tan^{-1}\sqrt{\dfrac{x-1}{2-x}}$
   (10) $x\sqrt{a^2-x^2}+a^2\sin^{-1}\dfrac{x}{a}$ $(a>0)$
   (11) $x\sqrt{x^2+A}+A\log|x+\sqrt{x^2+A}|$ $(A\ne 0)$
   (12) $\dfrac{\sin x}{\sqrt{a^2\cos^2 x+b^2\sin^2 x}}$ (13) $\dfrac{e^{\tan^{-1}x}(x-1)}{\sqrt{1+x^2}}$
   (14) $\log|\tan x+\sec x|$ (15) $\log|\operatorname{cosec} x|$
   (16) $\tan^{-1}(\cot x)$
   ((14)〜(16) で $\sec x=\dfrac{1}{\cos x}$, $\operatorname{cosec} x=\dfrac{1}{\sin x}$, $\cot x=\dfrac{1}{\tan x}$ である．
   それぞれセカント，コセカント，コタンジェントと読む．)

2. 次の式から $\dfrac{dy}{dx}$, $\dfrac{d^2y}{dx^2}$ を求めよ．
   (1) $x=a(t-\sin t)$, $y=a(1-\cos t)$ (2) $x=\sinh t$, $y=2\cosh t$

3. 曲線上の 1 点における接線と接点で直交する直線を**法線**という．アステロイド $x=a\cos^3 t$, $y=a\sin^3 t$ $(a>0)$ 上の，$t=\pi/3$ に対応する点における接線と法線の方程式を求めよ．

4. 次の関数の n 次導関数を求めよ．
   (1) $x^2\cos 3x$ (2) $x^3\log x$ $(n\geqq 4)$

5. 関数 $y=e^{-x}\sin x$ の極大・極小，凹凸，変曲点を調べ，曲線 $y=f(x)$ の概形を描け．

6. $a>0$ とする．$a^b=b^a, a<b$ をみたす数 b が存在するような a の範囲を求めよ．

7. 次の不等式を証明せよ．
   (1) $x\log x\geqq x-1$ $(x>0)$
   (2) $\dfrac{2}{\pi}x<\sin x<x$ $\left(0<x<\dfrac{\pi}{2}\right)$

(3) $\alpha > 1$ のとき, $\alpha(x-1) < x^\alpha - 1 < \alpha x^{\alpha-1}(x-1)$ $(x > 1)$

(4) $e^x > 1 + x + \dfrac{x^2}{2!} + \cdots + \dfrac{x^n}{n!}$ $(x > 0)$

(5) $\sqrt[3]{3} > \sqrt[4]{4} > \sqrt[5]{5} > \cdots > \sqrt[n]{n} > \cdots$

8. 次の極限値を求めよ．

(1) $\displaystyle\lim_{x\to\infty} \dfrac{(\log x)^2}{\sqrt{x}}$ 　　　(2) $\displaystyle\lim_{x\to 0} \dfrac{e^x - e^{-x} - 2x}{x - \sin x}$

(3) $\displaystyle\lim_{x\to +0} x \log x$ 　　　(4) $\displaystyle\lim_{x\to\infty} x\left(\dfrac{\pi}{2} - \tan^{-1} x\right)$

(5) $\displaystyle\lim_{x\to\infty} (1+x)^{1/x}$ 　　　(6) $\displaystyle\lim_{x\to 0}\left(\dfrac{1}{x} - \dfrac{1}{\tan x}\right)$

(7) $\displaystyle\lim_{x\to 1} (1 - \log x)^{1/\log x}$ 　　　(8) $\displaystyle\lim_{x\to 0}\left(\dfrac{a^x + b^x}{2}\right)^{1/x}$ 　$(a, b > 0)$

演習問題 2-B

1. 次の関数 $f(x)$ について, $f'(x)\ (x \neq 0)$, $f'(0)$ を求めよ．また, $f'(x)$ の $x = 0$ における連続性を調べよ．

(1) $f(x) = \begin{cases} x^2 \sin(1/x) & (x \neq 0) \\ 0 & (x = 0) \end{cases}$ 　　(2) $f(x) = \begin{cases} e^{-1/x} & (x > 0) \\ 0 & (x \leqq 0) \end{cases}$

2. $\displaystyle\lim_{x\to\infty} f'(x) = l$ ならば, $\displaystyle\lim_{x\to\infty}\{f(x+1) - f(x)\} = l$ であることを示せ．

3. $f(x)$ は $[a, b]$ で n 回連続微分可能で, (a, b) で $f^{(n)}(x) = 0$ とする．このとき $f(x)$ は高々 $(n-1)$ 次の整式であることを示せ．

4. 関数 $f(x) = \sin^{-1} x$ について次の問に答えよ．

(1) $(1 - x^2)f''(x) - xf'(x) = 0$ を示せ．

(2) $f^{(n)}(0)$ を求めよ．

(3) $f(x)$ のマクローリン級数を求めよ．

5. (1) 関数 $f(x)$ について，次の (i), (ii) は同値であることを示せ．

　(i) $f(x)$ は区間 I で凸である．

　(ii) 任意の $x, y \in I$ に対して, $\alpha + \beta = 1\ (\alpha, \beta > 0)$ ならば,
$$f(\alpha x + \beta y) \leqq \alpha f(x) + \beta f(y)$$
が成り立つ．

(2) $\alpha + \beta = 1\ (\alpha, \beta > 0)$ とする．任意の $x, y > 0$ に対して
$$x^\alpha y^\beta \leqq \alpha x + \beta y$$
が成り立つことを示せ（これより例題 10 の結果が得られる）．

6. $f(x)$ は $[a,b]$ で連続で，$f(a) < 0 < f(b)$ であるとする．また (a,b) で $f'(x) > 0, f''(x) > 0$ とする．
    (1) $f(x) = 0$ は (a,b) 内にただ 1 つの解をもつことを示せ．
    (2) (1) の解を α とする．$f(x_1) > 0\ (a < x_1 < b)$ である x_1 を任意にとり
    $$x_{n+1} = x_n - \frac{f(x_n)}{f'(x_n)} \quad (n = 1, 2, \cdots)$$
    によって順次 x_n を定めると，数列 $\{x_n\}$ は α に収束することを示せ．$f(x) = 0$ の近似解を求めるこの方法をニュートン（**Newton**）の方法という．

7. $p > 1,\ \dfrac{1}{p} + \dfrac{1}{q} = 1$ のとき
$$\sum_{i=1}^n |a_i b_i| \leqq \left(\sum_{i=1}^n |a_i|^p\right)^{1/p} \left(\sum_{i=1}^n |b_i|^q\right)^{1/q}$$
が成り立つことを示せ．この不等式をヘルダー（**Hölder**）の不等式という．特に $p = q = 2$ のとき，シュワルツ（**Schwarz**）の不等式という．
$\left(a = \dfrac{|a_k|}{\left(\sum_{i=1}^n |a_i|^p\right)^{1/p}},\ b = \dfrac{|b_k|}{\left(\sum_{i=1}^n |b_i|^q\right)^{1/q}}\right.$ として例題 10 を用いよ $\bigg)$．

8. 関数 $f(x), g(x)$ に対して $\displaystyle\lim_{x \to a} \dfrac{f(x)}{g(x)} = 0$ であるとき，$f(x) = o(g(x))\ (x \to a)$ と書く．これをランダウの記号という（o はスモールオーと読む）．
    (1) $e^x = 1 + x + \dfrac{x^2}{2!} + \cdots + \dfrac{x^n}{n!} + o(x^n)\ (x \to 0)$ を示せ．
    (2) $f(x)$ が $x = 0$ を含む開区間で C^{n+1} 級の関数ならば
    $$f(x) = f(0) + \frac{f'(0)}{1!}x + \frac{f''(0)}{2!}x^2 + \cdots$$
    $$+ \frac{f^{(n)}(0)}{n!}x^n + o(x^n) \quad (x \to 0)$$
    であることを示せ．

第3章

積 分 法

3.1 不定積分

原始関数・不定積分　関数 $f(x)$ に対して,
$$F'(x) = f(x)$$
となる関数 $F(x)$ を $f(x)$ の**原始関数**という．$F(x)$ が $f(x)$ の原始関数ならば，任意の $C \in \mathbf{R}$ に対して $F(x) + C$ は $f(x)$ の原始関数となる．逆に $G(x)$ を $f(x)$ の任意の原始関数とすると $\{G(x) - F(x)\}' = G'(x) - F'(x) = f(x) - f(x) = 0$ であるから $G(x) - F(x)$ は定数，したがってある $C \in \mathbf{R}$ が存在して $G(x) = F(x) + C$ となる．すなわち次の定理を得る．

定理 1　$F(x)$ が $f(x)$ の原始関数ならば，
$$f(x) \text{ の原始関数全体} = \{F(x) + C\,;\, C \in \mathbf{R}\}.$$

$f(x)$ の原始関数全体，あるいは $f(x)$ の原始関数の一般形 $F(x) + C$ を $f(x)$ の**不定積分**といい，$\int f(x)dx$ で表す．すなわち
$$\int f(x)dx = F(x) + C.$$
$f(x)$ を**被積分関数**，x を**積分変数**，また C を**積分定数**という．$f(x)$ の不定積分を求めることを $f(x)$ を**積分する**という．また $\int 1 dx$ を $\int dx$，$\int \frac{1}{f(x)} dx$ を $\int \frac{dx}{f(x)}$ とも書く．

例1 $\int \dfrac{1}{x} dx = \log|x| + C$. 実際,

$(\log|x|)' = \dfrac{1}{x}$ より $\log|x|$ は $\dfrac{1}{x}$ の原始関数だから $\int \dfrac{1}{x} dx = \log|x| + C$. ∎

例2 $\int \dfrac{dx}{x^2 + a^2} = \dfrac{1}{a} \tan^{-1} \dfrac{x}{a} + C \quad (a \neq 0)$. 実際,

$$\left(\dfrac{1}{a} \tan^{-1} \dfrac{x}{a}\right)' = \dfrac{1}{a} \dfrac{1}{1 + (x/a)^2} \left(\dfrac{x}{a}\right)' = \dfrac{1}{x^2 + a^2}$$ ∎

基本的な関数の不定積分をまとめておこう．いずれも右辺を微分して確かめられる．以下，不定積分の計算において積分定数は省略する．

定理 2 （基本的な関数の不定積分）

(1) $\int e^x dx = e^x$

(2) $\int a^x dx = \dfrac{a^x}{\log a} \quad (a > 0,\ a \neq 1)$

(3) $\int \dfrac{1}{x} dx = \log|x|$

(4) $\int x^\alpha dx = \dfrac{1}{\alpha + 1} x^{\alpha + 1} \quad (\alpha \neq -1)$

(5) $\int \sin x\, dx = -\cos x$

(6) $\int \cos x\, dx = \sin x$

(7) $\int \tan x\, dx = -\log|\cos x|$

(8) $\int \dfrac{1}{\tan x} dx = \log|\sin x|$

(9) $\int \dfrac{dx}{\sin^2 x} = -\dfrac{1}{\tan x}$

(10) $\int \dfrac{dx}{\cos^2 x} = \tan x$

(11) $\int \dfrac{dx}{x^2 + a^2} = \dfrac{1}{a} \tan^{-1} \dfrac{x}{a} \quad (a \neq 0)$

(12) $\int \dfrac{dx}{x^2 - a^2} = \dfrac{1}{2a} \log\left|\dfrac{x - a}{x + a}\right| \quad (a \neq 0)$

(13) $\int \dfrac{dx}{\sqrt{a^2 - x^2}} = \sin^{-1} \dfrac{x}{a} \quad (a > 0)$

(14) $\int \dfrac{dx}{\sqrt{x^2 + A}} = \log\left|x + \sqrt{x^2 + A}\right| \quad (A \neq 0)$

3.1 不定積分

問 1 定理 2 の公式を確かめよ．

定理 3 （不定積分の線形性）

(1) $\displaystyle\int \{f(x) \pm g(x)\}dx = \int f(x)dx \pm \int g(x)dx$

(2) $\displaystyle\int kf(x)dx = k\int f(x)dx$ （k は定数）

証明
$$\frac{d}{dx}\left\{\int f(x)dx \pm \int g(x)dx\right\}$$
$$= \frac{d}{dx}\left\{\int f(x)dx\right\} \pm \frac{d}{dx}\left\{\int g(x)dx\right\} = f(x) \pm g(x)$$

であるから (1) が成り立つ．(2) も同様． ■

例 3
$$\int \left(\sqrt{x} - \frac{1}{\sqrt{x}}\right)^2 dx = \int \left(x - 2 + \frac{1}{x}\right)dx$$
$$= \int x\,dx - 2\int dx + \int \frac{dx}{x} = \frac{x^2}{2} - 2x + \log x.$$

（$x > 0$ であることに注意） ■

例 4
$$\int \sin 5x \cos 3x\,dx = \int \frac{1}{2}(\sin 8x + \sin 2x)dx$$
$$= \frac{1}{2}\left(\int \sin 8x\,dx + \int \sin 2x\,dx\right)$$
$$= \frac{1}{2}\left(-\frac{1}{8}\cos 8x - \frac{1}{2}\cos 2x\right) = -\frac{1}{16}(\cos 8x + 4\cos 2x). \quad ■$$

問 2 次の関数を積分せよ．

(1) $\left(x + \dfrac{1}{x}\right)^2$ 　　(2) $x^3 + 3^x$ 　　(3) $\sqrt{x} - 2\sqrt[3]{x}$

(4) $\tan x + \dfrac{1}{\tan x}$ 　　(5) $\cos 3x \cos 2x$ 　　(6) $\dfrac{5}{x^2 + 3}$

(7) $\dfrac{2}{x^2 - 3}$ 　　(8) $\dfrac{1}{\sqrt{4 - x^2}}$ 　　(9) $\dfrac{1}{\sqrt{x^2 - 4}}$

置換積分・部分積分

置換積分法，部分積分法によって，不定積分の計算は飛躍的に多く可能になる．

> **定理 4**（置換積分法）
> $$\int f(x)dx = \int f(\varphi(t))\varphi'(t)dt \quad (x = \varphi(t))$$

証明 $\int f(x)dx = F(x) + C$ とすると，
$$\frac{d}{dt}F(\varphi(t)) = F'(\varphi(t))\varphi'(t) = f(\varphi(t))\varphi'(t).$$
したがって
$$\int f(\varphi(t))\varphi'(t)dt = F(\varphi(t)) + C = F(x) + C = \int f(x)dx. \quad \blacksquare$$

注 置換積分で $x = \varphi(t)$ とおいたとき，形式的に $dx = \varphi'(t)dt$ を代入すればよい．

例 5 $I = \int \dfrac{dx}{x^2 - 2x + 5}$ を求める．$\dfrac{1}{x^2 - 2x + 5} = \dfrac{1}{(x-1)^2 + 4}$ だから，$x - 1 = t$ とおくと $dx = dt$. したがって定理 2(11) より
$$I = \int \frac{dt}{t^2 + 4} = \frac{1}{2}\tan^{-1}\frac{t}{2} = \frac{1}{2}\tan^{-1}\frac{x-1}{2}. \quad \blacksquare$$

例 6 $I = \int x(x^2 - 3)^5 dx$. $x^2 - 3 = t$ とおくと $2x\,dx = dt$ だから
$$I = \frac{1}{2}\int t^5 dt = \frac{1}{2}\frac{1}{6}t^6 = \frac{1}{12}(x^2 - 3)^6. \quad \blacksquare$$

問 3 次の関数を積分せよ．

(1) $\dfrac{x^2}{(2x-1)^2}$ (2) xe^{-x^2} (3) $\dfrac{1}{x^2 + 4x + 9}$

(4) $\dfrac{1}{\sqrt{x^2 + 4x + 7}}$ (5) $\dfrac{1}{\sqrt{3 + 2x - x^2}}$ (6) $\dfrac{e^x}{1 + e^{2x}}$

3.1 不定積分

置換積分において，次の公式から直接計算できる場合が少なくない．

系

(1) $\displaystyle\int f(x)^\alpha f'(x)dx = \frac{1}{\alpha+1}f(x)^{\alpha+1} \quad (\alpha \neq -1)$

(2) $\displaystyle\int \frac{f'(x)}{f(x)}dx = \log|f(x)|$

これらは $f(x) = t$ と置換すればよい（右辺を微分してもよい）．

例7 $\displaystyle\int \frac{x}{\sqrt{x^2+2}}dx = \frac{1}{2}\int (x^2+2)^{-1/2}(x^2+2)'dx$

$\displaystyle\qquad\qquad\qquad = \frac{1}{2}\cdot 2(x^2+2)^{1-1/2} = \sqrt{x^2+2}.$ ∎

例8 $\displaystyle\int \tan x\, dx = \int \frac{\sin x}{\cos x}dx = -\int \frac{(\cos x)'}{\cos x}dx = -\log|\cos x|.$ ∎

例題 1 $\dfrac{1 \text{次式}}{2 \text{次式}}$ の積分

$\displaystyle\int \frac{x-1}{x^2+2x+6}dx$ を求めよ．

【解　答】 $\displaystyle\int \frac{x-1}{x^2+2x+6}dx = \frac{1}{2}\int \frac{2x+2-4}{x^2+2x+6}dx$

$\displaystyle= \frac{1}{2}\int \frac{(x^2+2x+6)'}{x^2+2x+6}dx - 2\int \frac{1}{x^2+2x+6}dx$

$\displaystyle= \frac{1}{2}\log(x^2+2x+6) - 2\int \frac{dx}{(x+1)^2+5}$

$\displaystyle= \frac{1}{2}\log(x^2+2x+6) - \frac{2}{\sqrt{5}}\tan^{-1}\frac{x+1}{\sqrt{5}}.$ ∎

問 4 次の関数を積分せよ．

(1) $(2x+3)^7$ 　　(2) $x(x^2+1)^8$ 　　(3) $\sin^4 x \cos x$

(4) $\dfrac{x}{(x^2+1)^3}$ 　　(5) $\dfrac{x}{x^2-x+1}$ 　　(6) $\dfrac{x}{\sqrt{3+2x-x^2}}$

定理 5 （部分積分法）
$$\int f(x)g'(x)dx = f(x)g(x) - \int f'(x)g(x)dx$$

証明　$\dfrac{d}{dx}\left\{f(x)g(x) - \int f'(x)g(x)dx\right\}$
$= f'(x)g(x) + f(x)g'(x) - f'(x)g(x) = f(x)g'(x)$

より結論を得る． ■

例9　$\displaystyle\int x\tan^{-1}x\,dx = \dfrac{x^2}{2}\tan^{-1}x - \int \dfrac{x^2}{2}(\tan^{-1}x)'dx$

$= \dfrac{x^2}{2}\tan^{-1}x - \dfrac{1}{2}\int \dfrac{x^2}{1+x^2}dx$

$= \dfrac{x^2}{2}\tan^{-1}x - \dfrac{1}{2}\left(\int dx - \int \dfrac{1}{1+x^2}dx\right)$

$= \dfrac{x^2}{2}\tan^{-1}x - \dfrac{1}{2}(x - \tan^{-1}x) = \dfrac{1}{2}(x^2+1)\tan^{-1}x - \dfrac{x}{2}.$ ■

例10　$\displaystyle\int \log x\,dx = \int (x)'\log x\,dx = x\log x - \int x(\log x)'dx$

$= x\log x - \int dx = x\log x - x.$ ■

例11　$I = \displaystyle\int e^x\cos x\,dx$ を求める．

$I = e^x\cos x + \displaystyle\int e^x\sin x\,dx = e^x\cos x + e^x\sin x - \int e^x\cos x\,dx$

より，$2I = e^x(\cos x + \sin x)$．したがって $I = \dfrac{1}{2}e^x(\cos x + \sin x)$． ■

問5　次の関数を積分せよ．

(1) $x\log|x|$　　(2) $x\cos x$　　(3) $x^2 e^{-x}$　　(4) $\sin^{-1}x$

(5) $\tan^{-1}x$　　(6) $e^x\sin x$　　(7) $xe^x\sin x$　　(8) $\sin(\log x)$

3.1 不定積分

次の例は公式として用いると便利である．

例12

(1) $\displaystyle\int \sqrt{a^2 - x^2}\,dx = \frac{1}{2}\left(x\sqrt{a^2-x^2} + a^2 \sin^{-1}\frac{x}{a}\right)\quad (a>0)$

(2) $\displaystyle\int \sqrt{x^2+A}\,dx = \frac{1}{2}(x\sqrt{x^2+A} + A\log|x+\sqrt{x^2+A}|)\quad (A\neq 0)$

【解】(1) $\displaystyle\int \sqrt{a^2-x^2}\,dx = \int (x)'\sqrt{a^2-x^2}\,dx$

$\displaystyle = x\sqrt{a^2-x^2} - \int x\frac{-x}{\sqrt{a^2-x^2}}dx$

$\displaystyle = x\sqrt{a^2-x^2} - \int \frac{a^2-x^2}{\sqrt{a^2-x^2}}dx + \int \frac{a^2}{\sqrt{a^2-x^2}}dx$

$\displaystyle = x\sqrt{a^2-x^2} - \int \sqrt{a^2-x^2}\,dx + a^2\int \frac{dx}{\sqrt{a^2-x^2}}.$

したがって

$\displaystyle 2\int \sqrt{a^2-x^2}\,dx = x\sqrt{a^2-x^2} + a^2\sin^{-1}\frac{x}{a}$

となり結論が得られる．(2) も同様． ■

注 例 12(1) より

$\displaystyle \int \frac{x^2}{\sqrt{a^2-x^2}}dx = -x\sqrt{a^2-x^2} + \int \sqrt{a^2-x^2}\,dx$

$\displaystyle = \frac{1}{2}\left(-x\sqrt{a^2-x^2} + a^2\sin^{-1}\frac{x}{a}\right).$

問 6 例 12(2) を示せ．

問 7 次の関数を積分せよ．

(1) $\sqrt{3-2x-x^2}$ (2) $\sqrt{x^2+4x+3}$ (3) $\dfrac{x^2}{\sqrt{2-x^2}}$

(4) $\dfrac{x^2}{\sqrt{x^2+3}}$ (5) $x\sin^{-1} x$

漸化式 漸化式によって被積分関数の次数を下げることは積分計算でしばしば有効である.

例題 2

$I_n = \displaystyle\int \frac{dx}{(x^2+A)^n}$ $(A \neq 0,\ n \geq 2)$ とする. 次式を示せ.

$$I_n = \frac{1}{2(n-1)A}\left\{\frac{x}{(x^2+A)^{n-1}} + (2n-3)I_{n-1}\right\}$$

【解答】
$$I_{n-1} = \int \frac{1}{(x^2+A)^{n-1}}dx$$
$$= \frac{x}{(x^2+A)^{n-1}} - \int x\{(x^2+A)^{-(n-1)}\}'dx$$
$$= \frac{x}{(x^2+A)^{n-1}} - \int x\frac{-(n-1)\cdot 2x}{(x^2+A)^n}dx$$
$$= \frac{x}{(x^2+A)^{n-1}} + 2(n-1)\int \frac{x^2+A-A}{(x^2+A)^n}dx$$
$$= \frac{x}{(x^2+A)^{n-1}} + 2(n-1)(I_{n-1} - AI_n).$$

したがって,
$$2(n-1)AI_n = \frac{x}{(x^2+A)^{n-1}} + (2n-3)I_{n-1}$$

となり結論を得る. ∎

このように I_n を I_{n-1}, I_{n-2} などで表した式を**漸化式**(ぜんかしき)という.

例13
$$\int \frac{dx}{(x^2+3)^2} = \frac{1}{2(2-1)\cdot 3}\left\{\frac{x}{x^2+3} + (2\cdot 2-3)\int \frac{dx}{x^2+3}\right\}$$
$$= \frac{1}{6}\left(\frac{x}{x^2+3} + \frac{1}{\sqrt{3}}\tan^{-1}\frac{x}{\sqrt{3}}\right). \quad \blacksquare$$

3.1 不定積分

問 8 $\int \dfrac{dx}{(x^2+3)^3}$ を求めよ．

例14 $I_n = \displaystyle\int \sin^n x\, dx$ のとき，

$$I_n = \frac{1}{n}\{-\sin^{n-1} x \cos x + (n-1)I_{n-2}\} \quad (n \neq 0).$$

【解】 $I_n = \displaystyle\int \sin^{n-1} x \sin x\, dx$

$= -\sin^{n-1} x \cos x + \displaystyle\int (n-1)\sin^{n-2} x \cos^2 x\, dx$

$= -\sin^{n-1} x \cos x + (n-1)\displaystyle\int (\sin^{n-2} x - \sin^n x)dx$

$= -\sin^{n-1} x \cos x + (n-1)(I_{n-2} - I_n).$

これより，$nI_n = -\sin^{n-1} x \cos x + (n-1)I_{n-2}$ となり結論を得る． ∎

問 9 次の漸化式が成り立つことを示せ．

(1) $I_n = \displaystyle\int \cos^n x\, dx$ のとき，
$$I_n = \frac{1}{n}\{\cos^{n-1} x \sin x + (n-1)I_{n-2}\} \quad (n \neq 0).$$

(2) $I_n = \displaystyle\int \tan^n x\, dx$ のとき，
$$I_n = \frac{1}{n-1}\tan^{n-1} x - I_{n-2} \quad (n \neq 1).$$

(3) $I_n = \displaystyle\int (\log x)^n dx$ のとき，
$$I_n = x(\log x)^n - nI_{n-1}.$$

(4) $I_n = \displaystyle\int x^n e^{ax} dx$ のとき，
$$I_n = \frac{1}{a}(x^n e^{ax} - nI_{n-1}) \quad (a \neq 0).$$

3.2 有理関数の積分

有理関数の積分 $f(x)$, $g(x)$ を x の整式とするとき，$f(x)/g(x)$ の形の関数を**有理関数**という．有理関数の不定積分はそれを部分分数に分解して計算することができる．

例15 $I = \int \dfrac{x}{(x+1)(x+2)} dx.$

【解】
$$\frac{x}{(x+1)(x+2)} = \frac{A}{x+1} + \frac{B}{x+2}$$

とおくと $A(x+2) + B(x+1) = x$. ここで $x = -1, -2$ を代入して $A = -1, B = 2$. したがって

$$I = -\int \frac{dx}{x+1} + 2\int \frac{dx}{x+2}$$
$$= -\log|x+1| + 2\log|x+2| = \log\frac{(x+2)^2}{|x+1|}. \qquad \blacksquare$$

例16 $I = \int \dfrac{x}{(x+1)(x+2)^2} dx.$

【解】
$$\frac{x}{(x+1)(x+2)^2} = \frac{A}{x+1} + \frac{B}{x+2} + \frac{C}{(x+2)^2}$$

とおくと，$A(x+2)^2 + B(x+1)(x+2) + C(x+1) = x$. ここで $x = -1, -2, 0$ を代入して $A = -1, B = 1, C = 2$. したがって

$$I = -\int \frac{dx}{x+1} + \int \frac{dx}{x+2} + 2\int \frac{dx}{(x+2)^2}$$
$$= -\log|x+1| + \log|x+2| - \frac{2}{x+2} = \log\left|\frac{x+2}{x+1}\right| - \frac{2}{x+2}. \qquad \blacksquare$$

注 例 16 で $\dfrac{x}{(x+1)(x+2)^2} = \dfrac{A}{x+1} + \dfrac{B}{(x+2)^2}$ とおいてもこれをみたす定数 A, B は定まらない．実際，$A(x+2)^2 + B(x+1) = x$ から $Ax^2 + (4A+B)x + 4A + B = x$ となるが，この等式を恒等的にみたす A, B は存在しない．

3.2 有理関数の積分

例題 3

$\int \dfrac{dx}{x^3 - 1}$ を求めよ．

【解　答】　$x^3 - 1 = (x-1)(x^2 + x + 1)$ だから
$$\frac{1}{x^3 - 1} = \frac{A}{x-1} + \frac{Bx + C}{x^2 + x + 1}$$
(実数の範囲で因数分解できない 2 次式 $x^2 + x + 1$ に対する分子は 1 次式とする) とおくと
$$A(x^2 + x + 1) + (Bx + C)(x - 1) = 1. \tag{3.1}$$
ここで $x = 1, 0, -1$ を順に代入して，$3A = 1, A - C = 1, A - 2(-B + C) = 1$．これらから，$A = 1/3,\ B = -1/3,\ C = -2/3$ を得る．したがって

$$\int \frac{dx}{x^3 - 1} = \frac{1}{3} \int \frac{dx}{x - 1} - \frac{1}{3} \int \frac{x + 2}{x^2 + x + 1} dx$$
$$= \frac{1}{3} \log |x - 1| - \frac{1}{3 \cdot 2} \int \frac{2x + 4}{x^2 + x + 1} dx$$
$$= \frac{1}{3} \log |x - 1| - \frac{1}{6} \left(\int \frac{2x + 1}{x^2 + x + 1} dx + 3 \int \frac{dx}{x^2 + x + 1} \right)$$
$$= \frac{1}{3} \log |x - 1| - \frac{1}{6} \log(x^2 + x + 1) - \frac{1}{2} \int \frac{dx}{(x + 1/2)^2 + 3/4}$$
$$= \frac{1}{6} \log \frac{(x - 1)^2}{x^2 + x + 1} - \frac{1}{2} \cdot \frac{2}{\sqrt{3}} \tan^{-1} \frac{2x + 1}{\sqrt{3}}$$
$$= \frac{1}{6} \log \frac{(x - 1)^3}{x^3 - 1} - \frac{1}{\sqrt{3}} \tan^{-1} \frac{2x + 1}{\sqrt{3}}. \quad \blacksquare$$

注　A, B, C を次のように求めてもよい．まず (3.1) で $x = 1$ とおいて $A = 1/3$．また，(3.1) より
$$(A + B)x^2 + (A - B + C)x + A - C = 1.$$
両辺の x^2 の係数と定数項を比較して $A + B = 0,\ A - C = 1$．これより，$B = -1/3,\ C = -2/3$ を得る．また，例 16 と同様，$\frac{1}{x^3 - 1} = \frac{A}{x - 1} + \frac{B}{x^2 + x + 1}$ の形の部分分数分解はできない．

例17 $\dfrac{x+2}{(x-1)(x^2+x+1)^2}$ を部分分数分解するには

$$\dfrac{x+2}{(x-1)(x^2+x+1)^2} = \dfrac{A}{x-1} + \dfrac{Bx+C}{x^2+x+1} + \dfrac{Dx+E}{(x^2+x+1)^2}$$

とおけばよい．

　分子の次数が分母の次数以上であるときは，商を求めて分子の次数を小さくしてから部分分数分解する．

例18 $\dfrac{x^5-x^2+1}{x^3-1}$ は $\dfrac{x^5-x^2+1}{x^3-1} = x^2 + \dfrac{1}{x^3-1}$ として $\dfrac{1}{x^3-1}$ を部分分数分解する．

　有理関数の分母を因数分解するときに工夫を要する場合がある．

例19 $\dfrac{x^2}{x^4+1}$ は $x^4+1 = (x^2+1)^2 - 2x^2 = (x^2+\sqrt{2}x+1)(x^2-\sqrt{2}x+1)$ であるから，次のようにおく．

$$\dfrac{x^2}{x^4+1} = \dfrac{Ax+B}{x^2-\sqrt{2}x+1} + \dfrac{Cx+D}{x^2+\sqrt{2}x+1}.$$

次のような例では x^2 を X として部分分数分解するとよい．

例20 $I = \displaystyle\int \dfrac{x^2}{x^4+x^2-2} dx.$

【解】 $\dfrac{x^2}{x^4+x^2-2} = \dfrac{x^2}{(x^2-1)(x^2+2)}$ で $x^2 = X$ として

$\dfrac{X}{(X-1)(X+2)} = \dfrac{A}{X-1} + \dfrac{B}{X+2}$ とおくと $A = \dfrac{1}{3}, B = \dfrac{2}{3}$ だから，

$\dfrac{x^2}{x^4+x^2-2} = \dfrac{1}{3}\left(\dfrac{1}{x^2-1} + \dfrac{2}{x^2+2}\right)$．したがって

$$I = \dfrac{1}{3}\left(\dfrac{1}{2}\log\left|\dfrac{x-1}{x+1}\right| + 2\dfrac{1}{\sqrt{2}}\tan^{-1}\dfrac{x}{\sqrt{2}}\right)$$

$$= \dfrac{1}{6}\log\left|\dfrac{x-1}{x+1}\right| + \dfrac{\sqrt{2}}{3}\tan^{-1}\dfrac{x}{\sqrt{2}}.$$

3.2 有理関数の積分

以上で見たように有理関数の積分は，部分分数分解により

$$(1) \quad \frac{1}{(x-a)^n} \quad \text{および} \quad (2) \quad \frac{Ax+B}{\{(x+a)^2+b^2\}^n}$$

の型の積分に帰着される．これらの積分は次のように計算できる：(1) は

$$\int \frac{dx}{(x-a)^n} = \begin{cases} \log|x-a| & (n=1), \\ -\dfrac{1}{(n-1)(x-a)^{n-1}} & (n>1) . \end{cases}$$

(2) は $x+a=t$ とおくと

$$\frac{A(t-a)+B}{(t^2+b^2)^n} = \frac{At}{(t^2+b^2)^n} - \frac{Aa-B}{(t^2+b^2)^n}$$

となるが，右辺の第 1 項は $t^2=s$ とおけばよい．第 2 項は例題 2 の漸化式を用いて $n=1$ まで次数を下げればよい．

注 以下の例のように有理関数の積分でも，部分分数分解しないで簡単な置換で計算できる場合がある：

(1) $I = \displaystyle\int \frac{x}{x^4+1}dx = \int \frac{x}{(x^2)^2+1}dx$ では $x^2=t$ とおいて $I = \dfrac{1}{2}\tan^{-1}x^2$.

(2) $\displaystyle\int \frac{x^3}{x^4+1}dx$ は $\displaystyle\int \frac{f'(x)}{f(x)}dx = \log|f(x)|$ を用いるとよい．

((1), (2) を例 19 と対比してみよ．例 19 の積分計算は煩雑になる)．

(3) $\displaystyle\int \frac{dx}{x(x^n+1)} = \int \frac{x^{n-1}}{x^n(x^n+1)}dx$ では $x^n=t$ とおけばよい．

問 10 次の関数を積分せよ．

(1) $\dfrac{x-1}{(x+1)(x-2)}$ (2) $\dfrac{x^3+2x^2-2}{x^2+x-2}$ (3) $\dfrac{2x-1}{x(x+1)^2}$

(4) $\dfrac{x^4}{x^3+1}$ (5) $\dfrac{2x}{(x+1)^2(x^2+2)}$ (6) $\dfrac{1}{x(x^5+1)}$

(7) $\dfrac{x^2}{x^6+1}$ (8) $\dfrac{1}{x^4+x^2+1}$ (9) $\dfrac{1}{x(x^2+1)^2}$

3.3 三角関数，無理関数他の積分

三角関数，無理関数を含む関数の不定積分はいつでも求められるとは限らないが，適当な置換により有理関数の積分に帰着されるものがある．以下，$R(X)$ を X の有理関数，$R(X,Y)$ を X,Y の有理関数とする．例えば，$R(X,Y)$ は $R(X,Y) = \dfrac{XY}{X^3+Y^3}$ など $\dfrac{X,Y \text{ の整式}}{X,Y \text{ の整式}}$ の形の関数を表す．

三角関数の積分

$$I = \int R(\sin x, \cos x)dx : \tan\frac{x}{2} = t \text{ とおくと},$$

$$\sin x = \frac{2t}{1+t^2}, \quad \cos x = \frac{1-t^2}{1+t^2}, \quad dx = \frac{2dt}{1+t^2}$$

となり，I は t の有理関数の積分に帰着される．

実際，$1+t^2 = 1+\tan^2\dfrac{x}{2} = \dfrac{1}{\cos^2(x/2)}$ だから $\cos^2\dfrac{x}{2} = \dfrac{1}{1+t^2}$. したがって

$$\sin x = 2\sin\frac{x}{2}\cos\frac{x}{2} = 2\tan\frac{x}{2}\left(\cos^2\frac{x}{2}\right) = \frac{2t}{1+t^2},$$

$$\cos x = 2\cos^2\frac{x}{2} - 1 = \frac{2}{1+t^2} - 1 = \frac{1-t^2}{1+t^2}.$$

また，$\tan\dfrac{x}{2} = t$ の両辺を t で微分して $\dfrac{1}{2\cos^2(x/2)}\dfrac{dx}{dt} = 1$. これより $dx = \dfrac{2dt}{1+t^2}$ となる．

例題 4

$I = \displaystyle\int \dfrac{dx}{3+\cos x}$ を求めよ．

3.3 三角関数，無理関数他の積分

【解　答】 $\tan\dfrac{x}{2}=t$ とおくと $\cos x=\dfrac{1-t^2}{1+t^2}$, $dx=\dfrac{2dt}{1+t^2}$. したがって

$$I=\int\dfrac{1}{3+\dfrac{1-t^2}{1+t^2}}\dfrac{2}{1+t^2}dt=\int\dfrac{2}{3(1+t^2)+1-t^2}dt$$

$$=\int\dfrac{dt}{t^2+2}=\dfrac{1}{\sqrt{2}}\tan^{-1}\dfrac{t}{\sqrt{2}}=\dfrac{1}{\sqrt{2}}\tan^{-1}\left(\dfrac{1}{\sqrt{2}}\tan\dfrac{x}{2}\right). \blacksquare$$

注　次の場合，より簡単な置換で有理関数の積分に帰着される．

（ i ） $I=\displaystyle\int R(\sin^2 x,\ \cos^2 x)dx$ のとき：

　　　 $\tan x=t$ とおくと， $\sin^2 x=\dfrac{t^2}{1+t^2}$, $\cos^2 x=\dfrac{1}{1+t^2}$, $dx=\dfrac{dt}{1+t^2}$.

（ ii ） $I=\displaystyle\int R(\sin x,\ \cos^2 x)\cos x\,dx$ のとき：

　　　 $\sin x=t$ とおくと， $\cos^2 x=1-t^2$, $\cos x\,dx=dt$.

（iii） $I=\displaystyle\int R(\sin^2 x,\ \cos x)\sin x\,dx$ のとき：

　　　 $\cos x=t$ とおくと， $\sin^2 x=1-t^2$, $\sin x\,dx=-dt$.

例21 $I=\displaystyle\int\dfrac{dx}{\sin x}$ を求める． $I=\displaystyle\int\dfrac{\sin x}{\sin^2 x}dx=\displaystyle\int\dfrac{\sin x}{1-\cos^2 x}dx$ だから， $\cos x=t$ とおくと $-\sin x\,dx=dt$. したがって

$$I=\int\dfrac{-dt}{1-t^2}=\int\dfrac{dt}{t^2-1}=\dfrac{1}{2}\log\left|\dfrac{t-1}{t+1}\right|=\dfrac{1}{2}\log\left|\dfrac{1-\cos x}{1+\cos x}\right|$$

$$(\tan(x/2)=t\text{ とおいてもよい}). \blacksquare$$

問 11 次の関数を積分せよ．

(1) $\dfrac{1}{2+\sin x}$ 　　(2) $\dfrac{1+\sin x}{1+\cos x}$ 　　(3) $\dfrac{1}{4\cos^2 x+\sin^2 x}$

(4) $\dfrac{1}{\cos x}$ 　　(5) $\sin^2 x\cos^3 x$ 　　(6) $\sin^3 x\cos^2 x$

無理関数の積分

(1) $I = \displaystyle\int R\left(x, \sqrt[n]{\dfrac{ax+b}{cx+d}}\right)dx$ $(ad-bc \neq 0,\ n\text{ は自然数})$:

$\sqrt[n]{\dfrac{ax+b}{cx+d}} = t$ とおくと，I は t の有理関数の積分に帰着される．

例題 5

$I = \displaystyle\int \dfrac{1}{x}\sqrt{\dfrac{x}{x-1}}\,dx \quad (x>1)$ を求めよ．

【解 答】 $\sqrt{\dfrac{x}{x-1}} = t$ とおくと

$$x = \dfrac{t^2}{t^2-1} = 1 + \dfrac{1}{t^2-1}, \quad dx = -\dfrac{2t}{(t^2-1)^2}dt.$$

したがって

$$I = \int \dfrac{t^2-1}{t^2} t \dfrac{-2t}{(t^2-1)^2}dt = -2\int \dfrac{dt}{t^2-1} = -\log\left|\dfrac{t-1}{t+1}\right|$$

$$= -\log\left|\dfrac{\sqrt{x/(x-1)}-1}{\sqrt{x/(x-1)}+1}\right| = \log\left|\dfrac{\sqrt{x}+\sqrt{x-1}}{\sqrt{x}-\sqrt{x-1}}\right|. \qquad \blacksquare$$

(2) $I = \displaystyle\int R(x, \sqrt{ax^2+bx+c})dx \quad (a<0)$:

$ax^2+bx+c=0$ の実数解を $\alpha,\ \beta\ (\alpha<\beta)$ として $\sqrt{\dfrac{x-\alpha}{\beta-x}} = t$ または $\sqrt{\dfrac{\beta-x}{x-\alpha}} = t$ とおくと，I は t の有理関数の積分に帰着される．

例22 $I = \displaystyle\int \dfrac{dx}{x\sqrt{(x-1)(2-x)}}$.

3.3 三角関数，無理関数他の積分

【解】 $\sqrt{(x-1)(2-x)} = (2-x)\sqrt{\dfrac{x-1}{2-x}}$ だから，$\sqrt{\dfrac{x-1}{2-x}} = t$ とおくと

$$x = \frac{2t^2+1}{t^2+1}, \quad \sqrt{(x-1)(2-x)} = \frac{t}{t^2+1}, \quad dx = \frac{2t}{(t^2+1)^2}dt.$$

したがって，

$$I = \int \frac{t^2+1}{2t^2+1} \frac{t^2+1}{t} \frac{2t}{(t^2+1)^2} dt = \int \frac{dt}{t^2+1/2}$$
$$= \sqrt{2}\tan^{-1}\sqrt{2}\,t = \sqrt{2}\tan^{-1}\sqrt{\frac{2x-2}{2-x}}. \quad \blacksquare$$

> (3) $I = \displaystyle\int R(x, \sqrt{ax^2+bx+c})dx \quad (a>0)$：
> $\sqrt{ax^2+bx+c} = t - \sqrt{a}\,x$ とおくと，I は t の有理関数の積分に帰着される．

---**例題 6**---

> $I = \displaystyle\int \frac{dx}{\sqrt{x^2+A}} \quad (A \neq 0)$ を求めよ．

【解　答】 $\sqrt{x^2+A} = t - x$ とおくと，$x = \dfrac{t^2-A}{2t}$，$\sqrt{x^2+A} = t - \dfrac{t^2-A}{2t} = \dfrac{t^2+A}{2t}$，$dx = \dfrac{t^2+A}{2t^2}dt$．したがって

$$I = \int \frac{2t}{t^2+A} \frac{t^2+A}{2t^2} dt = \int \frac{1}{t}dt = \log|t| = \log|x+\sqrt{x^2+A}|. \quad \blacksquare$$

注　上の (2), (3) の特別な場合である $R(x, \sqrt{a^2-x^2})$，$R(x, \sqrt{x^2-a^2})$，$R(x, \sqrt{x^2+a^2})$ の積分では，それぞれ $x = a\sin t$，$x = a/\cos t$，$x = a\tan t$ と置換すると計算が簡単になることがある．

問 12 次の関数を積分せよ．

(1) $x\sqrt[3]{x-1}$　　(2) $\sqrt{\dfrac{x-2}{x-1}} \quad (x>2)$

(3) $\dfrac{\sqrt{x(1-x)}}{x^2}$　　(4) $\dfrac{1}{x\sqrt{x^2-x+1}}$

その他の積分

(1) **2項積分** $I = \int x^p(ax^q+b)^r dx$ (p, q, r は有理数):

$x^q = t$ とおくと, I は無理関数の積分 (1) に, また $r = m/n$ (m は整数, n は自然数) のとき $(ax^q+b)^{1/n} = t$ とおくと, I は t の有理関数の積分に帰着される場合がある.

注 (1) で r が自然数, 例えば $r = 2$ なら $x^p(ax^q+b)^2 = a^2 x^{p+2q} + 2abx^{p+q} + b^2 x^p$ として容易に計算できる.

例題 7

$I = \int \dfrac{\sqrt{x^3+1}}{x^4} dx$ を求めよ.

【解　答】 $I = \int x^{-4}(x^3+1)^{1/2} dx$ だから $x^3 = t$, すなわち $x = t^{1/3}$ とおく. $dx = \dfrac{1}{3} t^{-2/3} dt$ だから, $I = \int t^{-4/3}(t+1)^{1/2} \cdot \dfrac{1}{3} t^{-2/3} dt = \dfrac{1}{3} \int t^{-2}(t+1)^{1/2} dt$ （無理関数の積分 (1)）. $(t+1)^{1/2} = s$ とおくと, $t = s^2 - 1$ より $dt = 2s\, ds$. したがって

$$I = \dfrac{1}{3} \int (s^2-1)^{-2} s \cdot 2s\, ds = \dfrac{1}{3} \int \dfrac{2s^2}{(s^2-1)^2} ds$$

$$= -\dfrac{1}{3} \int s \dfrac{-2s}{(s^2-1)^2} ds = -\dfrac{1}{3}\left(s \dfrac{1}{s^2-1} - \int \dfrac{ds}{s^2-1} \right)$$

$$= -\dfrac{1}{3}\left(\dfrac{s}{s^2-1} - \dfrac{1}{2}\log\left|\dfrac{s-1}{s+1}\right| \right) = \dfrac{1}{6} \log\left|\dfrac{\sqrt{x^3+1}-1}{\sqrt{x^3+1}+1}\right| - \dfrac{\sqrt{x^3+1}}{3x^3}.$$

【別　解】 $\sqrt{x^3+1} = t$ とおくと $x^3 = t^2 - 1$, $3x^2 dx = 2t\, dt$ だから

$$I = \int \dfrac{\sqrt{x^3+1}}{x^4} dx = \int \dfrac{\sqrt{x^3+1}}{x^6} \cdot x^2 dx = \dfrac{2}{3} \int \dfrac{t^2}{(t^2-1)^2} dt$$

となり, 以下, 上の計算と同じである. ∎

3.3 三角関数，無理関数他の積分

例23
$$I = \int \frac{\sqrt{1-x^4}}{x^3} dx = \int x^{-3}(1-x^4)^{1/2} dx$$

は (1) の型だが，$x^2 = t$ とおいて容易に計算できる．実際，$x^2 = t$ とおくと $2x\,dx = dt$ だから

$$I = \int \frac{\sqrt{1-x^4}}{x^4} x\,dx = \frac{1}{2}\int \frac{\sqrt{1-t^2}}{t^2} dt = \frac{1}{2}\int \left(-\frac{1}{t}\right)' \sqrt{1-t^2}\,dt$$
$$= \frac{1}{2}\left(-\frac{\sqrt{1-t^2}}{t} + \int \frac{1}{t}\frac{-t}{\sqrt{1-t^2}}dt\right)$$
$$= -\frac{1}{2}\left(\frac{\sqrt{1-x^4}}{x^2} + \sin^{-1} x^2\right). \qquad\blacksquare$$

問 13 次の関数を積分せよ．

(1) $\dfrac{\sqrt{x^4+1}}{x}$　　(2) $\sqrt{\dfrac{x}{\sqrt{x}+1}}$　　(3) $\dfrac{1}{x(1-x^3)^{3/2}}$

(2) e^x の有理関数の積分 $I = \int R(e^x)dx$: $e^x = t$ とおく．

例24 $I = \displaystyle\int \frac{1-e^x}{1+e^x}dx$ を求める．$e^x = t$ とおくと，$e^x dx = dt$ だから

$$I = \int \frac{1-t}{1+t}\frac{1}{t}dt = \int \left(\frac{1}{t} - \frac{2}{1+t}\right)dt = \log|t| - 2\log|1+t|$$
$$= \log e^x - 2\log(1+e^x) = x - 2\log(1+e^x). \qquad\blacksquare$$

問 14 次の関数を積分せよ．

(1) $\dfrac{1}{e^x+1}$　　(2) $\dfrac{1}{e^{2x}+e^{-2x}}$　　(3) $\dfrac{e^x-e^{-x}}{e^x+e^{-x}}$

注 不定積分が存在してもそれを初等関数で表すことができない（すなわち計算できない）場合がある．例えば次のような例である．

$$\int e^{-x^2} dx, \quad \int \frac{e^x}{x} dx, \quad \int \frac{dx}{\log x}, \quad \int \frac{\sin x}{x} dx, \quad \int \sin(x^2) dx$$

（有理関数，無理関数，三角関数，逆三角関数，対数関数，指数関数およびこれらを有限回組み合わせて得られる関数を**初等関数**という）．

3.4 定積分

定積分 関数 $f(x)$ は有界閉区間 $[a,b]$ で連続であるとする．区間 $[a,b]$ を次のように小区間に分割する：
$$\Delta : a = x_0 < x_1 < x_2 < \cdots < x_n = b$$
この分割を Δ で表し，小区間 $[x_{i-1}, x_i]$ の幅 $x_i - x_{i-1}$ の最大数を $|\Delta|$ で表す：すなわち $|\Delta| = \max\{x_i - x_{i-1}; 1 \leqq i \leqq n\}$．各小区間 $[x_{i-1}, x_i]$ に点 ξ_i を任意にとり
$$S(\Delta) = \sum_{i=1}^{n} f(\xi_i)(x_i - x_{i-1})$$
とする．$S(\Delta)$ を $f(x)$ の分割 Δ に関するリーマン（**Riemann**）和という．ここで $|\Delta| \to 0$ として区間 $[a,b]$ の分割を細かくしてゆくと，$S(\Delta)$ は ξ_i のとり方に関係なく一定数 I に限りなく近づくことが示される．すなわち

定理 6 （定積分の存在） $f(x)$ が有界閉区間 $[a,b]$ で連続であれば，
$$I = \lim_{|\Delta|\to 0} S(\Delta) = \lim_{|\Delta|\to 0} \sum_{i=1}^{n} f(\xi_i)(x_i - x_{i-1})$$
が存在する（I は $[a,b]$ の分割の仕方，ξ_i のとり方によらない）．

この極限値 I を $f(x)$ の $[a, b]$ における**定積分**といい，$\int_a^b f(x)dx$ で表す．
$a \geqq b$ のとき $\int_a^b f(x)dx = -\int_b^a f(x)dx$, $a = b$ のとき $\int_a^a f(x)dx = 0$
と定義する．以下特に断らない限り関数は積分区間で連続であるとする．

例25 $\int_a^b k \, dx = k(b-a)$ （k は定数）．

【解】 $a < b$ のとき示せばよい．$[a,b]$ の任意の分割 $\Delta : a = x_0 < x_1 < x_2 < \cdots < x_n = b$ に対して $S(\Delta) = \sum_{i=1}^n k(x_i - x_{i-1}) = k(b-a)$ だから，$|\Delta| \to 0$ として $\int_a^b k \, dx = k(b-a)$ を得る． ∎

3.4 定 積 分

次の定積分の基本的な性質は定義より容易に証明される．

> **定理 7** （定積分の基本性質）
>
> (1) $\displaystyle\int_a^b \{f(x) \pm g(x)\}dx = \int_a^b f(x)dx \pm \int_a^b g(x)dx$
>
> (2) $\displaystyle\int_a^b kf(x)dx = k\int_a^b f(x)dx$ 　（k は定数）
>
> (3) $\displaystyle\int_a^b f(x)dx = \int_a^c f(x)dx + \int_c^b f(x)dx$
>
> (4) $[a,b]$ で $f(x) \geqq g(x)$ ならば，$\displaystyle\int_a^b f(x)dx \geqq \int_a^b g(x)dx$
>
> 　　（特に $g(x) \equiv 0$ のときこれを**積分の正値性**という）
>
> 　　恒等的に $f(x) = g(x)$ でなければ，$\displaystyle\int_a^b f(x)dx > \int_a^b g(x)dx$
>
> (5) $\displaystyle\left|\int_a^b f(x)dx\right| \leqq \int_a^b |f(x)|dx$ 　$(a<b)$

証明　(1)〜(3) の証明は省略し (4) を示そう．(1) より $f(x) \geqq g(x) \equiv 0$ の場合に示せばよい．$[a,b]$ の任意の分割を $\Delta : a = x_0 < x_1 < x_2 < \cdots < x_n = b$ とし，任意に $\xi_i \in [x_{i-1}, x_i]$ をとると $\sum_{i=1}^n f(\xi_i)(x_i - x_{i-1}) \geqq 0$. ここで $|\Delta| \to 0$ として (4) の前半が得られる．$f(c) > 0$ となる c $(a \leqq c \leqq b)$ があれば，$f(x)$ は $x = c$ で連続であるから，$[a,b]$ 内の c を含むある小区間 $[\alpha, \beta]$ で $f(x) > 0$ となる．$m = \min\{f(x); \alpha \leqq x \leqq \beta\}$ とおくと，(3) と (4) の前半より

$$\int_a^b f(x)dx \geqq \int_\alpha^\beta f(x)dx \geqq m(\beta - \alpha) > 0$$

となる．(5) は $-|f(x)| \leqq f(x) \leqq |f(x)|$ を辺々積分して得られる．

問 15　定理 7 の (1)〜(3) を示せ．

定理 8 （積分の平均値定理） $f(x)$ が $[a,b]$ で連続ならば

$$\int_a^b f(x)dx = f(c)(b-a) \quad (a<c<b)$$

をみたす点 c が存在する．

証明 $f(x)$ は $[a,b]$ で定数でないとする（定数なら明らか）．2章の定理7より $f(x)$ は $[a,b]$ で最大値および最小値をとるから

$$m = \min_{a \leqq x \leqq b} f(x), \quad M = \max_{a \leqq x \leqq b} f(x)$$

とおくと，$[a,b]$ で

$$m \leqq f(x) \leqq M$$

が成り立つ．この両辺はいずれも恒等的に等しくはないから定理7(4)より

$$m(b-a) = \int_a^b m\, dx < \int_a^b f(x)dx < \int_a^b M dx = M(b-a).$$

これより

$$m < \frac{1}{b-a}\int_a^b f(x)dx < M$$

となるから，中間値の定理によって，次式をみたす c が存在する．

$$\frac{1}{b-a}\int_a^b f(x)dx = f(c) \quad (a<c<b). \qquad \blacksquare$$

問 16 $f(x), g(x)$ が $[a,b]$ で連続，$g(x) \geqq 0$ ならば，

$$\int_a^b f(x)g(x)dx = f(c)\int_a^b g(x)dx \quad (a \leqq c \leqq b)$$

となる c が存在することを示せ．

さて，微分と積分が互いに逆の算法であること，また定積分が不定積分から計算されることを示した次の定理は微分積分学の基本定理と呼ばれる．

3.4 定積分

定理 9 (微分積分学の基本定理)　関数 $f(x)$ は $[a,b]$ で連続であるとする.

(1) $F(x) = \displaystyle\int_a^x f(x)dx \ (a \leqq x \leqq b)$ とすると, $F(x)$ は $[a,b]$ で微分可能で
$$F'(x) = f(x).$$
すなわち連続関数は原始関数をもつ.

(2) $G(x)$ を $f(x)$ の任意の原始関数とすると
$$\int_a^b f(x)dx = G(b) - G(a) \quad (\text{右辺を } \bigl[G(x)\bigr]_a^b \text{ で表す}).$$

証明　(1)　$[a,b]$ 内の $x, x+h \ (h \neq 0)$ に対して定理 7(3) より
$$\frac{1}{h}\{F(x+h) - F(x)\} = \frac{1}{h}\left\{\int_a^{x+h} f(x)dx - \int_a^x f(x)dx\right\}$$
$$= \frac{1}{h}\int_x^{x+h} f(x)dx.$$

ここで定理 8 により $\dfrac{1}{h}\displaystyle\int_x^{x+h} f(x)dx = f(x + \theta h) \ (0 < \theta < 1)$ をみたす θ をとると
$$\frac{1}{h}\{F(x+h) - F(x)\} = f(x + \theta h) \to f(x) \quad (h \to 0).$$
すなわち, $F(x)$ は x で微分可能で $F'(x) = f(x)$ となる.

(2)　$F(x) = \displaystyle\int_a^x f(x)dx$ は $f(x)$ の原始関数だから $G(x) = F(x) + C$. これより
$$G(b) - G(a) = \int_a^b f(x)dx + C - \left\{\int_a^a f(x)dx + C\right\} = \int_a^b f(x)dx. \ ∎$$

例26　$\displaystyle\int_0^2 \frac{x}{\sqrt{x^2+1}}dx = \left[\sqrt{x^2+1}\right]_0^2 = \sqrt{5} - 1.$

例27　$f(x)$ が連続のとき, $\dfrac{d}{dx}\displaystyle\int_0^{x^2} f(t)dt = f(x^2)(x^2)' = 2xf(x^2).$

第3章 積分法

> **定理 10** （置換積分法） $f(x)$ は $[a,b]$ で連続, $\varphi(t)$ は $[\alpha,\beta]$ (または $[\beta,\alpha]$) で微分可能で $\varphi'(t)$ は連続であるとする．このとき $a = \varphi(\alpha), b = \varphi(\beta)$ ならば，
>
> $$\int_a^b f(x)dx = \int_\alpha^\beta f(\varphi(t))\varphi'(t)dt \quad (x = \varphi(t))$$
>
> ($\varphi(t)$ の値域は $[a,b]$ に含まれるとする)

証明 $F(x)$ を $f(x)$ の原始関数とすると

$$\frac{d}{dt}F(\varphi(t)) = F'(\varphi(t))\varphi'(t) = f(\varphi(t))\varphi'(t).$$

したがって

$$\int_\alpha^\beta f(\varphi(t))\varphi'(t)dt = \Big[F(\varphi(t))\Big]_\alpha^\beta = F(\varphi(\beta)) - F(\varphi(\alpha))$$
$$= F(b) - F(a) = \int_a^b f(x)dx. \quad \blacksquare$$

例28 $a > 0$ とする．

(1) $f(x)$ が偶関数 ($f(-x) = f(x)$) ならば, $\displaystyle\int_{-a}^a f(x)dx = 2\int_0^a f(x)dx$.

(2) $f(x)$ が奇関数 ($f(-x) = -f(x)$) ならば, $\displaystyle\int_{-a}^a f(x)dx = 0$.

【解】 $\displaystyle\int_{-a}^a f(x)dx = \int_{-a}^0 f(x)dx + \int_0^a f(x)dx.$

右辺の第1項で $x = -t$ とおくと，次のようになり結論が得られる．

$$\int_{-a}^0 f(x)dx = \int_a^0 f(-t)(-dt) = \int_0^a f(-t)dt$$

$$= \begin{cases} \displaystyle\int_0^a f(t)dt & (f(x):\text{偶関数}) \\ -\displaystyle\int_0^a f(t)dt & (f(x):\text{奇関数}) \end{cases} \quad \blacksquare$$

3.4 定積分

例題 8

$I = \displaystyle\int_{-a}^{a} \sqrt{a^2 - x^2}\, dx \quad (a > 0)$ を求めよ．

【解　答】 $\sqrt{a^2 - x^2}$ は偶関数だから

$$I = 2\int_0^a \sqrt{a^2 - x^2}\, dx.$$

$x = a\sin t\ (0 \leqq t \leqq \pi/2)$ とおくと $dx = a\cos t\, dt$ だから

$$I = 2\int_0^{\pi/2} \sqrt{a^2(1 - \sin^2 t)} \cdot a\cos t\, dt$$

$$= 2a^2 \int_0^{\pi/2} \cos^2 t\, dt$$

$(0 \leqq t \leqq \pi/2$ で $\cos t \geqq 0$ より, $\sqrt{\cos^2 t} = \cos t$ であることに注意)

$$= a^2 \int_0^{\pi/2} (1 + \cos 2t)dt = a^2 \left[t + \frac{1}{2}\sin 2t \right]_0^{\pi/2}$$

$$= \frac{\pi a^2}{2}. \qquad \blacksquare$$

注　(1)　この定積分は半径 a の円の面積の $1/2$ である．

(2)　例 12(1) を用いると

$$I = 2\int_0^a \sqrt{a^2 - x^2}\, dx = 2\cdot\frac{1}{2}\left[x\sqrt{a^2 - x^2} + a^2 \sin^{-1}\frac{x}{a} \right]_0^a$$

$$= a^2 \sin^{-1} 1 = \frac{\pi a^2}{2}. \quad (\sin^{-1} 0 = 0 \text{ であることに注意})$$

問 17　次の定積分を求めよ．

(1) $\displaystyle\int_1^2 \frac{\log x}{x} dx$ 　　 (2) $\displaystyle\int_0^1 \frac{dx}{e^x + e^{-x}}$ 　　 (3) $\displaystyle\int_0^{\pi/4} \cos^3 x\, dx$

定理 11 （部分積分法） $f(x), g(x)$ は $[a,b]$ で微分可能，$f'(x), g'(x)$ が $[a,b]$ で連続ならば

$$\int_a^b f(x)g'(x)dx = \Big[f(x)g(x)\Big]_a^b - \int_a^b f'(x)g(x)dx.$$

証明 $\{f(x)g(x)\}' = f'(x)g(x) + f(x)g'(x)$ の両辺を $[a,b]$ で積分すると

$$\Big[f(x)g(x)\Big]_a^b = \int_a^b \{f(x)g(x)\}'dx$$

$$= \int_a^b f'(x)g(x)dx + \int_a^b f(x)g'(x)dx$$

となり，結論が得られる． ■

例29
$$\int_1^e \log x \, dx = \Big[x \log x\Big]_1^e - \int_1^e x\frac{1}{x}dx = e - \int_1^e dx$$
$$= e - (e-1) = 1.$$ ■

例題 9

$n \geqq 2$ のとき

$$\int_0^{\pi/2} \sin^n x \, dx = \int_0^{\pi/2} \cos^n x \, dx$$

$$= \begin{cases} \dfrac{n-1}{n}\dfrac{n-3}{n-2}\cdots\dfrac{3}{4}\dfrac{1}{2}\dfrac{\pi}{2} & (n : 偶数) \\ \dfrac{n-1}{n}\dfrac{n-3}{n-2}\cdots\dfrac{4}{5}\dfrac{2}{3} & (n : 奇数) \end{cases}$$

【解 答】 $I_n = \displaystyle\int_0^{\pi/2} \sin^n x \, dx = \int_0^{\pi/2} \sin^{n-1} x \sin x \, dx$

$$= \Big[-\sin^{n-1} x \cos x\Big]_0^{\pi/2} + (n-1)\int_0^{\pi/2} \sin^{n-2} x \cos^2 x \, dx$$

$$= (n-1)\int_0^{\pi/2} \sin^{n-2} x \, (1-\sin^2 x)dx$$

$$= (n-1)(I_{n-2} - I_n)$$

(例 14 の漸化式を用いてもよい). したがって

$$I_n = \frac{n-1}{n} I_{n-2} \quad (n \geqq 2).$$

n が偶数のとき, $I_0 = \int_0^{\pi/2} dx = \frac{\pi}{2}$ だから

$$I_n = \frac{n-1}{n} \frac{n-3}{n-2} \cdots \frac{3}{4} \frac{1}{2} I_0 = \frac{n-1}{n} \frac{n-3}{n-2} \cdots \frac{3}{4} \frac{1}{2} \frac{\pi}{2}.$$

n が奇数のとき, $I_1 = \int_0^{\pi/2} \sin x \, dx = \bigl[-\cos x\bigr]_0^{\pi/2} = 1$ だから

$$I_n = \frac{n-1}{n} \frac{n-3}{n-2} \cdots \frac{4}{5} \frac{2}{3} I_1 = \frac{n-1}{n} \frac{n-3}{n-2} \cdots \frac{4}{5} \frac{2}{3}.$$

また, $I_n = \int_0^{\pi/2} \sin^n x \, dx$ で $x = \frac{\pi}{2} - t \left(0 \leqq t \leqq \frac{\pi}{2}\right)$ とおくと

$$I_n = \int_{\pi/2}^0 \sin^n\left(\frac{\pi}{2} - t\right)(-dt) = \int_0^{\pi/2} \cos^n t \, dt. \qquad ■$$

例30 $\displaystyle\int_0^{\pi/2} \sin^6 x \, dx = \frac{5}{6} \frac{3}{4} \frac{1}{2} \frac{\pi}{2} = \frac{5\pi}{32}.$ ■

問 18 次の定積分を求めよ.

(1) $\displaystyle\int_1^e x \log x \, dx$ (2) $\displaystyle\int_0^1 \tan^{-1} x \, dx$ (3) $\displaystyle\int_0^{\pi/2} \cos^5 x \, dx$

(4) $\displaystyle\int_0^\pi \sin^n x \, dx$ (5) $\displaystyle\int_0^\pi \cos^n x \, dx$

3.5 広義積分

有界閉区間 $[a,b]$ で連続な関数 $f(x)$ には定積分 $\int_a^b f(x)dx$ が存在する．ここでは $f(x)$ が区間 $[a,b]$ に不連続点をもつ場合や，積分範囲が無限区間の場合に定積分の定義を拡張しよう．

広義定積分

（ⅰ） $f(x)$ が $[a,b)$ で連続な場合：

任意の $\varepsilon > 0$ に対して，$f(x)$ は閉区間 $[a, b-\varepsilon]$ で連続だから，定積分 $\int_a^{b-\varepsilon} f(x)dx$ が存在する．そこで $\lim_{\varepsilon \to +0} \int_a^{b-\varepsilon} f(x)dx$ が存在するとき，この極限値を $f(x)$ の $[a,b)$ における**広義定積分**（または**広義積分**）といい $\int_a^b f(x)dx$ で表す．すなわち

$$\int_a^b f(x)dx = \lim_{\varepsilon \to +0} \int_a^{b-\varepsilon} f(x)dx \tag{3.2}$$

このとき広義積分 $\int_a^b f(x)dx$ は**存在する**（**収束する**）という．(3.2) の極限値が存在しないとき，この広義積分は**存在しない**（**発散する**）という．定義からすぐ分かるように，$f(x)$ の原始関数を $F(x)$ とするとき，広義積分 (3.2) が存在するためには $\lim_{x \to b-0} F(x)$ が存在することが必要十分である．

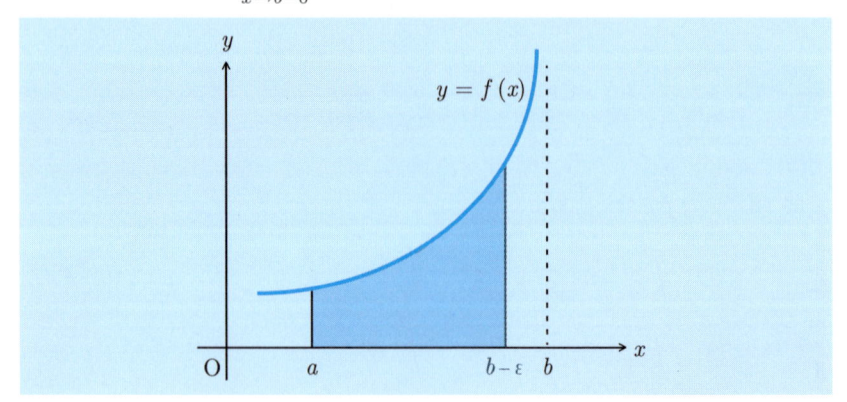

3.5 広義積分

注　$f(x)$ が有界閉区間 $[a,b]$ で連続ならば，その定積分 $\int_a^b f(x)dx$ について (3.2) が成り立つ．すなわち，定積分と広義積分は一致する．実際，$F(x)$ は $[a,b]$ で微分可能だから連続．特に $x=b$ で左連続だから $F(b) = \lim_{\varepsilon \to +0} F(b-\varepsilon)$，すなわち (3.2) が成り立つ．

次の (ii), (iii) の場合も (i) と同様である．

(ii)　$f(x)$ が $(a,b]$ で連続な場合：$\displaystyle \int_a^b f(x)dx = \lim_{\varepsilon \to +0} \int_{a+\varepsilon}^b f(x)dx$．

(iii)　$f(x)$ が (a,b) で連続な場合：$\displaystyle \int_a^b f(x)dx = \lim_{\varepsilon, \varepsilon' \to +0} \int_{a+\varepsilon}^{b-\varepsilon'} f(x)dx$．

(iv)　$f(x)$ が $[a,b]$ で $x=c\ (a<c<b)$ を除いて連続な場合：$f(x)$ の $[a,c], (c,b]$ における広義積分がともに存在するとき，

$$\int_a^b f(x)dx = \int_a^c f(x)dx + \int_c^b f(x)dx$$

と定義する．

例31　$I = \displaystyle\int_0^1 \log x\, dx$ 　（$\log x$ は $(0,1]$ で連続）．

【解】$\displaystyle I = \lim_{\varepsilon \to +0} \int_\varepsilon^1 \log x\, dx = \lim_{\varepsilon \to +0} \left\{ \bigl[x \log x\bigr]_\varepsilon^1 - \int_\varepsilon^1 dx \right\}$
$\displaystyle \quad = \lim_{\varepsilon \to +0} \bigl\{ -\varepsilon \log \varepsilon - (1-\varepsilon) \bigr\}$
$\quad = -1$.

注　定積分の場合と同様，広義積分についても次のことが成り立つ：

$$\int_a^b f(x)dx = \int_a^c f(x)dx + \int_c^b f(x)dx \quad (a<c<b)$$

第3章 積分法

例題 10

$a > 0, p$ は実数とするとき

$$\int_0^a \frac{dx}{x^p} = \begin{cases} \dfrac{a^{1-p}}{1-p} & (p < 1) \\ \text{存在しない} & (p \geqq 1) \end{cases}$$

を示せ．

【解 答】 $p \neq 1$ のとき，任意の $\varepsilon > 0$ に対して

$$\int_\varepsilon^a \frac{dx}{x^p} = \left[\frac{x^{1-p}}{1-p}\right]_\varepsilon^a = \frac{1}{1-p}(a^{1-p} - \varepsilon^{1-p}) \to \begin{cases} \dfrac{a^{1-p}}{1-p} & (p < 1) \\ \infty & (p > 1) \end{cases} \quad (\varepsilon \to +0)$$

また $p = 1$ のとき，次のようになり結論を得る．

$$\int_\varepsilon^a \frac{dx}{x} = \Big[\log x\Big]_\varepsilon^a = \log a - \log \varepsilon \to \infty \quad (\varepsilon \to +0). \quad \blacksquare$$

問 19 $\displaystyle\int_a^b \frac{dx}{(b-x)^p}$ $(a < b)$ の収束・発散を調べよ．

例32 $\displaystyle\int_{-1}^1 \frac{dx}{\sqrt{1-x^2}} = \lim_{\varepsilon, \varepsilon' \to +0} \int_{-1+\varepsilon}^{1-\varepsilon'} \frac{dx}{\sqrt{1-x^2}}$

$= \displaystyle\lim_{\varepsilon, \varepsilon' \to +0} \Big[\sin^{-1} x\Big]_{-1+\varepsilon}^{1-\varepsilon'} = \lim_{\varepsilon, \varepsilon' \to +0} \{\sin^{-1}(1-\varepsilon') - \sin^{-1}(-1+\varepsilon)\}$

$= \sin^{-1} 1 - \sin^{-1}(-1) = \dfrac{\pi}{2} - \left(-\dfrac{\pi}{2}\right) = \pi. \quad \blacksquare$

例33 $I = \displaystyle\int_{-1}^1 \frac{dx}{x} \quad \left(\dfrac{1}{x} \text{ は } [-1,1] \text{ で } x=0 \text{ を除いて連続}\right).$

例題 10 より $\displaystyle\int_0^1 \frac{dx}{x}$ は存在しないから，広義積分 I は存在しない． $\quad \blacksquare$

問 20 次の広義積分を求めよ．

(1) $\displaystyle\int_0^1 x \log x \, dx$ (2) $\displaystyle\int_0^2 \frac{dx}{\sqrt{x}}$ (3) $\displaystyle\int_{-1}^1 \frac{dx}{\sqrt[3]{x^2}}$

3.5 広義積分

無限積分　積分範囲が無限区間である広義積分を**無限積分**という．以下，いずれも右辺が存在するとき左辺を右辺で定義する．

（i）$f(x)$ が $[a, \infty)$ で連続な場合：

$$\int_a^\infty f(x)dx = \lim_{M\to\infty} \int_a^M f(x)dx.$$

（ii）$f(x)$ が $(-\infty, a]$ で連続な場合：

$$\int_{-\infty}^a f(x)dx = \lim_{M\to-\infty} \int_M^a f(x)dx.$$

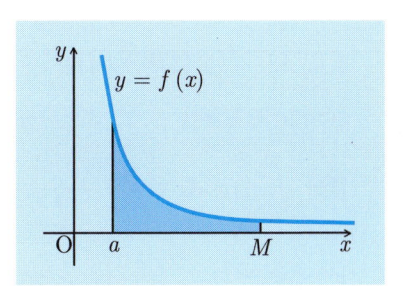

（iii）$f(x)$ が $(-\infty, \infty)$ で連続な場合：

$$\int_{-\infty}^\infty f(x)dx = \lim_{M,M'\to\infty} \int_{-M}^{M'} f(x)dx.$$

（iv）$f(x)$ が (a, ∞) で $x = c$ $(a < c < \infty)$ を除いて連続な場合：

$$\int_a^\infty f(x)dx = \int_a^c f(x)dx + \int_c^\infty f(x)dx.$$

例34　$\displaystyle\int_0^\infty \frac{dx}{1+x^2} = \lim_{M\to\infty} \int_0^M \frac{dx}{1+x^2} = \lim_{M\to\infty} \Big[\tan^{-1} x\Big]_0^M$

$= \displaystyle\lim_{M\to\infty}(\tan^{-1} M - \tan^{-1} 0) = \frac{\pi}{2}.$　■

問 21　$a > 0$, p は実数のとき，

$$\int_a^\infty \frac{dx}{x^p} = \begin{cases} a^{1-p}/(p-1) & (p > 1), \\ 存在しない & (p \leqq 1) \end{cases}$$

を示せ．

問 22　次の無限積分を求めよ．

(1) $\displaystyle\int_0^\infty e^{-x}dx$　　(2) $\displaystyle\int_1^\infty \frac{dx}{x\sqrt{x}}$　　(3) $\displaystyle\int_{-\infty}^\infty \frac{dx}{4+x^2}$

第3章 積分法

広義積分の存在　広義積分がいつ存在するかを判定する方法がある．それらを見てみよう．

> **定理 12**　（広義積分の存在）　$f(x)$, $g(x)$ は $[a,b]$ で連続で $|f(x)| \leqq g(x)$ であるとする．このとき広義積分 $\int_a^b g(x)dx$ が存在すれば，広義積分 $\int_a^b f(x)dx$ は存在する．

注　定理 12 は $[a,b]$ を $[a,\infty)$, $(a,b]$, $(-\infty,b]$, $(-\infty,\infty)$ としても成り立つ．

例35　$I = \int_0^1 \sin\dfrac{1}{x} dx$ は存在する．

実際，$\left|\sin\dfrac{1}{x}\right| \leqq 1$ で $\int_0^1 dx$ は存在するから I は存在する．　■

> **系**　（広義積分の存在）
> (1)　$f(x)$ は $[a,b)$ で連続であるとする．
>
> $$x \text{ が } b \text{ に十分近いとき } |f(x)|(b-x)^p \leqq M$$
>
> となる $M > 0$ と $p < 1$ が存在すれば，広義積分 $\int_a^b f(x)dx$ は存在する．
>
> (2)　$f(x)$ は $[a,\infty)$ で連続であるとする．
>
> $$x \text{ が十分大きいとき } |x^p f(x)| \leqq M$$
>
> となる $M > 0$ と $p > 1$ が存在すれば，無限積分 $\int_a^\infty f(x)dx$ は存在する．

これらは問 19 および問 21 の結果と定理 12 からただちに得られる．

注　$f(x)$ が $(a,b]$ で連続であるとき，$(b-x)$ を $(x-a)$ でおきかえれば定理 12 系 (1) は同様に成り立つ．また $f(x)$ が $(-\infty,b]$ で連続であるとき，定理 12 系 (2) と同様のことが成り立つ．

3.5 広義積分

━━ 例題 11 ━━━━━━━━━━━━━━━━━━━ ガンマ（Gamma）関数 ━━

$s > 0$ のとき, $\Gamma(s) = \displaystyle\int_0^\infty e^{-x} x^{s-1} dx$ は存在することを示せ.
（関数 $\Gamma(s)$ をガンマ関数という）.

【解答】 $\displaystyle\int_0^\infty e^{-x} x^{s-1} dx = \int_0^1 e^{-x} x^{s-1} dx + \int_1^\infty e^{-x} x^{s-1} dx$

であるから，右辺の 2 つの積分の存在を示せばよい．それらをそれぞれ I_1, I_2 とする．$s \geqq 1$ のとき，$f(x) = e^{-x} x^{s-1}$ は $[0,1]$ で連続だから，I_1 は定積分として存在する．$0 < s < 1$ のとき，$f(x) = e^{-x} x^{s-1}$ は $(0,1]$ で連続．このとき，$0 < x \leqq 1$ では

$$|f(x) x^{1-s}| = |e^{-x}| < 1$$

であるから，定理 12 系 (1) 注より，I_1 は存在する．

次に，$f(x) = e^{-x} x^{s-1}$ は $[1, \infty)$ で連続．$n-1 < s \leqq n$ である自然数 n をとると，ロピタルの定理より

$$\lim_{x \to \infty} x^2 f(x) = \lim_{x \to \infty} \frac{x^{s+1}}{e^x} = \lim_{x \to \infty} \frac{(s+1) x^s}{e^x}$$

$$= \cdots = \lim_{x \to \infty} \frac{(s+1) s \cdots (s-n+1)}{x^{n-s} e^x} = 0$$

となるから，定理 12 系 (2) より I_2 は存在する． ∎

問 23 $p > 0, q > 0$ のとき，$B(p,q) = \int_0^1 x^{p-1} (1-x)^{q-1} dx$ は存在することを示せ（関数 $B(p,q)$ をベータ（**Beta**）関数という）．
（$\int_0^1 x^{p-1}(1-x)^{q-1} dx = \int_0^{1/2} x^{p-1}(1-x)^{q-1} dx + \int_{1/2}^1 x^{p-1}(1-x)^{q-1} dx$
であるから，右辺の 2 つの積分の存在を示せばよい．）

問 24 次の広義積分の存在を調べよ．

(1) $\displaystyle\int_0^1 \frac{\sin x}{\sqrt{x}} dx$ (2) $\displaystyle\int_1^\infty \frac{dx}{\sqrt[3]{2x-1}}$ (3) $\displaystyle\int_{-\infty}^\infty \frac{dx}{\sqrt{1+x^4}}$

3.6 積分の応用

面積　関数 $f(x)$ は有界閉区間 $[a,b]$ で連続で，$f(x) \geqq 0$ であるとする．曲線 $y = f(x)$ と直線 $x = a, x = b$ および x 軸で囲まれた部分の面積 S は

$$S = \int_a^b f(x)dx \tag{3.3}$$

で与えられる（下図左）．

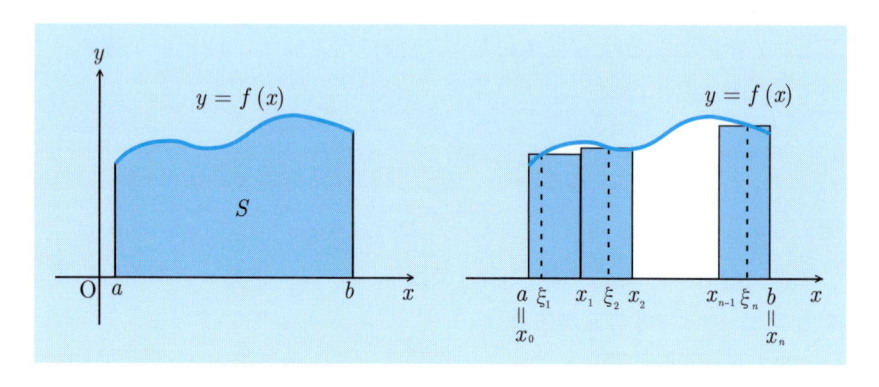

実際，リーマン和

$$S(\Delta) = \sum_{i=1}^n f(\xi_i)(x_i - x_{i-1})$$

は "面積 S" の近似値であり，$|\Delta| \to 0$ とすると誤差は 0 に収束するから，(3.3) で面積を定義することは自然であろう（上図右）．

例36　楕円 $\dfrac{x^2}{a^2} + \dfrac{y^2}{b^2} = 1 \ (a, b > 0)$ の面積 S を求めよ．

【解】$y \geqq 0$ の部分は $y = b\sqrt{1 - \dfrac{x^2}{a^2}} = \dfrac{b}{a}\sqrt{a^2 - x^2}$ だから，例題 8 より

$$S = 2\int_{-a}^a \frac{b}{a}\sqrt{a^2 - x^2}\,dx = \frac{2b}{a} \frac{\pi a^2}{2} = \pi ab. \qquad \blacksquare$$

3.6 積分の応用

例37 アステロイド
$$x^{2/3} + y^{2/3} = a^{2/3} \quad (a > 0) \tag{3.4}$$
で囲まれる部分の面積 S を求めよ．

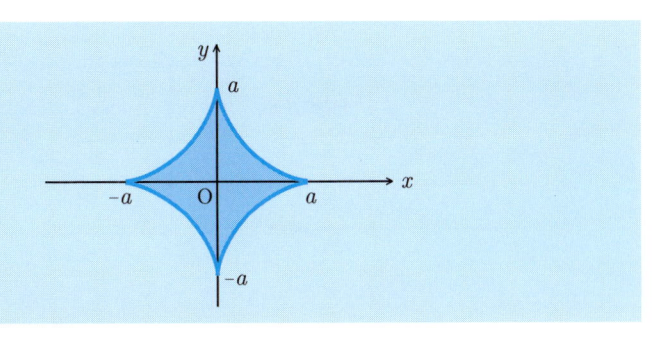

【解】 (3.4) は媒介変数 t を用いて
$$x = a\cos^3 t, \quad y = a\sin^3 t \quad (0 \leqq t \leqq 2\pi)$$
と表される．$dx = (3a\cos^2 t)(-\sin t)dt = -3a\sin t\cos^2 t\, dt$ だから
$$S = 4\int_0^a y\, dx = 4\int_{\pi/2}^0 a\sin^3 t\, (-3a\sin t\cos^2 t)dt$$
$$= 12a^2 \int_0^{\pi/2} \sin^4 t\cos^2 t\, dt = 12a^2 \int_0^{\pi/2} (\sin^4 t - \sin^6 t)dt$$
$$= 12a^2 \left(\frac{3}{4}\frac{1}{2}\frac{\pi}{2} - \frac{5}{6}\frac{3}{4}\frac{1}{2}\frac{\pi}{2} \right) = \frac{3}{8}\pi a^2. \qquad \blacksquare$$

問 25 サイクロイド $x = a(t - \sin t),\ y = a(1 - \cos t)\ (a > 0, 0 \leqq t \leqq 2\pi)$ と x 軸で囲まれる部分の面積を求めよ．

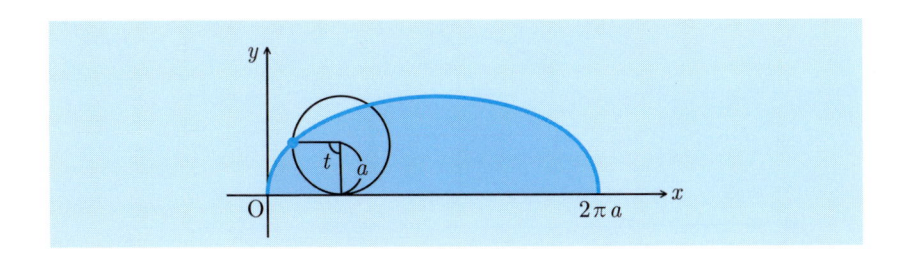

極座標

下図左のように O を始点とする半直線を OX とする．点 P と O を結ぶ線分 OP が OX となす角（反時計回りを正とする）を θ とし，OP $= r$ とする．このとき (r,θ) を点 P の**極座標**という．このように定められた座標系を O を**極**，OX を**始線**とする**極座標系**という．

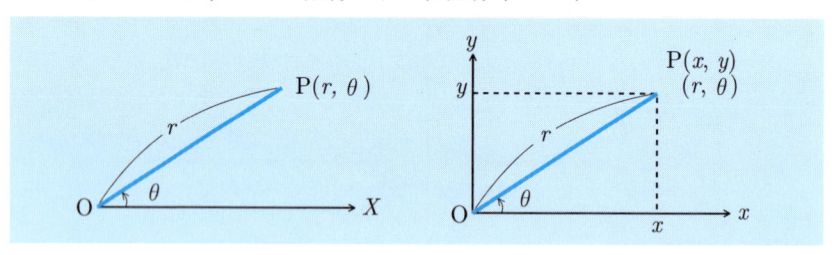

上図右のように直交座標系において原点 O を極，x 軸の正方向の半直線 OX を始線とする極座標系を考えると，直交座標 (x,y) と極座標 (r,θ) は次のように変換される．

$$(x,y) \to (r,\theta) : \begin{cases} r = \sqrt{x^2+y^2} \\ \tan\theta = y/x \end{cases} \qquad (r,\theta) \to (x,y) : \begin{cases} x = r\cos\theta \\ y = r\sin\theta \end{cases}$$

極座標で表される曲線

一般に，方程式 $r = f(\theta)$ をみたす点 (r,θ) の全体は曲線を描く．$r = f(\theta)$ をこの曲線の**極方程式**という．

例38 $a > 0$ のとき，

$$r = a\theta \quad (\theta \geqq 0)$$

は**螺旋**を表す．実際，r は θ の増加とともに連続的に増加するからその概形は下図のようになる（これを**アルキメデスの螺旋**という）．

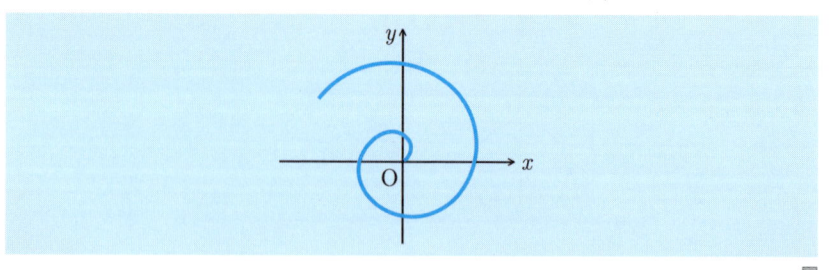

定理 13 （極座標で表される図形の面積）

曲線 $C : r = f(\theta)$ $(\alpha \leqq \theta \leqq \beta)$ と2つの半直線 $\theta = \alpha, \theta = \beta$ で囲まれる図形の面積 S は次式で与えられる．

$$S = \frac{1}{2}\int_\alpha^\beta f(\theta)^2 d\theta. \tag{3.5}$$

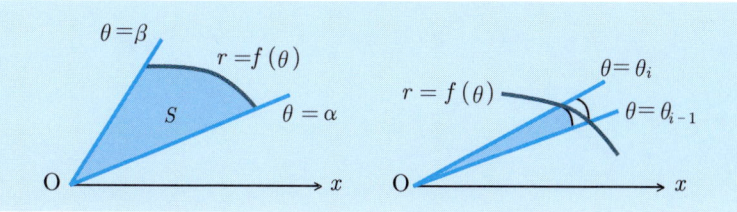

実際，$[\alpha, \beta]$ の分割 $\Delta : \alpha = \theta_0 \leqq \theta_1 \leqq \cdots \leqq \theta_n = \beta$ に対して，$[\theta_{i-1}, \theta_i]$ における $f(\theta)$ の最小値を m_i，最大値を M_i とすると

$$\frac{1}{2}\sum_{i=1}^n m_i^2(\theta_i - \theta_{i-1}) \leqq S \leqq \frac{1}{2}\sum_{i=1}^n M_i^2(\theta_i - \theta_{i-1})$$

であるから，$|\Delta| \to 0$ として (3.5) が得られる．

例39 カージオイド

$r = a(1 + \cos\theta)$ $(a > 0, 0 \leqq \theta \leqq 2\pi)$

の囲む部分の面積を求めよ．

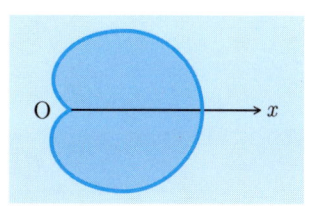

【解】 この曲線は始線に関して対称であるから

$$S = 2\frac{1}{2}\int_0^\pi a^2(1+\cos\theta)^2 d\theta = a^2\int_0^\pi (1 + 2\cos\theta + \cos^2\theta)d\theta$$
$$= a^2\left(\pi + 2\int_0^{\pi/2} \cos^2\theta\, d\theta\right) = a^2\left(\pi + 2\frac{1}{2}\frac{\pi}{2}\right) = \frac{3}{2}\pi a^2. \blacksquare$$

問 26 螺旋 $r = a\theta$ $(a > 0, 0 \leqq \theta \leqq 2\pi)$ と始線で囲まれる部分の面積を求めよ．

曲線の長さ

平面上の 2 点 A, B を結ぶ曲線 C の方程式が $x = f(t), y = g(t)$ $(\alpha \leq t \leq \beta)$ で与えられているとき,区間 $[\alpha, \beta]$ の分割 $\Delta : \alpha = t_0 < t_1 < \cdots < t_n = \beta$ を考え,この分割に対応する曲線 C 上の点を $A = P_0(f(t_0), g(t_0)), P_1(f(t_1), g(t_1)), \cdots, B = P_n(f(t_n), g(t_n))$ とする.分割 Δ を限りなく細かくしていくとき,$P_0, P_1, \cdots, P_n$ を結ぶ折れ線の長さ $\sum_{i=1}^{n} P_{i-1} P_i$ が限りなく一定値 l に近づくならば,l を C の長さという.

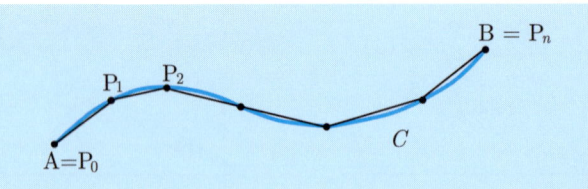

定理 14 (曲線の長さ)

(1) $C : x = f(t), y = g(t)$ $(\alpha \leq t \leq \beta)$ のとき,$f(t), g(t)$ が $[\alpha, \beta]$ で C^1 級ならば,

$$l = \int_\alpha^\beta \sqrt{f'(t)^2 + g'(t)^2}\, dt.$$

(2) $C : y = f(x)$ $(a \leq x \leq b)$ のとき,$f(x)$ が $[a, b]$ で C^1 級ならば

$$l = \int_a^b \sqrt{1 + f'(x)^2}\, dx.$$

(3) $C : r = f(\theta)$ $(\alpha \leq \theta \leq \beta)$ のとき,$f(\theta)$ が $[\alpha, \beta]$ で C^1 級ならば

$$l = \int_\alpha^\beta \sqrt{f(\theta)^2 + f'(\theta)^2}\, d\theta.$$

証明 (1) 分割 Δ に対応する C 上の分点を $P_i(f(t_i), g(t_i))$ とすると

$$f(t_i) - f(t_{i-1}) = f'(\xi_i)(t_i - t_{i-1}), \quad t_{i-1} < \xi_i < t_i$$

$$g(t_i) - g(t_{i-1}) = g'(\eta_i)(t_i - t_{i-1}), \quad t_{i-1} < \eta_i < t_i$$

となる ξ_i, η_i が存在するから

$$\sum_{i=1}^{n} P_{i-1} P_i = \sum_{i=1}^{n} \sqrt{\{f(t_i) - f(t_{i-1})\}^2 + \{g(t_i) - g(t_{i-1})\}^2}$$

$$= \sum_{i=1}^{n} \sqrt{\{f'(\xi_i)^2 + g'(\eta_i)^2\}} \, (t_1 - t_{i-1})$$
$$\to \int_{\alpha}^{\beta} \sqrt{f'(t)^2 + g'(t)^2} \, dt \quad (|\Delta| \to 0).$$

(2) (1) で $x = t, \ y = f(t) \ (a \leqq t \leqq b)$ とおけばよい．

(3) (1) で $x = f(\theta)\cos\theta, \ y = f(\theta)\sin\theta$ とおいて得られる．

注 空間の曲線 $C : x = f(t), \ y = g(t), \ z = h(t) \ (\alpha \leqq t \leqq \beta)$ の長さは (1) と同様に次式で与えられる： $\quad l = \int_{\alpha}^{\beta} \sqrt{f'(t)^2 + g'(t)^2 + h'(t)^2} \, dt.$

問 27 定理 14(3) を示せ．

例40 サイクロイド $x = a(t - \sin t), \ y = a(1 - \cos t) \ (a > 0, \ 0 \leqq t \leqq 2\pi)$ の長さ l を求めよ．

【解】 $x'(t)^2 + y'(t)^2 = a^2(1-\cos t)^2 + a^2 \sin^2 t = 2a^2(1-\cos t) = 4a^2 \sin^2 \frac{t}{2}$ だから
$$l = \int_0^{2\pi} \sqrt{x'(t)^2 + y'(t)^2} \, dt = 2a \int_0^{2\pi} \sin\frac{t}{2} dt = 2a \left[-2\cos\frac{t}{2} \right]_0^{2\pi} = 8a.$$

例41 カージオイド $r = a(1+\cos\theta) \ (a > 0, \ 0 \leqq \theta \leqq 2\pi)$ の全長 l を求めよ．

【解】 $l = 2\int_0^{\pi} \sqrt{a^2(1+\cos\theta)^2 + a^2(-\sin\theta)^2} \, d\theta$
$$= 2a \int_0^{\pi} \sqrt{2(1+\cos\theta)} \, d\theta = 4a \int_0^{\pi} \sqrt{\cos^2 \frac{\theta}{2}} \, d\theta$$
$$= 4a \int_0^{\pi} \cos\frac{\theta}{2} \, d\theta = 4a \left[2\sin\frac{\theta}{2} \right]_0^{\pi} = 8a.$$

問 28 次の曲線の長さを求めよ．

(1) アストロイド $x^{2/3} + y^{2/3} = a^{2/3} \ (a > 0)$ の全長．

(2) 放物線 $y = x^2$ の $0 \leqq x \leqq 1$ の部分の長さ．

(3) 螺旋 $r = a\theta \ (a > 0)$ の $0 \leqq \theta \leqq 2\pi$ の部分の長さ．

曲率・曲率半径　曲線の曲がりの度合いを表す曲率について考えよう．曲線 C 上の点 P に対して，C 上で P の近くに点 Q をとり，P, Q における接線のなす角を $\Delta\theta$ とする（P における接線から Q における接線に向けてはかる）．P から Q までの弧の長さを Δs とする．このとき

$$\kappa = \lim_{\Delta s \to 0} \frac{\Delta\theta}{\Delta s}$$

を曲線 C の点 P における**曲率**という（下図左）．明らかに直線の曲率はいたるところ 0 である．

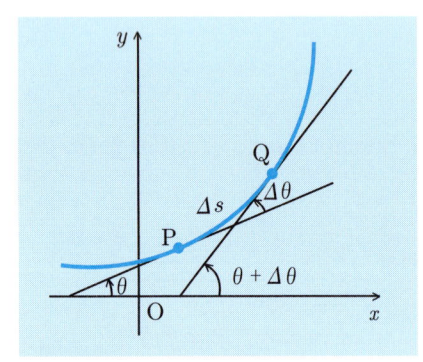

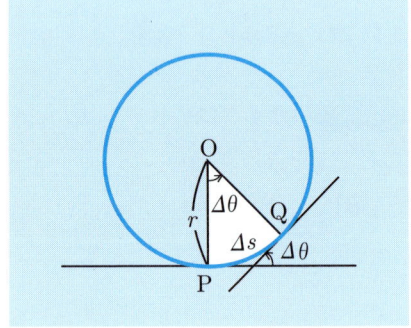

例42　半径 r の円の曲率 κ は円周上どこでも一定で $1/r$ である．

実際，中心 O，半径 r の円上に点 P, Q をとると，P, Q における接線のなす角 $\Delta\theta$ は扇形 OPQ の中心角に等しい（上図右）．したがって弧 PQ の長さは $\Delta s = r\Delta\theta$ となり，次式を得る．

$$\kappa = \lim_{\Delta s \to 0} \frac{\Delta\theta}{\Delta s} = \lim_{\Delta s \to 0} \frac{\Delta\theta}{r\Delta\theta} = \frac{1}{r}$$

このことから，円の半径は曲率の逆数である．そこで，一般に曲線 C 上の点 P における曲率を κ とするとき，

$$\rho = \frac{1}{|\kappa|}$$

を P における**曲率半径**という．すなわち曲率半径 ρ は P において C と同じ曲がりの度合い $|\kappa|$ をもつ円の半径に他ならない．

3.6 積分の応用

定理 15 （曲線の曲率・曲率半径） 曲線 $y = f(x)$ 上の点 $\mathrm{P}(x, f(x))$ における曲率，曲率半径は

$$\kappa = \frac{f''(x)}{\{1 + f'(x)^2\}^{3/2}}, \quad \rho = \frac{1}{|\kappa|}$$

で与えられる．

証明 一般に，曲線上の 1 点 $(x_0, f(x_0))$ から $\mathrm{P}(x, f(x))$ $(x_0 < x)$ までの弧の長さを s とすると

$$s = \int_{x_0}^{x} \sqrt{1 + f'(t)^2}\, dt$$

（x_0 から x がふえる向きにはかった弧の長さを正にとる）．したがって

$$\frac{ds}{dx} = \sqrt{1 + f'(x)^2}. \tag{3.6}$$

さて，曲線 $y = f(x)$ 上の点 $\mathrm{P}(x, f(x))$ における接線と x 軸のなす角を θ とすると $\tan \theta = f'(x)$ だから，θ を x の関数と見てこの両辺を x で微分して

$$\frac{1}{\cos^2 \theta} \frac{d\theta}{dx} = f''(x).$$

これより

$$\frac{d\theta}{dx} = f''(x) \cos^2 \theta = \frac{f''(x)}{1 + \tan^2 \theta} = \frac{f''(x)}{1 + f'(x)^2}. \tag{3.7}$$

(3.6) と (3.7) より，

$$\kappa = \lim_{\Delta s \to 0} \frac{\Delta \theta}{\Delta s} = \lim_{\Delta s \to 0} \frac{\dfrac{\Delta \theta}{\Delta x}}{\dfrac{\Delta s}{\Delta x}} = \frac{\dfrac{d\theta}{dx}}{\dfrac{ds}{dx}} = \frac{f''(x)}{\{1 + f'(x)^2\}^{3/2}}. \qquad \blacksquare$$

問 29 (1) 曲線 $y = x^2$ の点 $(1, 1)$ における曲率および曲率半径を求めよ．
(2) 曲線 $y = \cos x$ の点 $(0, 1)$ における曲率および曲率半径を求めよ．

演習問題 3-A

1. 次の関数を積分せよ．

   (1) $\dfrac{1}{x(\log x)^3}$ (2) $\dfrac{x}{\sqrt{1-x^4}}$ (3) $\dfrac{x^2}{(1+x^2)^2}$

   (4) $\tan^3 x$ (5) $\sqrt{e^x+1}$ (6) $\dfrac{1}{x(x-1)(x-2)}$

   (7) $\dfrac{2}{(x+1)^2(x^2+1)}$ (8) $\dfrac{1}{x(x^3+1)}$ (9) $\dfrac{3x^2+5}{x^4+2x^2-3}$

   (10) $\dfrac{1}{x^4+4}$ (11) $\dfrac{\sin x}{1+\sin x}$ (12) $\dfrac{x+\sin x}{1+\cos x}$

   (13) $\dfrac{1}{\sin^2 x \cos x}$ (14) $\dfrac{\cos^2 x}{2-\sin^2 x}$ (15) $\dfrac{1}{x+\sqrt{x^2+x+1}}$

   (16) $\sqrt{\dfrac{x-1}{x+1}}$ $(x>1)$ (17) $\dfrac{1}{x\sqrt{2+x-x^2}}$ (18) $\dfrac{\sqrt[4]{x}}{\sqrt{x}-1}$

2. (1) $I = \displaystyle\int \dfrac{\sin x}{\sin x + \cos x}dx, \quad J = \displaystyle\int \dfrac{\cos x}{\sin x + \cos x}dx$ を求めよ．

   (2) $I = \displaystyle\int e^{ax}\sin bx\, dx, \quad J = \displaystyle\int e^{ax}\cos bx\, dx$ を求めよ．

3. 次の定積分を求めよ．

   (1) $\displaystyle\int_1^e (\log x)^2 dx$ (2) $\displaystyle\int_0^1 x \sinh x\, dx$

   (3) $\displaystyle\int_0^2 (4-x^2)^{3/2} dx$ (4) $\displaystyle\int_0^1 (2+x)\sqrt{1-x^2}\, dx$

   (5) $\displaystyle\int_0^1 (\sin^{-1} x)^2 dx$ (6) $\displaystyle\int_0^\pi \sin^2 x \cos^4 x\, dx$

   (7) $\displaystyle\int_0^{2\pi} e^{-x}|\sin x|dx$ (8) $\displaystyle\int_0^{2\pi} \sin mx \sin nx\, dx$ （m, n は自然数）

4. 次の図形の面積を求めよ．

   (1) 曲線 $\sqrt{x}+\sqrt{y}=1$ と x 軸，y 軸で囲まれた図形
   (2) 2つの楕円 $(x/a)^2+(y/b)^2=1$, $(x/b)^2+(y/a)^2=1$ の共通部分

5. 次の曲線の長さを求めよ．

   (1) カテーナリー $y=\dfrac{a}{2}(e^{x/a}+e^{-x/a})$ $(a>0)$ の $-1 \leqq x \leqq 1$ の部分
   (2) 曲線 $\sqrt{x}+\sqrt{y}=1$

演習問題 3-B

6. 次の広義積分を計算せよ．

(1) $\displaystyle\int_0^1 \frac{dx}{\sqrt{x(1-x)}}$ (2) $\displaystyle\int_0^\infty \frac{\tan^{-1} x}{1+x^2}dx$ (3) $\displaystyle\int_0^\infty e^{ax}\sin bx\, dx\ (a<0)$

7. 次の不等式を示せ．

(1) $\displaystyle\frac{\pi}{4} < \int_0^1 \sqrt{1-x^4}\, dx < \frac{\sqrt{2}\pi}{4}$ ($\sqrt{1-x^2}$ の定積分と比較せよ)．

(2) $\displaystyle\frac{2}{3}n^{3/2} < \sqrt{1}+\sqrt{2}+\cdots+\sqrt{n} < \frac{2}{3}(n+1)^{3/2}$．

演習問題 3-B

1. 次の定積分を求めよ（積分区間を $\pi/2$ で2つに分けよ）．

(1) $I = \displaystyle\int_0^\pi x\sin^4 x\cos^2 x\, dx$ (2) $I = \displaystyle\int_0^\pi \frac{x\sin x}{1+\cos^2 x}dx$

2. (1) 広義積分 $I = \displaystyle\int_0^{\pi/2} \log(\sin x)dx$ は存在することを示せ．また，$I = -(\pi/2)\log 2$ であることを示せ（積分区間を $\pi/4$ で2つに分けよ）．

(2) (1) の結果を用いて広義積分 $\displaystyle\int_0^{\pi/2} \frac{x}{\tan x}dx$ を求めよ．

3. $f(x)$ が $[a,b]$ で連続な増加関数ならば，$E(x) = \dfrac{1}{x-a}\displaystyle\int_a^x f(t)dt$ は $(a,b]$ で連続な増加関数となることを示せ．

4. 次を示せ．

(1) $\displaystyle\int_0^{\pi/2}\sin^{2n+1}x\, dx < \int_0^{\pi/2}\sin^{2n}x\, dx < \int_0^{\pi/2}\sin^{2n-1}x\, dx\quad (n\in \boldsymbol{N})$

(2) $\displaystyle\left\{\frac{2\cdot 4\cdots 2n}{1\cdot 3\cdots(2n-1)}\right\}^2 \frac{1}{2n+1} < \frac{\pi}{2} < \left\{\frac{2\cdot 4\cdots 2n}{1\cdot 3\cdots(2n-1)}\right\}^2 \frac{1}{2n}$

(3) $\pi = \displaystyle\lim_{n\to\infty}\left\{\frac{2\cdot 4\cdots 2n}{1\cdot 3\cdots(2n-1)}\right\}^2 \frac{1}{n}$ （ウォリス（**Wallis**）の公式）

5. $f(x),\ g(x)$ が $[a,b]$ で連続であるとき，

$$\left\{\int_a^b f(x)g(x)dx\right\}^2 \leqq \int_a^b f(x)^2 dx \int_a^b g(x)^2 dx$$

を示せ（任意の実数 t に対して $\{tf(x)-g(x)\}^2 \geqq 0$ であることを用いよ）．この不等式をシュワルツ（**Schwarz**）の不等式という．

第4章

偏微分法

4.1　2変数関数と極限

2変数関数　$z = x+y$, $z = \log(x-y)$ のように，x, y の値によって z の値が定まるものを **2変数 x, y の関数**といい，$z = f(x, y)$ で表す．このとき，x, y を**独立変数**，z を**従属変数**という．関数 $f(x, y)$ の値は x と y の順序のついた組 (x, y) を与えれば確定するから，$f(x, y)$ は (x, y) の関数であるということもある．また，$f(x, y)$ の値は平面上の点 $\mathrm{P}(x, y)$ を与えれば確定すると考えて，これを点 P の関数という意味で，$z = f(\mathrm{P})$ で表すこともある．

このような表現の仕方は，多変数の関数を（変数の個数に無関係に）統一的に論じるのには便利である．2変数関数と同様にして，3変数関数 $f(x, y, z)$ や n 変数関数 $f(x_1, x_2, \cdots, x_n)$ も考えられる．これらを総称して**多変数関数**という．以下では2変数関数に限定して議論するが，一般の多変数関数についても同様に考えられる．

関数 $f(x, y)$ が与えられると，それが定義されるような平面上の点 (x, y) の集合 D が自然に定まる．このような集合 D を関数の**定義域**という．また，関数 $f(x, y)$ のとり得る値の集合，すなわち，$f(D) = \{f(x, y); (x, y) \in D\}$ を関数の**値域**という（2変数関数の定義域は平面内の集合であり，その値域は実数の集合である）．

例 1　$z = x+y$ の定義域は xy 平面全体で，値域は実数全体である．また，$z = \sqrt{1-x^2-y^2}$ の定義域は $D = \{(x, y); x^2+y^2 \leqq 1\}$ で，値域は閉区間 $[0, 1]$ である．■

4.1 2変数関数と極限

問 1 次の関数の定義域と値域を求めよ．
(1) $z = \sqrt{4 - x^2 - y^2}$ (2) $z = \log xy$
(3) $z = \sqrt{1 - |xy|}$ (4) $z = \dfrac{xy}{x^2 + y^2}$

曲面 平面上のある集合 D で定義された 2 変数関数 $z = f(x, y)$ に対し，xyz 空間の集合 $G = \{(x, y, z); (x, y) \in D, z = f(x, y)\}$ を **2 変数関数のグラフ**という．集合 G を空間内に図示すると，一般には曲面となる．これを**曲面** $\boldsymbol{z = f(x, y)}$ ということがある．

例 2 $z = x + y + 1$ のグラフは平面である（下図左）．

また，$z = \sqrt{a^2 - x^2 - y^2}$ $(a > 0)$ のグラフは原点 $\mathrm{O}(0, 0, 0)$ を中心とする半径 a の半球面 $(z \geqq 0)$ である（下図右）．

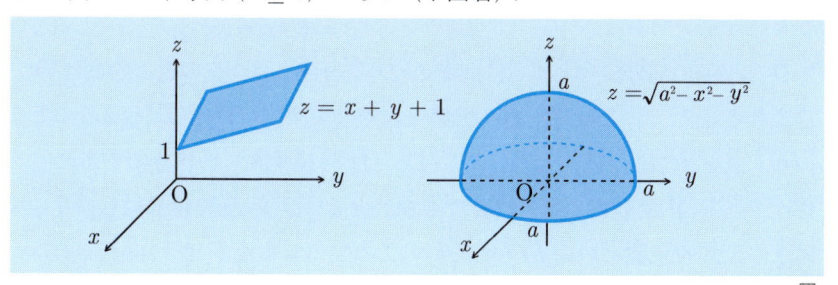

等高線 関数 $z = f(x, y)$ に対し，$f(x, y) = c$ をみたす点 (x, y) の集合を xy 平面内に図示すると，一般には曲線となる．これを $z = c$ に対する**等高線**という．すなわち平面 $z = c$ と曲面 $z = f(x, y)$ との交わりを xy 平面に射影した曲線が等高線である．

例 3 $z = xy$ の等高線は直角双曲線 $xy = c$ である．また，$z = x^2 + y^2$ の等高線は円 $x^2 + y^2 = c$ $(c > 0)$ である．

問 2 次の関数の表す曲面を xyz 空間内に図示せよ．また，その等高線は xy 平面上のどのような図形になるか．
(1) $z = x - y$ (2) $z = \sqrt{x^2 + y^2}$
(3) $z = \sqrt{1 - \dfrac{x^2}{a^2} - \dfrac{y^2}{b^2}}$ $(a, b > 0)$

平面の点集合

2 変数関数の定義域となる平面の集合に目を向けよう．

平面上に通常の直交座標系を定めると，平面上の点 P は，その座標である 2 つの実数の組 (x, y) として表される．これによって平面を 2 つの実数の順序対の全体 $\boldsymbol{R}^2$ とみなすことができる．

平面 $\boldsymbol{R}^2$ 上の 2 点 $P(a, b)$, $Q(c, d)$ の**距離**を
$$d(P, Q) = \sqrt{(a-c)^2 + (b-d)^2}$$
で定義する．点 P を中心とする半径 $\delta > 0$ の開円板，すなわち集合
$$U(P, \delta) = \{Q \ ; \ d(P, Q) < \delta\}$$
を点 P の **δ-近傍**という．δ が重要でない場合は単に**近傍**といい，点 P の近くという意味である．

D を平面の部分集合とする．点 P が D の**内点**とは，P の近くの点は D に含まれること，すなわち，ある正数 δ に対して $U(P, \delta) \subset D$ となることをいう．点 P が D の**外点**とは，P が D^c （D の補集合）の内点であることをいう．点 P が D の内点でも外点でもないとき，P を D の**境界点**という．境界点の全体を**境界**といい ∂D で表す．D のすべての点が D の内点であるとき，D は**開集合**であるという．D^c が開集合であるとき，D は**閉集合**であるという．開集合 D の任意の 2 点が D に含まれる連続曲線で結ばれるとき D を**領域**といい，領域にその境界を付け加えたものを**閉領域**という．2 変数関数 $z = f(x, y)$ の定義域としては，領域または閉領域を採用することが多い．閉領域 D が十分大きな半径の円に含まれるとき，D を**有界閉領域**という．

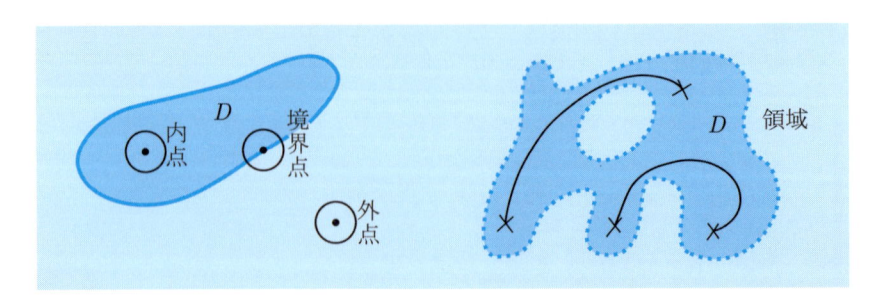

4.1 2変数関数と極限

極限　2変数関数 $z = f(x,y)$ が平面の集合 D で定義されているとき，D 内または D の境界上の点 $A(a,b)$ における関数 $f(x,y)$ の**極限値**は次のように定義される．点 $P(x,y)$ が D 内にあって，点 $A(a,b)$ に一致することなく点 A に限りなく近づくとき，すなわち

$$0 < d(P, A) \to 0$$

のとき（このことを $(x,y) \to (a,b)$ または $P \to A$ と書く），$f(x,y)$ が定数 c に限りなく近づくならば，$(x,y) \to (a,b)$ のときの $f(x,y)$ の極限値は c であるといい，

$$\lim_{(x,y) \to (a,b)} f(x,y) = c \quad \text{または} \quad f(x,y) \to c \quad ((x,y) \to (a,b))$$

と書く（$f(x,y)$ の点 $A(a,b)$ における極限値は c であるということもある）．また，$f(x,y)$ の代りに $f(P)$ と書いて，次のように表すこともある．

$$\lim_{P \to A} f(P) = c \quad \text{または} \quad f(P) \to c \quad (P \to A)$$

注　$f(x,y)$ の点 $A(a,b)$ における極限値を考えるとき，$f(x,y)$ が (a,b) でとる値は問題にしない．よって，$f(a,b)$ は定義されていなくてもよい．また，1変数の場合の $x \to a$ は，$x \to a+0$（右から近づく）と $x \to a-0$（左から近づく）の 2 通りを考えればよいが，2変数の場合の $(x,y) \to (a,b)$ は，いろいろな近づき方がある（下図）．$P(x,y) \to A(a,b)$ のときの $f(x,y)$ の極限値が c であることを示すには，どのような経路に沿って $P \to A$ としても，$f(P) \to c$ となることが要求される．2変数関数の極限に関する複雑さはここにあるといえる．

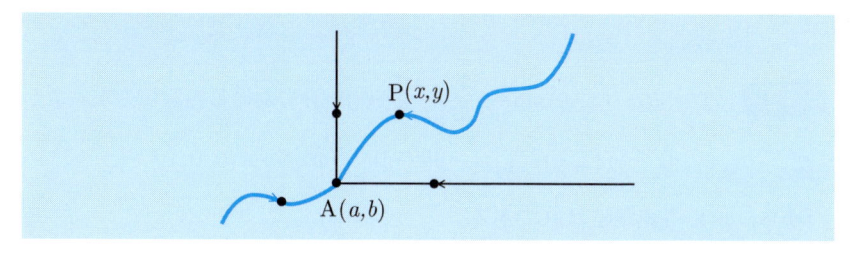

問 3　「$(x,y) \to (a,b)$ であること」と，「$x \to a$ と $y \to b$ が同時に成り立つこと」は同値であることを示せ．

1 変数関数の場合と同様に，次の定理が成り立つ．

> **定理 1** （極限の基本性質）
> $\lim_{(x,y)\to(a,b)} f(x,y) = l$, $\lim_{(x,y)\to(a,b)} g(x,y) = m$ とすると，
> (1) $\lim_{(x,y)\to(a,b)} \{f(x,y) \pm g(x,y)\} = l \pm m$
> (2) $\lim_{(x,y)\to(a,b)} f(x,y)g(x,y) = lm$
> (3) $\lim_{(x,y)\to(a,b)} \dfrac{f(x,y)}{g(x,y)} = \dfrac{l}{m}$ $(m \neq 0)$

例4 $f(x,y) = e^x \sin y$ の点 (a,b) における極限値を求めよう．$(x,y) \to (a,b)$ とするとき，$x \to a$ かつ $y \to b$ であるから，$e^x \to e^a$ かつ $\sin y \to \sin b$ となる．よって，

$$f(x,y) = e^x \sin y \to e^a \sin b \quad ((x,y) \to (a,b)).$$

注 例4では，e^x および $\sin y$ が1変数関数として連続であることを用いている．同様に，$(x,y) \to (a,b)$ のとき $x+y \to a+b$, $xy \to ab$ なども成り立つ．多くの場合，このような考え方で容易に極限値を求めることができる．

> **定理 2** （はさみうちの定理） $f(x,y) \leqq h(x,y) \leqq g(x,y)$,
> $\lim_{(x,y)\to(a,b)} f(x,y) = \lim_{(x,y)\to(a,b)} g(x,y) = l$ ならば，
> $\lim_{(x,y)\to(a,b)} h(x,y) = l$ である．

例5 $f(x,y) = (x-y) \sin \dfrac{1}{x^2+y^2}$ の点 $(0,0)$ における極限値を求めよう．

$$0 \leqq |f(x,y)| \leqq |x-y| \to 0 \quad ((x,y) \to (0,0))$$

だから，求める極限値は 0 である．

注 $g(x,y) = \sin \dfrac{1}{x^2+y^2}$ は原点 $(0,0)$ で定義されていないが，原点以外では $|g(x,y)| \leqq 1$ である．なお，$g(x,y)$ が有界であれば同様の結論が得られる．

4.1 2変数関数と極限

> **例題 1**
>
> 次の極限値を求めよ.
>
> (1) $\displaystyle\lim_{(x,y)\to(0,0)} \frac{xy}{\sqrt{x^2+y^2}}$
>
> (2) $\displaystyle\lim_{(x,y)\to(0,0)} \frac{xy^2}{x^2+y^4}$

【解答】 (1) $f(x,y) = \dfrac{xy}{\sqrt{x^2+y^2}}$ とする.極座標を用いて $x = r\cos\theta$, $y = r\sin\theta$ とおくと,

$$0 \leqq |f(x,y)| = |r\sin\theta\cos\theta| \leqq r$$

であり,$(x,y) \to (0,0)$ とは $r \to 0$ ということだから,求める極限値は 0.

(2) $f(x,y) = \dfrac{xy^2}{x^2+y^4}$ とする.x 軸(または y 軸)に沿って $(x,y) \to (0,0)$ のとき $f(x,y) \to 0$ であり,$y = \sqrt{x}$ に沿って $(x,y) \to (0,0)$ のとき $f(x,y) \to \dfrac{1}{2}$ だから,極限値は存在しない. ■

注 原点 $(0,0)$ における極限値が 0 であることを示すとき,極座標を用いる方法は有効である.このとき,$(x,y) \to (0,0)$ と $r \to 0$ が同値であることに注意する.ただし,θ を固定して $r \to 0$ としたとき $f(x,y) \to 0$ だとしても,$f(x,y)$ の $(0,0)$ における極限値が 0 ということではない.実際,(2) では直線 $y = mx$ に沿って $(x,y) \to (0,0)$ とすると $f(x,y) \to 0$ であるが,すでに述べたように $f(x,y)$ の原点 $(0,0)$ における極限値は存在しない.

問 4 次の極限値を求めよ.

(1) $\displaystyle\lim_{(x,y)\to(0,0)} \frac{\sin xy}{\sqrt{x^2+y^2}}$ (2) $\displaystyle\lim_{(x,y)\to(0,0)} \frac{xy^3}{x^2+y^4}$

(3) $\displaystyle\lim_{(x,y)\to(0,0)} \frac{x^3+y^3}{x^2+y^2}$ (4) $\displaystyle\lim_{(x,y)\to(0,0)} xy\log(x^2+y^2)$

関数の連続性 関数 $f(x,y)$ が点 (a,b) の近傍で定義され，

$$\lim_{(x,y)\to(a,b)} f(x,y) = f(a,b)$$

のとき，この関数は (a,b) で**連続**であるという．$f(x,y)$ が D で定義され，D の各点で連続であるとき，この関数は D で連続であるという．

1 変数の場合と同様の考察から，2 変数関数についての次の定理が容易に確かめられる．

定理 3 （連続関数の基本性質）

(1) $f(x,y), g(x,y)$ が点 (a,b) で連続ならば，$f \pm g, fg, f/g$（ただし，$g(a,b) \neq 0$）は点 (a,b) で連続である．

(2) $f(x,y)$ が連続で，かつ $x = \varphi(u,v), y = \psi(u,v)$ がともに連続ならば，合成関数 $f(\varphi(u,v), \psi(u,v))$ も連続である．

例 6 $f(x,y)$ が x,y の整式であれば，$f(x,y)$ は平面上のすべての点で連続である．また，$f(x,y)$ が x,y の分数式（有理関数という）であれば，$f(x,y)$ はその定義域（分母が 0 になる点を除いた集合）で連続である． ∎

注 2 変数 x,y と定数との間に加減乗除，累乗根，指数関数，対数関数，三角関数，逆三角関数の演算を有限回ほどこして得られる関数は**初等関数**とよばれる．このような関数は，定義域上のすべての点で連続である．

例題 2

次の関数の連続性を調べよ．

(1) $f(x,y) = \dfrac{xy}{\sqrt{x^2+y^2}}$ $((x,y) \neq (0,0))$，$f(0,0) = 0$

(2) $f(x,y) = \dfrac{xy}{x^2+y^2}$ $((x,y) \neq (0,0))$，$f(0,0) = 0$

【**解　答**】 原点 $(0,0)$ 以外で連続なことは明らかであるから，$(0,0)$ での連続性を調べる．

(1) 例題1(1)で調べたように，$f(x,y)$の原点$(0,0)$における極限値は0である．$f(0,0)=0$で極限値と一致するから，$f(x,y)$は$(0,0)$で連続である．

(2) 直線$y=x$に沿って$(x,y)\to(0,0)$とすると$f(x,y)\to 1/2$である．$f(0,0)=0$より，$f(x,y)$は$(0,0)$で不連続である． ■

注 (2)で定義された関数$f(x,y)$の原点$(0,0)$における極限値を考えるとき，x軸$(y=0)$あるいはy軸$(x=0)$に沿って$(x,y)\to(0,0)$とすると$f(x,y)\to 0$となり，この関数の$(0,0)$における極限値は存在しないことが分かる．しかしながら，$y=0$と固定するとxの1変数関数$f(x,0)$は$x=0$で連続であることは明らかである．同様に，$f(0,y)$はyの関数とみれば$y=0$で連続である．

定理 4 （最大値・最小値の存在） 有界閉集合D上で定義された連続関数$f(x,y)$はD上で最大値および最小値をとる．

定理 5 （中間値の定理） 領域または閉領域D上で定義された連続関数$f(x,y)$がDの2点A, Bで異なる値をとるとき，$f(\mathrm{A})$と$f(\mathrm{B})$の間の任意の数γに対して
$$f(\mathrm{C})=\gamma$$
となるDの点Cが存在する．

例7 関数$f(x,y)$が有界閉領域D上で連続とすると，$f(x,y)$はDで最大値Mと最小値mをとる（定理4）．中間値の定理より，$f(x,y)$はMとmの間のすべての値をとることが分かるから，$f(x,y)$の値域は有界閉区間$[m,M]$である． ■

問5 次の関数の原点$(0,0)$での連続性を調べよ．

(1) $f(x,y)=\dfrac{x^2}{\sqrt{x^2+y^2}}$ $\quad((x,y)\neq(0,0)),\quad f(0,0)=0$

(2) $f(x,y)=\dfrac{xy}{\sin(x^2+y^2)}$ $\quad((x,y)\neq(0,0)),\quad f(0,0)=0$

(3) $f(x,y)=\dfrac{xy^2}{x^2+y^2}$ $\quad((x,y)\neq(0,0)),\quad f(0,0)=0$

4.2 偏導関数

偏微分可能性　関数 $z=f(x,y)$ において，y を一定の値 b に固定すると，$z=f(x,b)$ は x の関数となる．関数 $f(x,b)$ が $x=a$ で微分可能ならば，$f(x,y)$ は点 (a,b) において **x について偏微分可能**であるという．そのときの微分係数を $f_x(a,b)$ で表し，(a,b) における x についての**偏微分係数**という．すなわち

$$f_x(a,b) = \lim_{h \to 0} \frac{f(a+h,b) - f(a,b)}{h}$$

これは $z=f(x,y)$ の表す曲面を，平面 $y=b$ で切ったときの切り口の曲線上の点 $(a,b,f(a,b))$ における接線の傾きを表す．

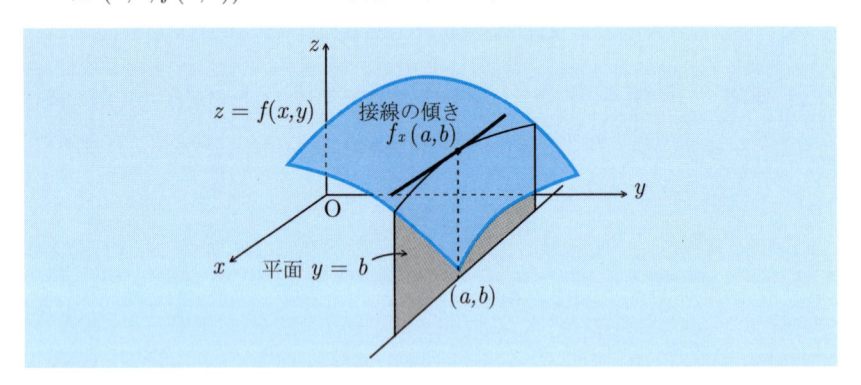

同様に，x を一定の値 a に固定すると，$z=f(a,y)$ は y の関数となる．関数 $f(a,y)$ が $y=b$ で微分可能ならば，$f(x,y)$ は点 (a,b) において **y について偏微分可能**であるという．そのときの微分係数を $f_y(a,b)$ で表し，(a,b) における y についての**偏微分係数**という．

注　3 変数関数 $f(x,y,z)$ についても，偏微分係数が同様に定義できる．

偏導関数　関数 $z=f(x,y)$ が定義域 D の各点 (x,y) で x（または y）について偏微分可能のとき，$f(x,y)$ は D で x（または y）について偏微分可能であるという．特に，x についても y についても D で偏微分可能のとき，単に D で偏微分可能という．このとき，D の各点 (x,y) に x についての偏微分係

4.2 偏導関数

数 $f_x(x,y)$ を対応させる関数を $z = f(x,y)$ の x についての**偏導関数**といい

$$f_x(x,y), \quad \frac{\partial}{\partial x}f(x,y), \quad \frac{\partial f}{\partial x}, \quad \frac{\partial z}{\partial x}, \quad f_x, \quad z_x$$

などで表す．同様に，y についての偏導関数を

$$f_y(x,y), \quad \frac{\partial}{\partial y}f(x,y), \quad \frac{\partial f}{\partial y}, \quad \frac{\partial z}{\partial y}, \quad f_y, \quad z_y$$

などで表す．偏導関数を求めることを**偏微分する**という．

注 3変数関数 $f(x,y,z)$ の偏導関数も同様に定義され，それらを f_x, f_y, f_z などで表す．

偏微分の計算は1つの変数だけに注目して，他の変数は定数とみて計算すればよい．

例8 $f(x,y) = e^{2x}\sin y$ のとき，y を定数とみて x について微分すると $f_x = 2e^{2x}\sin y$ であり，x を定数とみて y について微分すると $f_y = e^{2x}\cos y$ である．また，$(x,y) = (1, \pi/2)$ における偏微分係数を求めると $f_x(1, \pi/2) = 2e^2$ であり，$f_y(1, \pi/2) = 0$ である． ■

1変数関数においては，微分可能ならば連続であった．しかしながら，偏微分可能な関数が必ずしも2変数関数として連続とは限らない．

例9 $f(x,y) = \dfrac{xy}{x^2+y^2}$ $((x,y) \neq (0,0))$, $f(x,y) = 0$ $((x,y) = (0,0))$ で定義される関数を考えよう．x 軸および y 軸上で $f(x,y) = 0$ であることに注意すると，$f_x(0,0) = f_y(0,0) = 0$ であることは容易に分かるから，この関数は原点 $(0,0)$ で偏微分可能である．しかしながら，例題2(2)で述べたように，この関数は原点 $(0,0)$ で不連続である． ■

注 この例の $f(x,y)$ は xy 平面全体で偏微分可能で，原点 $(0,0)$ を除いたすべての点で連続である．

問6 次の関数を偏微分せよ．
(1) $z = x^3 + y^3 - 3axy$ (2) $z = \sqrt{x^2 + y^2}$ (3) $z = e^{ax}\cos by$
(4) $z = \log(x^2 + y^2)$ (5) $z = x^y$ (6) $z = \sin^{-1}(x/y)$

高次偏導関数 関数 $z=f(x,y)$ の偏導関数 $f_x(x,y)$, $f_y(x,y)$ がさらに偏微分可能のとき，$f(x,y)$ は **2 回偏微分可能**という．このとき，f_x を x で偏微分した $(f_x)_x$ を

$$f_{xx}(x,y), \quad \frac{\partial^2}{\partial x^2}f(x,y), \quad \frac{\partial^2 f}{\partial x^2}, \quad \frac{\partial^2 z}{\partial x^2}, \quad f_{xx}, \quad z_{xx}$$

などで表し，f_x を y で偏微分した $(f_x)_y$ を

$$f_{xy}(x,y), \quad \frac{\partial^2}{\partial y \partial x}f(x,y), \quad \frac{\partial^2 f}{\partial y \partial x}, \quad \frac{\partial^2 z}{\partial y \partial x}, \quad f_{xy}, \quad z_{xy}$$

などで表す．同様にして，$(f_y)_x = f_{yx}$, $(f_y)_y = f_{yy}$ なども定義される．これらを総称して **2 次偏導関数**という．一般に，$(n-1)$ **次偏導関数**がすべて偏微分可能のとき，$f(x,y)$ は n **回偏微分可能**という．n 次以下の偏導関数がすべて連続であるとき，$f(x,y)$ は C^n **級**であるという．

例10 $f(x,y) = (2x+3y)\sin y$ の 2 次偏導関数を求めると，

$$f_x = 2\sin y, \quad f_y = 3\sin y + (2x+3y)\cos y$$

より $f_{xx} = 0$, $f_{xy} = 2\cos y$, $f_{yx} = 2\cos y$, $f_{yy} = 3\cos y + 3\cos y - (2x+3y)\sin y = 6\cos y - (2x+3y)\sin y$ である． ∎

注 ここで $f_{xy} = f_{yx}(= 2\cos y)$ となっていることに注目しよう．通常の関数 $f(x,y)$ については，いつでも $f_{xy} = f_{yx}$ となることが確かめられる．

問7 次の関数の 2 次偏導関数を求め，$z_{xy} = z_{yx}$ が成り立つことを確かめよ．
 (1) $z = xy(2x+3y)$ (2) $z = e^{xy}$ (3) $z = \cos(x-2y)$
 (4) $z = \log(e^x + e^y)$ (5) $z = \sin^{-1} xy$

問8 次の関数について $z_{xx} + z_{yy} = 0$ が成り立つことを示せ．
 (1) $z = \log(x^2 + y^2)$ (2) $z = e^x \cos y$ (3) $z = \tan^{-1}(x/y)$

注 関数 $f(x,y)$ について $\Delta f = \dfrac{\partial^2 f}{\partial x^2} + \dfrac{\partial^2 f}{\partial y^2}$ と書き，演算記号 Δ を**ラプラシアン** (**Laplacian**) という．また $\Delta f = 0$ となるような C^2 級関数 $f(x,y)$ を**調和関数**という．

例題 3

$$f(x,y) = \begin{cases} \dfrac{xy(x^2-y^2)}{x^2+y^2} & ((x,y) \neq (0,0)), \\ 0 & ((x,y) = (0,0)) \end{cases}$$

で定義される関数について，$f_{xy}(0,0) \neq f_{yx}(0,0)$ を示せ．

【解 答】 $(x,y) \neq (0,0)$ のとき

$$f_x = \frac{y(x^4 - y^4 + 4x^2y^2)}{(x^2+y^2)^2}, \quad f_y = \frac{x(x^4 - y^4 - 4x^2y^2)}{(x^2+y^2)^2}$$

$(x,y) = (0,0)$ のとき，$f(x,0) = f(0,y) = 0$ より $f_x(0,0) = f_y(0,0) = 0$ となる．$f_x(0,y) = -y$, $f_y(x,0) = x$ であるから

$$f_{xy}(0,0) = \lim_{k \to 0} \frac{f_x(0,k) - f_x(0,0)}{k} = \lim_{k \to 0} \frac{-k-0}{k} = -1$$

$$f_{yx}(0,0) = \lim_{h \to 0} \frac{f_y(h,0) - f_y(0,0)}{h} = \lim_{h \to 0} \frac{h-0}{h} = 1$$

よって $f_{xy}(0,0) \neq f_{yx}(0,0)$ である． ∎

注 この例題から分かるように，高次偏導関数の偏微分の順序変更は無条件では成立しない．しかし，ここで定義された関数 $f(x,y)$ についても原点 $(0,0)$ 以外では $f_{xy}(x,y) = f_{yx}(x,y)$ であることが計算により確かめられる．

問 9 例題 3 で定義された関数 $f(x,y)$ について，以下のことを示せ．
(1) $f(x,y)$ は原点 $(0,0)$ で連続である．
(2) $f_x(x,y)$, $f_y(x,y)$ は原点 $(0,0)$ で連続である（これより，$f(x,y)$ は C^1 級であることが分かる）．
(3) $f_{xy}(x,0)$, $f_{yx}(0,y)$ を求めることにより $f_{xy}(x,y), f_{yx}(x,y)$ は原点 $(0,0)$ で不連続であることを示せ．

注 $f_{xy}(a,b) \neq f_{yx}(a,b)$ ならば，$f_{xy}(x,y), f_{yx}(x,y)$ はともに点 (a,b) で不連続であることが知られている（定理 6 の注を参照）．

第 4 章　偏微分法

> **定理 6**（偏微分の順序変更）　$f_{xy}(x,y), f_{yx}(x,y)$ が点 (a,b) で連続ならば，$f_{xy}(a,b) = f_{yx}(a,b)$ が成り立つ．

証明　$F(h,k) = f(a+h, b+k) - f(a, b+k) - f(a+h, b) + f(a,b)$ を考える．$\varphi(x) = f(x, b+k) - f(x, b), \psi(y) = f(a+h, y) - f(a, y)$ とおくと

$$F(h,k) = \varphi(a+h) - \varphi(a) = \psi(b+k) - \psi(b)$$

となる．ここで，1 変数関数についての平均値の定理をくり返し用いて，

$$\begin{aligned} F(h,k) &= \varphi(a+h) - \varphi(a) = h\varphi'(a + \theta_1 h) \\ &= h\{f_x(a + \theta_1 h, b+k) - f_x(a + \theta_1 h, b)\} \\ &= hk f_{xy}(a + \theta_1 h, b + \theta_2 k) \quad (0 < \theta_1, \theta_2 < 1) \end{aligned}$$

となる θ_1, θ_2 が存在する．同様にして，

$$\begin{aligned} F(h,k) &= \psi(b+k) - \psi(b) = k\psi'(b + \theta_3 k) \\ &= k\{f_y(a+h, b + \theta_3 k) - f_y(a, b + \theta_3 k)\} \\ &= hk f_{yx}(a + \theta_4 h, b + \theta_3 k) \quad (0 < \theta_3, \theta_4 < 1) \end{aligned}$$

となる θ_3, θ_4 が存在する．$F(h,k)$ の 2 通りの表し方から，

$$f_{xy}(a + \theta_1 h, b + \theta_2 k) = f_{yx}(a + \theta_4 h, b + \theta_3 k)$$

となる．ここで $(h,k) \to (0,0)$ とすれば，f_{xy} と f_{yx} は点 (a,b) で連続だから $f_{xy}(a,b) = f_{yx}(a,b)$ が成り立つ． ■

注　この定理では，$f_{xy}(x,y)$ と $f_{yx}(x,y)$ がともに点 (a,b) で連続であると仮定した．実際には，f_{xy} と f_{yx} の一方が (a,b) で連続であれば同じ結論が得られることが知られている．

例11　関数 $z = f(x,y)$ が C^2 級であれば，定理 6 より $f_{xy} = f_{yx}$．さらに，$f(x,y)$ が 3 回偏微分可能であれば，$f_{xyx} = (f_{xy})_x = (f_{yx})_x = f_{yxx}, f_{xyy} = (f_{xy})_y = (f_{yx})_y = f_{yxy}$ などが成り立つ． ■

問 10　$f(x,y)$ が C^3 級のとき，$f_{xyx} = f_{xxy}, f_{xyy} = f_{yyx}$ を示せ．

問 11　$f(x,y)$ が C^4 級のとき，$f_{xyyy} = f_{yxyy} = f_{yyxy} = f_{yyyx}$ を示せ．

4.2 偏導関数

混合偏導関数 関数 $z = f(x, y)$ の高次偏導関数のうち，$f_{xy}, f_{xyx}, f_{xxyx}$ などのように，x, y の両方の偏微分を含むようなものを**混合偏導関数**ということがある．$f(x, y)$ が C^n 級のとき，定理 6 を用いると n 次以下の混合偏導関数については，その偏微分の順序は自由に変更してもよいことが示される．そこで，$f(x, y)$ を x について k 回，y について m 回，合計 n ($= k + m$) 回偏微分した n 次偏導関数を，x, y の偏微分の順序に関係なく $\dfrac{\partial^n}{\partial x^k \, \partial y^m} f(x, y)$ と表すことができる．

問 12 $f(x, y)$ の n 次偏導関数を考えるとき，微分する変数の順序だけが違うものを同じとみなせば，本質的に違ったものは何通りあるか．

偏微分作用素 h, k を定数とするとき，偏微分作用素（演算子ともいう）$h\dfrac{\partial}{\partial x} + k\dfrac{\partial}{\partial y}$ を，次のように定義する．

$$\left(h\frac{\partial}{\partial x} + k\frac{\partial}{\partial y} \right) f(x, y) = h\frac{\partial}{\partial x} f(x, y) + k\frac{\partial}{\partial y} f(x, y).$$

さらに，各自然数 n に対して順次

$$\left(h\frac{\partial}{\partial x} + k\frac{\partial}{\partial y} \right)^n f(x, y) = \left(h\frac{\partial}{\partial x} + k\frac{\partial}{\partial y} \right) \left\{ \left(h\frac{\partial}{\partial x} + k\frac{\partial}{\partial y} \right)^{n-1} f(x, y) \right\}$$

により定義する．特に $n = 0$ のとき，次のように定める．

$$\left(h\frac{\partial}{\partial x} + k\frac{\partial}{\partial y} \right)^0 f(x, y) = f(x, y)$$

注 関数 $f(x, y)$ が C^n 級のときは，次の等式が示される．

$$\left(h\frac{\partial}{\partial x} + k\frac{\partial}{\partial y} \right)^n f(x, y) = \sum_{j=0}^{n} {}_n\mathrm{C}_j h^{n-j} k^j \frac{\partial^n}{\partial x^{n-j} \, \partial y^j} f(x, y)$$

このことは，数の場合によく知られている 2 項定理が，偏微分作用素についても成り立つことを示している．

4.3 全微分

全微分可能性　$f(x,y)$ の偏微分係数は，2 変数のうちの一方だけを変化させたときの $f(x,y)$ の変化に着目したものであった．以下では 2 変数が同時に変化したときの $f(x,y)$ の変化を考えよう．

関数 $z=f(x,y)$ は点 (a,b) の近傍で定義されているものとする．独立変数 x,y が微小量 h,k だけ変化したときの z の増分を $\Delta z = f(a+h,b+k) - f(a,b)$ とすると，Δz は h,k の関数と考えられる．このとき

$$\frac{\Delta z - Ah - Bk}{\sqrt{h^2 + k^2}} \to 0 \quad ((h,k) \to (0,0)) \tag{4.1}$$

となるような h,k に無関係な定数 A,B が存在するならば，関数 $f(x,y)$ は点 (a,b) において**全微分可能**（または単に**微分可能**）という．

注　2 変数関数 $\varepsilon(h,k)$ について，$h,k \to 0$ のとき $\varepsilon(h,k)/\sqrt{h^2+k^2} \to 0$ ならば

$$\varepsilon(h,k) = o(\sqrt{h^2+k^2})$$

（ランダウ（**Landau**）の記号）と書く．これは，$h,k \to 0$ のとき $\varepsilon(h,k)$ の 0 に近づく速さが $\sqrt{h^2+k^2}$ のそれより速いことを意味する．この記号を用いると，全微分可能性は次のように述べることができる．

関数 $f(x,y)$ が点 (a,b) において全微分可能であるとは，

$$f(a+h,b+k) - f(a,b) = Ah + Bk + o(\sqrt{h^2+k^2}) \tag{4.2}$$

となるような定数 A,B が存在することである．

このことは，$\varepsilon(h,k) = f(a+h,b+k) - f(a,b) - Ah - Bk$ とするとき，$\varepsilon(h,k) = o(\sqrt{h^2+k^2})$ を意味する．

> **定理 7**　関数 $z=f(x,y)$ が点 (a,b) で全微分可能ならば，この点で $f(x,y)$ は連続かつ偏微分可能で，(4.1) の $A = f_x(a,b), B = f_y(a,b)$.

証明　(4.2) より $\Delta z = f(a+h,b+k) - f(a,b) \to 0 \ ((h,k) \to (0,0))$ となり，$f(x,y)$ は (a,b) で連続である．また，(4.1) で $k=0, h \to 0$ とすることによって $A = f_x(a,b)$ を得る．同様にして，$B = f_y(a,b)$ となる．　∎

系 関数 $z = f(x, y)$ が点 (a, b) で偏微分可能のとき，その点で全微分可能なるための必要十分条件は次式が成り立つことである．

$$\varepsilon(h, k) = f(a+h, b+k) - f(a, b) - f_x(a, b)h - f_y(a, b)k$$
$$= o(\sqrt{h^2 + k^2})$$

例12 $f(x, y) = x^2 + xy + y^2$ が原点 $(0, 0)$ で全微分可能であることを示そう．$f(0, 0) = f_x(0, 0) = f_y(0, 0) = 0$ だから，$\varepsilon(h, k) = f(0+h, 0+k) - f(0, 0) - f_x(0, 0)h - f_y(0, 0)k = h^2 + hk + k^2$．よって，例題1(1)の結果を用いると，次式のようになり，$f(x, y)$ は原点 $(0, 0)$ で全微分可能である．

$$\frac{\varepsilon(h, k)}{\sqrt{h^2 + k^2}} = \frac{h^2 + hk + k^2}{\sqrt{h^2 + k^2}} = \sqrt{h^2 + k^2} + \frac{hk}{\sqrt{h^2 + k^2}} \to 0$$
$$((h, k) \to (0, 0))$$

例題4

$f(x, y) = \sqrt{|xy|}$ は原点 $(0, 0)$ で連続かつ偏微分可能であるが，全微分可能でないことを示せ．

【解答】 $f(x, y)$ が原点 $(0, 0)$ で連続なことは明らか．また，すべての x, y について $f(x, 0) = f(0, y) = 0$ であるから，$f_x(0, 0) = f_y(0, 0) = 0$ であることが分かる．他方，$f(x, y)$ が $(0, 0)$ で全微分可能であるということは

$$\varepsilon(h, k) = f(0+h, k+0) - f(0, 0) - 0 \cdot h - 0 \cdot k = \sqrt{|hk|}$$

とおくとき，$\varepsilon(h, k)/\sqrt{h^2 + k^2} \to 0 \ ((h, k) \to (0, 0))$ ということだが，これは明らかに成り立たない．このことは，$k = h$, $(h, k) \to (0, 0)$ とすれば分かる．つまり，$f(x, y)$ は $(0, 0)$ で全微分可能ではない．

注 このことから定理7の逆は成り立たないことが分かる．すなわち，連続かつ偏微分可能なることは，全微分可能なるための必要条件であるが十分条件でない．

問13 $f(x, y) = \sqrt{|xy|}$ のとき，$f_x(x, y)$ は原点 $(0, 0)$ で連続でないことを示せ．

定理 8 関数 $z = f(x, y)$ が点 (a, b) の近傍で偏微分可能で, $f_x(x, y)$, $f_y(x, y)$ が点 (a, b) で連続ならば, $f(x, y)$ は (a, b) で全微分可能である.

証明 1変数関数についての平均値の定理を用いて
$$f(a + h, b + k) - f(a, b)$$
$$= \{f(a + h, b + k) - f(a, b + k)\} + \{f(a, b + k) - f(a, b)\}$$
$$= h f_x(a + \theta_1 h, b + k) + k f_y(a, b + \theta_2 k) \quad (0 < \theta_1, \theta_2 < 1)$$
となる θ_1, θ_2 が存在する. ここで $A = f_x(a, b), B = f_y(a, b)$ とおくと
$$|f(a + h, b + k) - f(a, b) - Ah - Bk|$$
$$= |h(f_x(a + \theta_1 h, b + k) - A) + k(f_y(a, b + \theta_2 k) - B)|$$
$$\leqq |h||f_x(a + \theta_1 h, b + k) - A| + |k||f_y(a, b + \theta_2 k) - B|$$
$$\leqq \sqrt{h^2 + k^2}(|f_x(a + \theta_1 h, b + k) - A| + |f_y(a, b + \theta_2 k) - B|)$$
ここで, f_x, f_y は点 (a, b) で連続であるから, 不等式の両辺を $\sqrt{h^2 + k^2}$ で割って $(h, k) \to (0, 0)$ とすると
$$|f(a + h, b + k) - f(a, b) - Ah - Bk|/\sqrt{h^2 + k^2} \to 0$$
となり, $f(x, y)$ は (a, b) で全微分可能であることが分かる. ∎

関数 $z = f(x, y)$ の定義域を D とし, D の各点で全微分可能ならば, $f(x, y)$ は **D で全微分可能** (または単に**微分可能**) という.

系
(1) 関数 $f(x, y)$ が領域 D で C^1 級ならば, $f(x, y)$ は D で全微分可能.
(2) 関数 $f(x, y)$ が領域 D で n 回偏微分可能 ($n \geqq 1$) で, n 次偏導関数がすべて D で連続ならば, $f(x, y)$ は D で C^n 級である.

証明 (1) は定理 8 より明らかである. (2) については, $f(x, y)$ の n 次偏導関数がすべて D で連続ならば, 定理 8 より $f(x, y)$ の $(n-1)$ 次偏導関数はす

4.3 全微分

べて D で全微分可能となる．よって定理 7 より $f(x,y)$ の $(n-1)$ 次偏導関数はすべて D で連続となる．同様にして，$f(x,y)$ の n 次以下の偏導関数はすべて D で連続であることが分かる．すなわち，$f(x,y)$ は D で C^n 級である．∎

全微分可能について分かったことを図示すると

$$C^1 \text{級} \Rightarrow \text{全微分可能} \Rightarrow \text{連続かつ偏微分可能}$$

注 通常の関数についても，それが全微分可能かどうかを定義にしたがって検証することは容易ではないが，C^1 級であることは容易に分かる．また，上図の関係について，逆向きの矢印は成立しない（2 番目について逆向きの矢印が成立しないことは例題 4 を，1 番目について逆向きの矢印が成立しないことは章末の演習問題 4-A の 6 を参照せよ）．

全微分 関数 $z = f(x,y)$ が全微分可能ならば，定理 7 の系より

$$\Delta z = f(x+\Delta x, y+\Delta y) - f(x,y)$$
$$= f_x(x,y)\Delta x + f_y(x,y)\Delta y + o(\sqrt{(\Delta x)^2 + (\Delta y)^2})$$

が成り立つ．このとき，上式の右辺の主要部 $f_x(x,y)\Delta x + f_y(x,y)\Delta y$ を $z = f(x,y)$ の**全微分**といい，dz または df で表す．すなわち

$$dz = df = f_x(x,y)\Delta x + f_y(x,y)\Delta y.$$

この dz を z の増分 Δz の近似値と考えれば，$o(\sqrt{(\Delta x)^2 + (\Delta y)^2})$ はその誤差である．ここで特に，関数 $z = x$ の全微分は $dz = dx = \Delta x$，同様に関数 $z = y$ の全微分は $dz = dy = \Delta y$ であるから，次のように表すことができる．

$$dz = df = f_x(x,y)dx + f_y(x,y)dy$$

例13 $z = x^3 + xy + y^3$ の全微分を求めると，$z_x = 3x^2 + y$，$z_y = x + 3y^2$ より，$dz = (3x^2 + y)dx + (x + 3y^2)dy$．∎

問 14 次の関数の全微分 dz を求めよ．
(1) $z = x\cos y$ (2) $z = \log(x^2 + y^2)$ (3) $z = e^{xy}$

問 15 $f(x,y)$, $g(x,y)$ が全微分可能ならば，次式が成り立つことを示せ．
(1) $d(\alpha f + \beta g) = \alpha\, df + \beta\, dg$ (α, β は実数)
(2) $d(fg) = g\, df + f\, dg$

接平面　1 変数関数 $y = f(x)$ に対し，微分係数 $f'(a)$ は曲線 $y = f(x)$ 上の点 $(a, f(a))$ における接線 $y = f'(a)(x - a) + f(a)$ の傾きを表していた．ここでは，2 変数関数 $z = f(x, y)$ の偏微分係数と曲面 $z = f(x, y)$ の接平面との関係について考える．曲面 $z = f(x, y)$ 上の点 A を通る平面 π について，曲面上の点 P から平面 π におろした垂線の足を H，AP と AH のなす角を θ とするとき，$\theta \to 0$ （P $\to$ A）ならば，π を点 A におけるこの曲面の**接平面**という（下図左）．

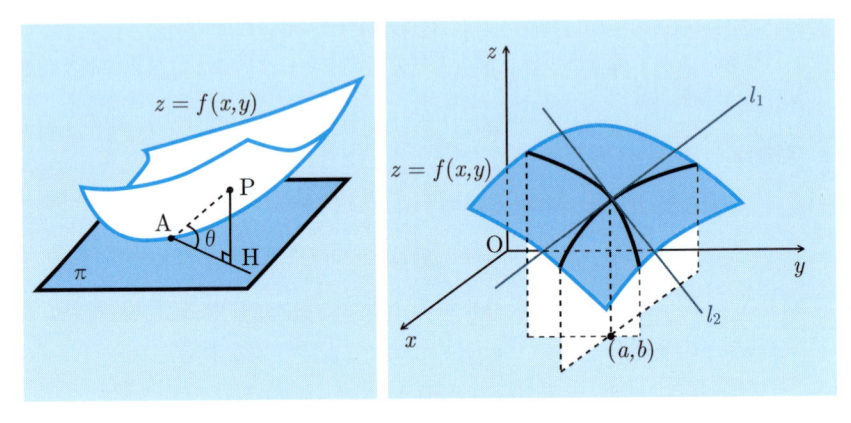

ここで偏微分係数の定義を思い起こしてみよう．関数 $z = f(x, y)$ が点 (a, b) において偏微分可能なとき，曲面 $z = f(x, y)$ を平面 $y = b$ で切って得られる曲線上の点 $(a, b, f(a, b))$ における接線 l_1 の傾きが $f_x(a, b)$ である．同様に，曲面 $z = f(x, y)$ を平面 $x = a$ で切って得られる曲線上の点 $(a, b, f(a, b))$ における接線 l_2 の傾きが $f_y(a, b)$ である（上図右）．このとき接線の方程式は

$$l_1 : \quad y = b, \quad z = f_x(a, b)(x - a) + f(a, b)$$
$$l_2 : \quad x = a, \quad z = f_y(a, b)(y - b) + f(a, b)$$

となる．このことから，曲面 $z = f(x, y)$ 上の点 $\mathrm{A}(a, b, f(a, b))$ における接平面 π が存在するとき，その方程式は次のようにして求めることができる．接平面の定義から，点 A を通り z 軸に平行な任意の平面と曲面 $z = f(x, y)$，平面 π との交わり（切り口）を，それぞれ C, l で表すとき，直線 l は点 A に

おける曲線 C の接線であることが分かる．したがって，接平面 π は 2 つの接線 l_1, l_2 を含まなければならない．よって，π の方程式は

$$z = f_x(a,b)(x-a) + f_y(a,b)(y-b) + f(a,b) \tag{4.3}$$

と表されることが分かる．

問 16 (4.3) の方程式で表される平面が 2 直線 l_1, l_2 を含むことを示せ．

注 高等学校では座標空間内の平面と直線の方程式はベクトルを用いて表示されたが，ここでそれらを座標を用いて表す方法について簡単に説明しよう．平面 π は点 $A(x_1, y_1, z_1)$ を通り，ベクトル $\boldsymbol{n} = (a, b, c)$ に垂直とする．このとき π 上の任意の点 $P(x, y, z)$ に対し，ベクトル $\overrightarrow{AP} = (x-x_1, y-y_1, z-z_1)$ とベクトル $\boldsymbol{n} = (a, b, c)$ は直交するから

$$a(x-x_1) + b(y-y_1) + c(z-z_1) = 0 \tag{4.4}$$

となる．これが**平面 π の方程式**である．この場合，ベクトル $\boldsymbol{n}$ をこの平面の**法線ベクトル**という．また，点 $A(x_1, y_1, z_1)$ を通りベクトル $\boldsymbol{n} = (a, b, c)$ に平行な直線を l とすると，l 上の任意の点 $P(x, y, z)$ に対し，ベクトル $\overrightarrow{AP} = (x-x_1, y-y_1, z-z_1)$ とベクトル $\boldsymbol{n} = (a, b, c)$ は平行だから，適当な実数 t を用いて

$$\overrightarrow{AP} = t\boldsymbol{n}$$

と表せる．これを成分を用いて表せば，

$$x - x_1 = ta, \quad y - y_1 = tb, \quad z - z_1 = tc$$

となるから，$a \neq 0, b \neq 0, c \neq 0$ のときは t を消去して

$$\frac{x-x_1}{a} = \frac{y-y_1}{b} = \frac{z-z_1}{c} \tag{4.5}$$

となる．これが**直線 l の方程式**である．(4.5) は $abc \neq 0$ のときのみ意味をもつが，例えば，$a = 0$ のときは (4.5) は

$$x - x_1 = 0, \quad \frac{y-y_1}{b} = \frac{z-z_1}{c}$$

を意味するものと解釈（$b = 0$ や $c = 0$ のときも同様に解釈）すれば，すべての直線の方程式は (4.5) で表せることになる．

曲面 $z = f(x, y)$ 上の点 $A(a, b, f(a, b))$ において接平面 π が存在するとき，その平面の方程式は (4.3) で表されることが分かった．このとき，点 A を通り接平面 π に垂直な直線をこの曲面の点 A における**法線**という．

> **定理 9（接平面の存在）** 関数 $z = f(x, y)$ が点 (a, b) で全微分可能ならば，曲面 $z = f(x, y)$ 上の点 $(a, b, f(a, b))$ において接平面と法線が存在し，その方程式は次のように与えられる．
>
> 接平面： $z - f(a, b) = f_x(a, b)(x - a) + f_y(a, b)(y - b)$
>
> 法　線： $\dfrac{x - a}{f_x(a, b)} = \dfrac{y - b}{f_y(a, b)} = \dfrac{z - f(a, b)}{-1}$

証明 $z - f(a, b) = f_x(a, b)(x - a) + f_y(a, b)(y - b)$ で表される平面を π とすると，π は曲面 $z = f(x, y)$ 上の点 $A(a, b, f(a, b))$ を通る．π が接平面であることを示すために，曲面 $z = f(x, y)$ 上の点 $P(a+h, b+k, f(a+h, b+k))$ をとり，点 P から xy 平面におろした垂線と π との交点を Q，点 P から π におろした垂線の足を H，AP と AH なす角を θ とする（下図）．

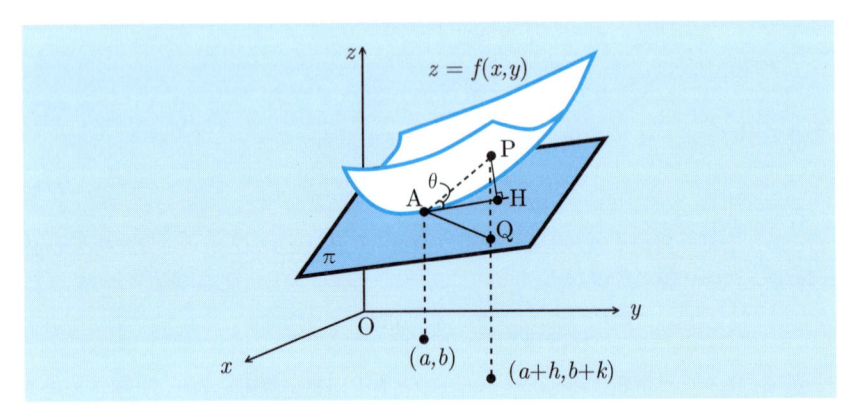

このとき，点 Q の座標は $(a+h, b+k, f_x(a, b)h + f_y(a, b)k + f(a, b))$ であり，関数 $f(x, y)$ は点 (a, b) で全微分可能だから

$$\varepsilon(h, k) = PQ = |f(a+h, b+k) - f_x(a, b)h - f_y(a, b)k - f(a, b)|$$

とおくと，$\varepsilon(h,k)=o(\sqrt{h^2+k^2})$ である．ここで，PH≦PQ，PA≧$\sqrt{h^2+k^2}$ に注意すると，$0 \leq \sin\theta = \dfrac{PH}{PA} \leq \dfrac{\varepsilon(h,k)}{\sqrt{h^2+k^2}} \to 0 \ (h,k \to 0)$.

よって $\theta \to 0$（P→A）となり，平面 π は点 A$(a,b,f(a,b))$ における曲面 $z=f(x,y)$ の接平面である．他方，法線については定義より明らかである． ■

注 関数 $f(x,y)$ が領域 D で C^1 級のとき，曲面 $z=f(x,y)$ を $\boldsymbol{C^1}$ **級の曲面**という．C^1 級の関数は全微分可能だから，C^1 級曲面 $z=f(x,y)$ では曲面上のすべての点で接平面が存在することになる．

例題 5

次の曲面の与えられた点における接平面と法線の方程式を求めよ．
(1) $z = x^2 + y^2$ $(1,1,2)$ (2) $z = \sqrt{1-x^2-y^2}$ (a,b,c)

【解 答】(1) $f(x,y) = x^2+y^2$ とおくと，$f_x(x,y)=2x, f_y(x,y)=2y$ だから $f_x(1,1)=2, f_y(1,1)=2$ となる．よって，接平面の方程式は
$$z-2 = 2(x-1) + 2(y-1) \quad \text{すなわち} \quad 2x+2y-z=2$$
法線の方程式は，$\dfrac{x-1}{2} = \dfrac{y-1}{2} = \dfrac{z-2}{-1}$.

(2) $f(x,y) = \sqrt{1-x^2-y^2}$ とおくと，
$$f_x = \dfrac{-x}{\sqrt{1-x^2-y^2}}, \quad f_y = \dfrac{-y}{\sqrt{1-x^2-y^2}}$$
だから $f_x(a,b)=-a/c, f_y(a,b)=-b/c$ となる．よって，接平面の方程式は
$$z-c = -\dfrac{a(x-a)}{c} - \dfrac{b(y-b)}{c} \quad \text{すなわち} \quad ax+by+cz=1.$$
法線の方程式は
$$\dfrac{x-a}{a} = \dfrac{y-b}{b} = \dfrac{z-c}{c} \quad \text{すなわち} \quad \dfrac{x}{a} = \dfrac{y}{b} = \dfrac{z}{c}. \quad ■$$

問 17 次の曲面の与えられた点における接平面と法線の方程式を求めよ．
(1) $z = x^2 - y^2$ $(1,1,0)$ (2) $z = \log(x^2+y^2)$ $(1,1,\log 2)$

4.4 合成関数の微分とテイラーの定理

1 変数関数についての合成関数の微分公式およびテイラーの定理を 2 変数関数の場合に拡張する．

合成関数の微分　　2 変数関数についての全微分可能の概念は，偏微分可能の概念よりも多くの点で，1 変数関数の微分可能性と同等の性質をもつ．前節で，そのいくつかの性質を述べたが，他の重要な例として次の定理を示す．

> **定理 10**　（合成関数の微分公式）　関数 $z = f(x, y)$ が全微分可能で，$x = \varphi(t)$，$y = \psi(t)$ が t について微分可能ならば，合成関数 $z = f(\varphi(t), \psi(t))$ は t について微分可能で，次式が成り立つ．
> $$\frac{dz}{dt} = \frac{\partial z}{\partial x}\frac{dx}{dt} + \frac{\partial z}{\partial y}\frac{dy}{dt}$$

証明　$z = f(x, y)$ は全微分可能だから，点 (x, y) を固定して
$$f(x+h, y+k) - f(x, y) = f_x(x, y)h + f_y(x, y)k + \varepsilon(h, k) \tag{4.6}$$
とおくとき，$\varepsilon(h, k) = o(\sqrt{h^2 + k^2})$ である．t の増分 Δt に対応する x, y, z の増分を $\Delta x, \Delta y, \Delta z$ で表すと
$$\Delta x = \varphi(t + \Delta t) - \varphi(t), \quad \Delta y = \psi(t + \Delta t) - \psi(t)$$
$$\Delta z = f(\varphi(t + \Delta t), \psi(t + \Delta t)) - f(\varphi(t), \psi(t))$$
である．これと (4.6) から
$$\frac{\Delta z}{\Delta t} = f_x(x, y)\frac{\Delta x}{\Delta t} + f_y(x, y)\frac{\Delta y}{\Delta t} + \frac{\varepsilon(\Delta x, \Delta y)}{\Delta t} \tag{4.7}$$
他方，$\Delta t \to 0$ のとき，$\Delta x \to 0$，$\Delta y \to 0$ であり
$$\left|\frac{\varepsilon(\Delta x, \Delta y)}{\Delta t}\right| = \left|\frac{\varepsilon(\Delta x, \Delta y)}{\sqrt{(\Delta x)^2 + (\Delta y)^2}}\right|\left|\sqrt{\left(\frac{\Delta x}{\Delta t}\right)^2 + \left(\frac{\Delta y}{\Delta t}\right)^2}\right|$$
$$\to 0 \cdot \sqrt{\left(\frac{dx}{dt}\right)^2 + \left(\frac{dy}{dt}\right)^2} = 0$$

4.4 合成関数の微分とテイラーの定理

これと (4.7) から定理が成り立つことが分かる. ■

注 関数 $z = f(x,y)$ が C^1 級のとき,定理 8 の系により $f(x,y)$ は全微分可能である.したがって,$f(x,y)$ には定理 10 が適用できる.さらに,関数 $f(x,y)$ が C^n 級のときは,$0 \leqq m < n$ であるすべての m について,$f(x,y)$ の m 次偏導関数は全微分可能であるから,すべての m 次偏導関数について定理 10 が適用できる.

例14 関数 $z = f(x,y)$ は C^n 級とする.a, b, h, k を定数とし,$x = a + ht$, $y = b + kt$ とおく.定理 10 より

$$\frac{dz}{dt} = \frac{\partial z}{\partial x}\frac{dx}{dt} + \frac{\partial z}{\partial y}\frac{dy}{dt} = h\frac{\partial z}{\partial x} + k\frac{\partial z}{\partial y} = \left(h\frac{\partial}{\partial x} + k\frac{\partial}{\partial y}\right)z$$

さらに

$$\frac{d^2 z}{dt^2} = \frac{d}{dt}\left(h\frac{\partial z}{\partial x} + k\frac{\partial z}{\partial y}\right) = h\frac{d}{dt}z_x + k\frac{d}{dt}z_y$$

$$= h\left(h\frac{\partial}{\partial x} + k\frac{\partial}{\partial y}\right)z_x + k\left(h\frac{\partial}{\partial x} + k\frac{\partial}{\partial y}\right)z_y$$

$$= h^2 \frac{\partial^2}{\partial x^2}z + 2hk\frac{\partial^2}{\partial x \partial y}z + k^2\frac{\partial^2}{\partial y^2}z = \left(h\frac{\partial}{\partial x} + k\frac{\partial}{\partial y}\right)^2 z$$

同様にして,$0 \leqq m \leqq n$ であるすべての m について

$$\frac{d^m z}{dt^m} = \left(h\frac{\partial}{\partial x} + k\frac{\partial}{\partial y}\right)^m z \tag{4.8}$$

が成り立つことが分かる. ■

注 (4.8) の表現については,4.2 節の偏微分作用素のところを参照.また,この等式の厳密な証明は数学的帰納法によってなされる.

問 18 数学的帰納法を用いて,(4.8) が成り立つことを証明せよ.

問 19 $z = x^3 + y^3$, $x = \cos t$, $y = \sin t$ のとき,定理 10 を用いて dz/dt を求めよ.

定理 11 関数 $z = f(x,y)$ が全微分可能で，$x = \varphi(u,v)$, $y = \psi(u,v)$ が偏微分可能ならば，合成関数

$$z = f(\varphi(u,v), \psi(u,v))$$

は偏微分可能で，次式が成り立つ．

$$\frac{\partial z}{\partial u} = \frac{\partial z}{\partial x}\frac{\partial x}{\partial u} + \frac{\partial z}{\partial y}\frac{\partial y}{\partial u}$$

$$\frac{\partial z}{\partial v} = \frac{\partial z}{\partial x}\frac{\partial x}{\partial v} + \frac{\partial z}{\partial y}\frac{\partial y}{\partial v}$$

証明 z を u で偏微分するということは，v を定数とみて u で微分することであるから，定理 10 に帰着できる．z を v で偏微分する場合も同様である． ■

例15 関数 $z = f(x,y)$ は全微分可能とする．$x = r\cos\theta$, $y = r\sin\theta$ とおくとき，次式が成り立つ．

$$\frac{\partial z}{\partial r} = \frac{\partial z}{\partial x}\frac{\partial x}{\partial r} + \frac{\partial z}{\partial y}\frac{\partial y}{\partial r} = \frac{\partial z}{\partial x}\cos\theta + \frac{\partial z}{\partial y}\sin\theta$$

$$\frac{\partial z}{\partial \theta} = \frac{\partial z}{\partial x}\frac{\partial x}{\partial \theta} + \frac{\partial z}{\partial y}\frac{\partial y}{\partial \theta} = \frac{\partial z}{\partial x}(-r\sin\theta) + \frac{\partial z}{\partial y}r\cos\theta \quad ■$$

問 20 $z = f(x,y)$ は全微分可能とし，$x = r\cos\theta$, $y = r\sin\theta$ とするとき，次のことを証明せよ．

(1) $y\dfrac{\partial z}{\partial x} - x\dfrac{\partial z}{\partial y} = 0$ ならば，$f(x,y)$ は r だけの関数である．

(2) $x\dfrac{\partial z}{\partial x} + y\dfrac{\partial z}{\partial y} = 0$ ならば，$f(x,y)$ は θ だけの関数である．

問 21 次の関係式より，z_u, z_v を求めよ．

(1) $z = \log(x^2 + y^2)$, $x = u - v$, $y = u + v$

(2) $z = e^{x+y}$, $x = \log(u+v)$, $y = \log(u-v)$

4.4 合成関数の微分とテイラーの定理

方向微分係数 関数 $z = f(x,y)$ は点 $A(a,b)$ の近傍で定義されているとする．$h^2 + k^2 = 1$ をみたす定数 h, k に対して，次の極限値

$$\lim_{t \to 0} \frac{f(a+ht, b+kt) - f(a,b)}{t} \tag{4.9}$$

が存在するならば，$f(x,y)$ は点 (a,b) において **(h, k) 方向に微分可能**であるといい，その極限値を (h, k) 方向の**方向微分係数**という．定義から明らかなように，$(1, 0)$ 方向の方向微分係数は，x についての偏微分係数 $f_x(a,b)$ であり，$(0, 1)$ 方向の方向微分係数は，y についての偏微分係数 $f_y(a,b)$ である．

注 方向微分係数の幾何学的な意味を考えよう．xy 平面上で，点 (a,b) を通りベクトル (h, k) に平行な直線を l とする．直線 l を含み z 軸に平行な平面によって，曲面 $z = f(x,y)$ を切ったときにできる切り口の曲線を C とするとき，$f(x,y)$ の (a,b) における方向微分係数は，曲線 C 上の点 $(a, b, f(a,b))$ における接線の傾きを表す．

問 22 $f(x,y) = \dfrac{xy^2}{x^2 + y^4}$ $((x,y) \neq (0,0))$, $f(0,0) = 0$ で定義される関数の原点 $(0,0)$ における (h, k) 方向の方向微分係数を求めよ．

例16 関数 $z = f(x,y)$ が点 (a,b) で全微分可能であれば，$h^2 + k^2 = 1$ をみたす任意の定数 h, k に対して，$f(x,y)$ は (a,b) において (h, k) 方向に微分可能であり，その方向微分係数は $hf_x(a,b) + kf_y(a,b)$ となることを示せ．

【解】 (4.9) の極限値は，t の関数 $f(a+ht, b+kt)$ の $t = 0$ における微分係数であることに注意しよう．$f(x,y)$ は (a,b) で全微分可能だから，定理 10 によって $z = f(a+ht, b+kt)$ は $t = 0$ で微分可能で，その微分係数は次式で与えられる．

$$\frac{dz}{dt} = hf_x(a,b) + kf_y(a,b) \tag{4.10}$$

これと方向微分係数の定義から，容易に結論が得られる． ■

注 $f(x,y)$ が任意の方向に微分可能であっても，全微分可能でなければ例 16 は成立しない．問 22 で定義される関数 $f(x,y)$ について，このことを確かめよ．

第4章 偏微分法

テイラーの定理　関数 $z=f(x,y)$ は C^n 級とする．a,b,h,k を定数とし，$x=a+ht$, $y=b+kt$, $F(t)=f(a+ht,b+kt)$ とおくと，$0 \leqq m \leqq n$ であるすべての m について $F(t)$ は m 回微分可能で

$$F^{(m)}(t) = \left(h\frac{\partial}{\partial x} + k\frac{\partial}{\partial y}\right)^m f(a+ht, b+kt) \tag{4.11}$$

が成り立つ（例14参照）．1変数関数 $F(t)$ にマクローリンの定理（2章定理12）を適用して

$$F(t) = \sum_{j=0}^{n-1} \frac{1}{j!} F^{(j)}(0) t^j + \frac{1}{n!} F^{(n)}(\theta t) t^n \quad (0 < \theta < 1)$$

となるような θ が存在する．ここで，$t=1$ とおいて (4.11) を用いると次の定理が得られる．

定理 12（テイラー（Taylor）の定理）　関数 $z=f(x,y)$ が領域 D で C^n 級で，D の2点 $(a,b), (a+h,b+k)$ を結ぶ線分が D に含まれるならば，

$$f(a+h, b+k) = \sum_{j=0}^{n-1} \frac{1}{j!} \left(h\frac{\partial}{\partial x} + k\frac{\partial}{\partial y}\right)^j f(a,b)$$
$$+ \frac{1}{n!}\left(h\frac{\partial}{\partial x} + k\frac{\partial}{\partial y}\right)^n f(a+\theta h, b+\theta k) \quad (0 < \theta < 1)$$

となるような θ が存在する．

この定理で $n=1$ のときを考えると，次の定理が得られる．

定理 13（平均値の定理）　関数 $z=f(x,y)$ が領域 D で C^1 級で，D の2点 $(a,b), (a+h,b+k)$ を結ぶ線分が D に含まれるならば，

$$f(a+h, b+k) - f(a,b) = \left(h\frac{\partial}{\partial x} + k\frac{\partial}{\partial y}\right) f(a+\theta h, b+\theta k)$$
$$(0 < \theta < 1)$$

となるような θ が存在する．

4.4 合成関数の微分とテイラーの定理

例17 $f(x,y)$ が領域 D で C^1 級で，D 上のすべての点 (x,y) で

$$f_x(x,y) = 0, \quad f_y(x,y) = 0$$

をみたしているとする．このとき平均値の定理より，D の2点 $(a,b), (c,d)$ を結ぶ線分が D に含まれるならば，$f(c,d) = f(a,b)$ となることが分かる．ところが D は領域だから，D の任意の点 (x,y) をとるとき，2点 $(a,b), (x,y)$ は D の点 $(x_1,y_1), (x_2,y_2), \cdots, (x_n,y_n)$ を経由する折れ線で結ばれるから

$$f(a,b) = f(x_1,y_1) = f(x_2,y_2) = \cdots = f(x_n,y_n) = f(x,y)$$

となる．$f(x,y) = f(a,b)$ がすべての (x,y) について成り立つので，$f(x,y)$ は D 上で定数関数であることが分かる． ∎

テイラーの定理で $a = b = 0, h = x, k = y$ とおくと次の定理が得られる．

定理 14 （マクローリン（**Maclaurin**）の定理） 関数 $z = f(x,y)$ が原点 $(0,0)$ と点 (x,y) を結ぶ線分を含む領域 D で C^n 級であれば，

$$f(x,y) = \sum_{j=0}^{n-1} \frac{1}{j!}\left(x\frac{\partial}{\partial x} + y\frac{\partial}{\partial y}\right)^j f(0,0)$$

$$+ \frac{1}{n!}\left(x\frac{\partial}{\partial x} + y\frac{\partial}{\partial y}\right)^n f(\theta x, \theta y) \quad (0 < \theta < 1) \quad (4.12)$$

となるような θ が存在する．

注 $f(x,y)$ が任意の n について C^n 級（このとき **C^∞級**という）とする．このとき (4.12) の右辺の最後の項を $R_n(x,y,\theta)$ とおく．点 (x,y) を固定して，$R_n(x,y,\theta) \to 0 \ (n \to \infty)$ が成り立つならば，$f(x,y)$ は

$$f(x,y) = \sum_{j=0}^{\infty} \frac{1}{j!}\left(x\frac{\partial}{\partial x} + y\frac{\partial}{\partial y}\right)^j f(0,0)$$

と無限級数で表される．この無限級数を $f(x,y)$ の**マクローリン展開**あるいは**マクローリン級数**という（級数については6章を参照せよ）．

陰関数　2変数 x,y の間に関係式 $F(x,y)=0$ が成り立っているとき，ある区間 I で定義された x の関数 $y=f(x)$ で，$F(x,f(x))=0$ をみたすものが存在するならば，$y=f(x)$ を $F(x,y)=0$ の定める**陰関数**という．

例18　$F(x,y)=2x-y$ のとき，$2x-y=0$ を y について解くと $y=2x$ となり，陰関数は $y=2x$ である．また，$F(x,y)=x^2+y^2-1$ のとき，$x^2+y^2-1=0$ を y について解くと $y=\sqrt{1-x^2}$ または $y=-\sqrt{1-x^2}$ $(-1\leqq x\leqq 1)$ となり，陰関数は $y=\sqrt{1-x^2}$, $y=-\sqrt{1-x^2}$ $(-1\leqq x\leqq 1)$ である． ∎

注　この例で示したように，ある範囲の x について $F(x,y)=0$ をみたす y を簡単に求めることができれば，それを $y=f(x)$ と定義することにより陰関数を求めることができる．この場合でも，$F(x,y)=0$ をみたす y が2つ以上あるときは，そのうちのどれを x に対応させるかが問題になる．例えば，$x^2+y^2-1=0$ の定める陰関数として，区間 $I=[-1,1]$ における x について

$$f(x)=\begin{cases}\sqrt{1-x^2} & (x \text{ が有理数のとき})\\ -\sqrt{1-x^2} & (x \text{ が無理数のとき})\end{cases}$$

で定義された関数も考えられる．このような性質のよくない関数を除外するために，陰関数の定義において連続性を仮定することがある．

定理 15（陰関数の存在定理）　関数 $F(x,y)$ は点 $A(a,b)$ を含むある領域で C^1 級とし，$F(a,b)=0$, $F_y(a,b)\neq 0$ とする．
このとき $x=a$ を含むある開区間 I で定義された C^1 級関数 $y=f(x)$ で

$$b=f(a), \quad F(x,f(x))=0 \quad (x\in I)$$

をみたすものがただ1つ存在する．このとき，次式が成り立つ．

$$f'(x)=-\frac{F_x(x,y)}{F_y(x,y)} \tag{4.13}$$

証明　$F_y(a,b)>0$ とする（$F_y(a,b)<0$ のときは，$-F(x,y)$ を考えればよい）．F_y は連続だから，点 $A(a,b)$ のある近傍 U において $F_y>0$ となる．ここで $\delta_1>0$ を適当にとり，$K=\{(x,y);|x-a|<\delta_1,|y-b|<\delta_1\}$ が U の

内部に含まれるようにすると（右図），K 上で $F_y > 0$ である．

$F(a,y)$ は y の関数として $(b-\delta_1, b+\delta_1)$ 上で狭義単調増加であり，$F(a,b) = 0$ だから $F(a,b-\delta_1) < 0 < F(a,b+\delta_1)$ となる．また，$F(x,y)$ は連続だから，十分小さな正数 $\delta \leqq \delta_1$ をとり，$|x-a| < \delta$ において $F(x, b-\delta_1) < 0 < F(x, b+\delta_1)$ であるようにできる．したがって，$|x-a| < \delta$ なる x を固定するとき，$F(x,y)$ は y の関数として狭義単調増加かつ連続だから，1 章定理 7（中間値の定理）により $F(x,y) = 0$ となる y が，$b-\delta_1 < y < b+\delta_1$ の範囲にちょうど 1 つ存在する．それを $y = f(x)$ とおけば，関数 $f(x)$ が区間 $I = (a-\delta, a+\delta)$ で定義され

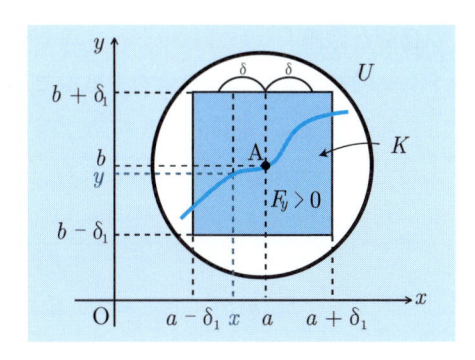

$$b = f(a), \quad F(x, f(x)) = 0 \quad (x \in I) \tag{4.14}$$

となる．この関数 $f(x)$ が C^1 級であることが示されるのであるが，ここではその証明は省略する．また，(4.14) をみたす連続関数 $f(x)$ がただ 1 つであることは明らかである．最後に，$F(x, f(x)) = 0 \ (x \in I)$ の両辺を x で微分すると，定理 10（合成関数の微分公式）より

$$F_x(x, f(x)) + F_y(x, f(x))f'(x) = 0$$

となるから (4.13) が成り立つ． ■

注 定理 15 では，$F_y(a,b) \neq 0$ と仮定したが，同様の考察から $F_x(a,b) \neq 0$ のときは，$y = b$ を含むある区間 I で定義された C^1 級関数 $x = g(y)$ がただ 1 つ存在して，$a = g(b), F(g(y), y) = 0 \ (y \in I)$ が成り立つ．

問 23 次の関係式で定まる陰関数 $y = f(x)$ に対し，dy/dx を求めよ．
  (1) $x^2 + xy - y^2 = 1$ (2) $x^3 - 3axy + y^3 = 0$
  (3) $e^x + e^y = e^{x+y}$

接線と法線　陰関数の存在定理を用いると、曲線 $F(x,y) = 0$ 上の点における接線と法線の方程式を求めることができる。関数 $F(x,y)$ は C^1 級とし、曲線 $F(x,y) = 0$ 上の点 (a,b) をとる。$F_y(a,b) \neq 0$ ならば、点 (a,b) における接線の傾きは $-F_x(a,b)/F_y(a,b)$ だから、接線の方程式は

$$y - b = -\frac{F_x(a,b)}{F_y(a,b)}(x - a)$$

同様にして、$F_x(a,b) \neq 0$ ならば、接線の方程式は

$$x - a = -\frac{F_y(a,b)}{F_x(a,b)}(y - b)$$

となる。これらをまとめると、$F_x(a,b) \neq 0$ または $F_y(a,b) \neq 0$ ならば、点 (a,b) における**接線の方程式**は

$$F_x(a,b)(x-a) + F_y(a,b)(y-b) = 0 \tag{4.15}$$

で与えられる。また、**法線の方程式**は次式で与えられる。

$$F_y(a,b)(x-a) - F_x(a,b)(y-b) = 0 \tag{4.16}$$

注　ここで接平面と接線の関係を調べてみよう。関数 $F(x,y)$ が C^1 級であれば、それは全微分可能だから、曲面 $z = F(x,y)$ 上の点 $(a, b, F(a,b))$ において接平面が存在し、その方程式は次式で与えられる（定理 9 参照）。

$$z - F(a,b) = F_x(a,b)(x-a) + F_y(a,b)(y-b) \tag{4.17}$$

ところで、曲線 $F(x,y) = 0$ は、曲面 $z = F(x,y)$ と xy 平面 ($z = 0$) との交わり（切り口）を表す。曲線 $F(x,y) = 0$ 上の点 (a,b) における接線は、曲面 $z = F(x,y)$ 上の点 $(a,b,0)$ における接平面と xy 平面 ($z = 0$) との交わりとして与えられるから、(4.17) に $z = 0, F(a,b) = 0$ を代入して接線の方程式 (4.15) が得られる（ただし、$F_x(a,b) = F_y(a,b) = 0$ のときは、xy 平面が接平面となっている）。このことから $F_x(a,b) \neq 0$ または $F_y(a,b) \neq 0$ ならば、曲線 $F(x,y) = 0$ 上の点 (a,b) における接線が存在することが分かる。したがって、定理 16 における陰関数が微分可能であることは明らかなのである。

問 24　次の曲線の与えられた点における接線と法線の方程式を求めよ。

(1)　$x^2 + y^2 = 1$　(a,b)　　(2)　$x^2 - y^2 = -1$　$(1, \sqrt{2})$

4.4 合成関数の微分とテイラーの定理

特異点　$F(x,y)$ が C^1 級のとき，$F(x,y)=0$ は一般になめらかな平面曲線を表す．曲線上の点 $\mathrm{A}(a,b)$ で，$F_y(a,b)\neq 0$ または $F_x(a,b)\neq 0$ ならば，点 A の近くでの曲線の形は C^1 級の関数によって $y=f(x)$ または $x=g(y)$ で表される．このような点を**正則点**といい，正則点においては曲線にただ 1 つの接線が引ける．これに対して，$F_x(a,b)=F_y(a,b)=0$ であるような曲線上の点 (a,b) を**特異点**という．ここでは特異点についての一般論は省略し，以下にその典型的な例を紹介するにとどめよう．

例19　曲線 $F(x,y)=x^2(x+a)-y^2=0$ の特異点を求めよ．さらに特異点の近くでの曲線の形状を調べよ．

【解】　$F(x,y)=0,\ F_x(x,y)=x(3x+2a)=0,\ F_y(x,y)=-2y=0$ の解を求めると $(x,y)=(0,0)$ となり，原点 $(0,0)$ が特異点である．

(1)　$a>0$ のとき，$y=\pm x\sqrt{x+a}$ となり原点では曲線が自分自身に交わっていて，原点では $y=x\sqrt{x+a}$ の接線 $y=\sqrt{a}\,x$ と $y=-x\sqrt{x+a}$ の接線 $y=-\sqrt{a}\,x$ の 2 本の接線が引ける．このような点を**結節点**という．

(2)　$a=0$ のとき，$y=\pm x\sqrt{x}\ (x\geq 0)$ となり原点で曲線が尖った形になっている．このような点を**尖点**という．

(3)　$a<0$ のとき，$x^2(x+a)=y^2\geq 0$ より，原点の近くでこれをみたす点は原点以外には存在しない．このような点を**孤立点**という．

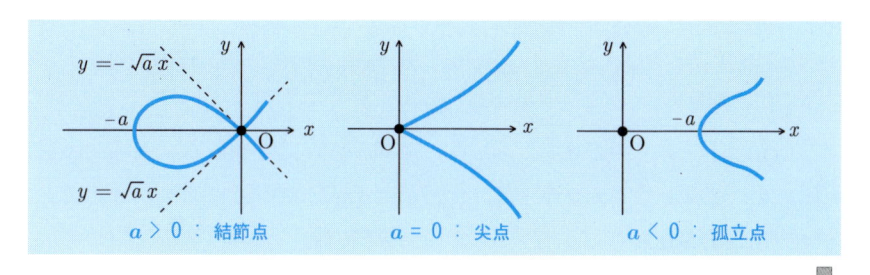

$a>0$：結節点　　$a=0$：尖点　　$a<0$：孤立点

問 25　次の曲線の特異点を求めよ．
(1)　$x(x+1)^2-y^2=0$　　(2)　$x^3-3axy+y^3=0$
(3)　$x^2+y^2-x^2y=0$

4.5 偏微分の応用

極値 関数 $f(x,y)$ が点 $A(a,b)$ の近傍で定義されているとする．点 A のある近傍があって，この近傍内の A 以外のすべての点 (x,y) に対して $f(x,y) < f(a,b)$ となるとき，$f(x,y)$ は (a,b) で**極大**になるといい，$f(a,b)$ を**極大値**という．不等号の向きを逆にすると，**極小**および**極小値**が定義される．極大値と極小値を合わせて**極値**といい，そのとき (a,b) を**極値点**という（不等号に等号も許した場合，**広義の極値**という）．

> **定理 16（極値の必要条件）** $f(x,y)$ が偏微分可能で，点 (a,b) で広義の極値をとるならば
> $$f_x(a,b) = f_y(a,b) = 0$$

証明 $F(x) = f(x,b)$ は x の関数として $x=a$ で広義の極値をとるので，$F'(a) = 0$，すなわち $f_x(a,b) = 0$ となる．同様に $f_y(a,b) = 0$ となる． ∎

注 この定理は極値をとる点 (a,b) の候補を探すのに役立つ．しかしながら，このような点がすべて極値点というわけではない．例えば，$f(x,y) = xy$ のとき，$f_x(0,0) = f_y(0,0) = 0$ であるが，明らかに $(0,0)$ は極値点ではない．

> **定理 17（極値の十分条件）** $f(x,y)$ は点 (a,b) の近傍で C^2 級で，$f_x(a,b) = f_y(a,b) = 0$ とする．
> $$A = f_{xx}(a,b), \quad B = f_{xy}(a,b), \quad C = f_{yy}(a,b), \quad D = B^2 - AC$$
> とおくとき，
> (1) $D<0$ で $A>0$ ならば，$f(x,y)$ は (a,b) で極小値 $f(a,b)$ をとる．
> (2) $D<0$ で $A<0$ ならば，$f(x,y)$ は (a,b) で極大値 $f(a,b)$ をとる．
> (3) $D>0$ ならば，$f(x,y)$ は (a,b) で極値をとらない．

証明 点 $(a+h, b+k)$ を点 (a,b) の近くにとり，$\Delta f = f(a+h, b+k) - f(a,b)$ とおく．$f_x(a,b) = f_y(a,b) = 0$ に注意して，定理 12（2 変数のテイラーの定理）を用いると（$n=2$ の場合），

4.5 偏微分の応用

$$\Delta f = \frac{1}{2}\{h^2 f_{xx}(a+\theta h, b+\theta k) + 2hk f_{xy}(a+\theta h, b+\theta k) + k^2 f_{yy}(a+\theta h, b+\theta k)\}$$

となる θ $(0 < \theta < 1)$ がある．ここで $E = f_{xx}(a+\theta h, b+\theta k)$, $F = f_{xy}(a+\theta h, b+\theta k)$, $G = f_{yy}(a+\theta h, b+\theta k)$ とおくと，

$$\Delta f = \frac{1}{2}(Eh^2 + 2Fhk + Gk^2) = \frac{1}{2E}\{(Eh+Fk)^2 + (EG-F^2)k^2\}$$

$(E \neq 0)$

(1) $D < 0$ で $A > 0$ ならば，$f(x,y)$ は C^2 級だから点 $(a+h, b+k)$ が点 (a,b) の近くにあるときは，$F^2 - EG < 0$ で $E > 0$．よって，$\Delta f > 0$ となり $f(a,b)$ は極小値である．

(2) $D < 0$ で $A < 0$ ならば，点 (a,b) の近くでは，$F^2 - EG < 0$ で $E < 0$．よって，$\Delta f < 0$ となり $f(a,b)$ は極大値である．

(3) $D > 0$ ならば，点 (a,b) の近くでは，$F^2 - EG > 0$ である．このとき Δf は正になることも負になることもあり，$f(a,b)$ は極値ではない． ∎

注 $D = 0$ ならば，$f(a,b)$ は極値になることもならないこともある．例えば，$f(x,y) = x^4 + y^4$ のとき，$(x,y) = (0,0)$ で $D = 0$ であるが，$f(0,0)$ は極小値である．また，$f(x,y) = x^3 + y^3$ のとき，$(x,y) = (0,0)$ で $D = 0$ であるが，$f(0,0)$ が極値でないことは明らかである．

例20 $f(x,y) = x^3 - 3xy + y^3$ の極値を求めよ．

【解】 $f_x = 3x^2 - 3y = 0$, $f_y = -3x + 3y^2 = 0$ を解いて，$(x,y) = (0,0)$ と $(1,1)$ である．$f_{xx} = 6x$, $f_{xy} = -3$, $f_{yy} = 6y$ より，
$(x,y) = (0,0)$ のとき，$D = (-3)^2 - 0 \cdot 0 = 9 > 0$ で，$f(0,0)$ は極値でない．
$(x,y) = (1,1)$ のとき，$D = (-3)^2 - 6 \cdot 6 = -27 < 0$ で $A = 6 > 0$ で，$f(1,1) = -1$ は極小値である． ∎

問 26 次の関数の極値を求めよ．
(1) $x^2 - xy + y^2 - 4x - y$ (2) $xy(2-x-y)$
(3) $xy(x^2+y^2+1)$ (4) $(x^2+y^2)e^{x-y}$
(5) $x^2 + 4xy + 2y^2 - 6x - 8y + 1$

第4章 偏微分法

陰関数の極値　$F(x,y)$ が C^1 級で，$F(x,y) = 0, F_y(x,y) \neq 0$ のとき，陰関数 $y = f(x)$ が定まる（陰関数の存在定理）．この関数の極値を求めるために，さらに $F(x,y)$ が C^2 級と仮定する．ある区間 I において $F(x, f(x)) = 0$ が成り立つので，両辺を x で微分すると合成関数の微分公式（定理10）により

$$F_x(x, f(x)) + F_y(x, f(x))f'(x) = 0 \tag{4.18}$$

が成り立つ．この式の両辺をさらに微分すると

$$(F_{xx}(x,y) + F_{xy}(x,y)f'(x))$$
$$+ \{(F_{yx}(x,y) + F_{yy}(x,y)f'(x))f'(x) + F_y(x,y)f''(x)\} = 0 \tag{4.19}$$

が成り立つ．ただし，$y = f(x)$ である．ここで，$y = f(x)$ が $x = a$ で極値 $b = f(a)$ をもつと仮定すると，$f'(a) = 0$ であるから (4.18), (4.19) より

$$F_x(a,b) = 0, \quad F_{xx}(a,b) + F_y(a,b)f''(a) = 0 \tag{4.20}$$

が成り立つ．このことから，陰関数の極値についての次の定理が得られる．

> **定理 18**（陰関数の極値）　$F(x,y)$ は C^2 級とする．$F_y(x,y) \neq 0$ のとき，$F(x,y) = 0$ で定まる陰関数 $y = f(x)$ が $x = a$ で極値 $b = f(a)$ をもつならば，
>
> $$F(a,b) = 0, \quad F_x(a,b) = 0$$
>
> が成り立つ（極値の必要条件）．さらに，
>
> $F_{xx}(a,b)/F_y(a,b) > 0$ ならば，$x = a$ で $y = f(x)$ は極大値 b をもち，
> $F_{xx}(a,b)/F_y(a,b) < 0$ ならば，$x = a$ で $y = f(x)$ は極小値 b をもつ．

証明　後半部分のみ示せばよい．$F_{xx}(a,b)/F_y(a,b) > 0$ ならば，(4.20) より

$$f''(a) = -F_{xx}(a,b)/F_y(a,b) < 0$$

だから，$y = f(x)$ は $x = a$ で極大値をもつ．極小値についても同様．　∎

注　陰関数 $y = f(x)$ の極値については，1変数関数の極値の問題に帰着されることになる．まず，$F(x,y) = 0, F_x(x,y) = 0$ をみたす $(x,y) = (a,b)$ を求める．こ

のとき，$F_y(a,b) \neq 0$ を確かめる．さらに，$x = a$ で $y = f(x)$ が極値をもつかどうかを定理 18 の後半部分の判定条件にあてはめて確かめればよい．

---例題 6---

$F(x,y) = x^4 + 3x^2 + y^3 - y = 0$ で定まる陰関数 $y = f(x)$ の極値を求めよ．

【解　答】　連立方程式

$$F(x,y) = x^4 + 3x^2 + y^3 - y = 0, \quad F_x(x,y) = 4x^3 + 6x = 0$$

を解くと

$$(x,y) = (0,0),\ (0,\pm 1)$$

となる．これらの点で $F_y = 3y^2 - 1 \neq 0$ である．$F_{xx} = 12x^2 + 6$ より

$$(x,y) = (0,0) \ \text{で} \ \frac{F_{xx}(0,0)}{F_y(0,0)} = -6 < 0$$

となり，$y = f(x)$ は $x = 0$ で極小値 $y = 0$ をもつ．同様に

$$(x,y) = (0,\pm 1) \ \text{で} \ \frac{F_{xx}(0,\pm 1)}{F_y(0,\pm 1)} = 3 > 0$$

となるから，$y = f(x)$ は $x = 0$ で極大値 $y = \pm 1$ をもつ（複号同順）．

なお，この陰関数 $y = f(x)$ をコンピュータにより図示してみよ．　■

問 27　次の関係式で定まる陰関数 $y = f(x)$ の極値を求めよ．
(1)　$x^2 - xy + y^2 - 3 = 0$
(2)　$xy(y - x) - 16 = 0$
(3)　$x^3 - 3xy + y^3 = 0$
　　　（右図）

$x^3 - 3xy + y^3 = 0$
（正葉線）

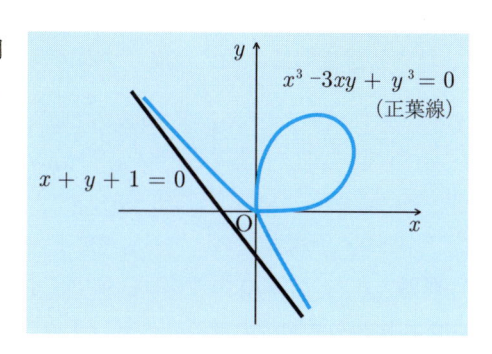

$x + y + 1 = 0$

第4章　偏微分法

条件付極値問題　変数 x と y が条件 $g(x,y) = 0$ を満たしながら動くとき，関数 $z = f(x,y)$ の極値を求めよう．$g(x,y)$ が C^1 級で $g_y(x,y) \neq 0$ ならば，$g(x,y) = 0$ から解いて陰関数 $y = \psi(x)$ が定まるから，$z = f(x,y) = f(x,\psi(x))$ の極値を求めればよい．$f(x,y)$ も C^1 級とすれば，$z = f(x,\psi(x))$ が $x = a$ で極値をとるためには

$$\frac{dz}{dx} = f_x(a,b) + f_y(a,b)\psi'(a) = 0 \quad (\text{ただし } b = \psi(a)) \qquad (4.21)$$

であることが必要である．また，陰関数の定義から $g(x,\psi(x)) = 0$ だから両辺を x で微分して $(x,y) = (a,b)$ とおくと

$$g_x(a,b) + g_y(a,b)\psi'(a) = 0 \qquad (4.22)$$

となる．(4.21), (4.22) より $\psi'(a)$ を消去して

$$f_x(a,b) - f_y(a,b)\frac{g_x(a,b)}{g_y(a,b)} = 0. \qquad (4.23)$$

そこで，$f_y(a,b)/g_y(a,b) = \lambda$ とおけば，(4.23) は $f_x(a,b) - \lambda g_x(a,b) = 0$, λ の定義式は $f_y(a,b) - \lambda g_y(a,b) = 0$ である．さらに，$g(a,b) = 0$ は当然成り立つから次の定理が得られる．

定理 19（ラグランジュの乗数法）　$f(x,y), g(x,y)$ は C^1 級とする．条件 $g(x,y) = 0$ のもとで関数 $z = f(x,y)$ が $(x,y) = (a,b)$ で極値をとり，$g_x(a,b)$ または $g_y(a,b)$ の少なくも一方が 0 でなければ，ある定数 λ が存在して，次式が成り立つ．

$$\begin{cases} f_x(a,b) - \lambda g_x(a,b) = 0 \\ f_y(a,b) - \lambda g_y(a,b) = 0 \\ g(a,b) = 0 \end{cases} \qquad (4.24)$$

証明　$g_y(a,b) \neq 0$ のときは，すでに示した．$g_x(a,b) \neq 0$ のときは，x と y をとりかえて同様の議論をすればよい．　■

4.5 偏微分の応用

注 曲線 $g(x,y)=0$ が特異点をもたないとき，(4.24) をみたす点 (a,b) を求めると，極値をとる点のすべての候補が求まる．他方，特異点をもつときは，(4.24) をみたす点 (a,b) 以外にも特異点を極値をとる点の候補に入れておく．ただし，これらの点で極値をとるかどうかについては，別に考察する必要がある．

例21 条件 $g(x,y) = x^2 + y^2 - 2 = 0$ のもとで，$f(x,y) = xy$ の極値を求めよ．

【解】 曲線 $g(x,y) = 0$ は特異点をもたないことに注意する．(4.24) により
$$y - 2\lambda x = 0, \quad x - 2\lambda y = 0, \quad x^2 + y^2 - 2 = 0$$
を解いて，極値をとる点 (x,y) のすべての候補を求めると，$(1,1)$, $(1,-1)$, $(-1,1)$, $(-1,-1)$ が得られる．このとき，$f(x,y)$ の値は
$$f(1,1) = 1, \quad f(1,-1) = -1, \quad f(-1,1) = -1, \quad f(-1,-1) = 1.$$
他方，集合 $G = \{(x,y); x^2+y^2-2 = 0\}$ は有界閉集合で，$f(x,y)$ は連続だから G 上で最大値および最小値をとる（定理4）．最大値は極大値であり，最小値は極小値だから，これらは上記の候補に含まれており，最大値は1で，最小値は -1 であることが分かる．よって $f(x,y)$ は $(1,1)$ および $(-1,-1)$ で極大値（最大値）1, $(1,-1)$ および $(-1,1)$ で極小値（最小値）-1 をとる． ■

問28 集合 $G = \{(x,y); x^2+y^2-2 = 0\}$ は有界閉集合であることを示せ．

例22 条件 $g(x,y) = x^3 - y^2 = 0$ のもとで，$f(x,y) = (x+1)^2 + y^2$ の極値を求めよ．

【解】 (4.24) をみたす点 (a,b) は存在しないことに注意する．曲線 $g(x,y)=0$ の特異点は $(0,0)$ のみだから，極値をとる点の候補は $(0,0)$ のみ．ところで $x^3 = y^2 \geqq 0$ より $x \geqq 0$ となり，$(x,y) \neq (0,0)$ ならば $f(x,y) = (x+1)^2 + y^2 > 1 = f(0,0)$．よって $f(x,y)$ は $(0,0)$ で極小値（最小値）1 をとる． ■

問29 例22の関数 $f(x,y), g(x,y)$ について，(4.24) をみたす λ は存在しないことを確かめよ．

問30 次の条件付極値問題を解け．
(1) $x^2 + y^2 - 8 = 0$ のとき，$x + y$ の極値を求めよ．
(2) $xy - 1 = 0$ のとき，$x^2 + y^2$ の極値を求めよ．

演習問題 4-A

1. 次の極限値を求めよ．

   (1) $\displaystyle\lim_{(x,y)\to(0,0)} \frac{x^2-y^2}{x^2+y^2}$ (2) $\displaystyle\lim_{(x,y)\to(0,0)} \frac{x^2 y^2}{x^2+y^4}$

2. 次の関数 $f(x,y)$ の連続性を調べよ．

   $$f(x,y) = \frac{\sin xy}{xy} \quad (xy \neq 0), \quad f(x,y) = 1 \quad (xy = 0)$$

3. 次の関数を偏微分せよ．

   (1) $z = \sin(x^2+y^2)$ (2) $z = \sin^{-1} xy$
   (3) $z = e^{xy} \tan^{-1} y$ (4) $z = xy \log(2x+y)$

4. 次の関数 $f(x,y)$ は調和か否か（すなわち $f_{xx}+f_{yy}=0$ か否か）を調べよ．

   (1) $xy(x^2-y^2)$ (2) $e^x(\sin y + \cos y)$
   (3) $\tan^{-1} xy$ (4) $\dfrac{xy}{x^2+y^2}$

5. $f(x,y) = e^{|x|+|y|}$ は原点 $(0,0)$ で連続であるが偏微分可能でないことを示せ．

6. $f(x,y) = xy \sin \dfrac{1}{\sqrt{x^2+y^2}}$ $((x,y) \neq (0,0))$, $f(x,y)=0$ $((x,y)=(0,0))$
   で定義される関数について，以下の問いに答えよ．

   (1) $f_x(0,0), f_y(0,0)$ を求めよ．
   (2) $f(x,y)$ は $(0,0)$ で全微分可能であることを示せ．
   (3) $f_x(x,y)$ $((x,y) \neq (0,0))$ を求め，$f_x(x,y)$ は $(0,0)$ で不連続であることを示せ（このことから $f(x,y)$ は C^1 級でないことが分かる）．

7. 次の曲面の与えられた点における接平面と法線の方程式を求めよ．

   (1) $z = xy$ $(1,1,1)$ (2) $z = e^{2x-3y}$ $(0,0,1)$
   (3) $z = ax^2+by^2$ $(1,1,a+b)$

8. $z = f(t)$ が C^1 級のとき，次のことを示せ．

   (1) $t = x^2+y^2$ とするとき，$yz_x = xz_y$ が成り立つ．
   (2) $t = ax+by$ とするとき，$bz_x = az_y$ が成り立つ．
   (3) $t = x/y$ とするとき，$xz_x + yz_y = 0$ が成り立つ．

9. 次の曲線の与えられた点における接線と法線の方程式を求めよ．

   (1) $x^2-xy+y^2=1$ $(1,0)$ (2) $x-y^2 e^x = 0$ $(4, 2/e^2)$

10. 次の関数のマクローリン展開を 3 次の項まで求めよ．

    (1) $e^x \log(1+y)$ (2) $\sin(x+y)$ (3) $\cos(x+y)$

11. 次の関係式で定まる陰関数 $y=f(x)$ に対し，dy/dx, d^2y/dx^2 を求めよ．
  (1) $x^2+xy+y^2=1$ 　　(2) $x^3+x^2-y^2=0$
  (3) $x^3-3xy+y^3=0$

12. 次の曲線の特異点を求めよ．
  (1) $x^3-3x+y^2=0$ 　　(2) $y^2-2x^2y+x^4-x^5=0$
  (3) $x^3-3axy-y^3=0$

13. 次の関数の極値を求めよ．
  (1) $x^3-3x^2-4y^2$ 　　(2) $x^3-9xy+y^3+1$
  (3) $e^{-x^2-y^2}(ax^2+by^2)$ 　$(a>b>0)$

14. 次の関係式で定まる陰関数 $y=f(x)$ の極値を求めよ．
  (1) $x^4-4xy+3y^2=0$ 　　(2) $x^3-xy-y^2=0$
  (3) $x^4-2y^3-2x^2-3y^2+1=0$

15. 次の条件付極値問題を解け．
  (1) $x^2+xy+y^2=1$ のとき，xy の極値を求めよ．
  (2) $x^3-6xy+y^3=0$ のとき，x^2+y^2 の極値を求めよ．

16. 点 (x_0,y_0) から直線 $ax+by+c=0$ までの最短距離を条件付極値問題の方法で求めよ．

演習問題 4-B

1. C^2 級関数 $z=f(x,y)$ に対し，$x=r\cos\theta$, $y=r\sin\theta$ とするとき，次式が成り立つことを示せ．
$$\left(\frac{\partial z}{\partial x}\right)^2+\left(\frac{\partial z}{\partial y}\right)^2=\left(\frac{\partial z}{\partial r}\right)^2+\frac{1}{r^2}\left(\frac{\partial z}{\partial \theta}\right)^2$$

2. $f(x,y)$ がすべての実数 t に対して $f(tx,ty)=t^nf(x,y)$ を満たし（**n 次同次関数**という），全微分可能ならば，次式が成り立つことを示せ．
$$x\frac{\partial f}{\partial x}+y\frac{\partial f}{\partial y}=nf$$

3. $f(x,y)=x^3+y$, $g(x,y)=x^2-\dfrac{y^2}{4}-1$ とするとき，次の問いに答えよ．
  (1) $g(x,y)=0$ で定まる陰関数を $y=\psi(x)$ とし，$h(x)=f(x,\psi(x))$ とするとき，$h''(x)=6x-\dfrac{16}{y^3}$ を示せ．
  (2) 条件 $g(x,y)=0$ のもとで，$f(x,y)$ の極値を求めよ．

第5章

重積分法

5.1 2重積分

2重積分の定義 $f(x,y)$ は xy 平面の有界閉領域 D で定義された連続関数とする．1変数関数の定積分と同様な考え方で，$f(x,y)$ の積分を定義しよう．

有界閉領域 D を図のような n 個の小閉領域 $D_1, D_2, \cdots, D_j, \cdots, D_n$ に分割し，各小閉領域 D_j の面積を $|D_j|$，直径（D_j 内の2点間の距離の最大値）を d_j で表す．この分割を Δ で表すとき，n 個の d_j $(j=1,2,\cdots,n)$ の最大値を $|\Delta|$ としるし，分割 Δ の**幅**という．各 D_j から任意に点 $\mathrm{P}_j(x_j, y_j)$ をとり，

$$S(\Delta) = \sum_{j=1}^{n} f(x_j, y_j)|D_j|$$

とする．$S(\Delta)$ を関数 $f(x,y)$ の分割 Δ に関する**リーマン**（**Riemann**）**和**という．

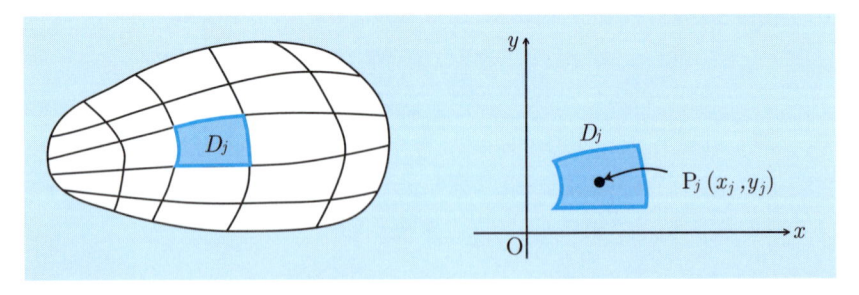

5.1 2 重 積 分

このとき，分割を細かくして $|\Delta| \to 0$ とするとき，$S(\Delta)$ は点 $\mathrm{P}_j(x_j, y_j)$ のとり方に関係なく一定の値に近づくことが知られている．このときの極限値を

$$\iint_D f(x,y)dxdy = \lim_{|\Delta| \to 0} \sum_{j=1}^{n} f(x_j, y_j)|D_j|$$

と書き表し，領域 D における関数 $f(x,y)$ の **2 重積分**（または**重積分**）という．また，$f(x,y)$ は D で **2 重積分可能**（または**重積分可能**）であるという．

定理 1 有界閉領域 D で連続な関数 $f(x,y)$ は D で 2 重積分可能であり

$$\iint_D f(x,y)dxdy = \lim_{|\Delta| \to 0} \sum_{j=1}^{n} f(x_j, y_j)|D_j|$$

が存在する（極限値は D の分割の仕方，(x_j, y_j) のとり方によらない）．

注 幾何学的に見れば 2 重積分は立体の体積を表すと考えられる．実際，D 上で $f(x,y) \geqq 0$ とするとき，xy 平面の領域 D を底とし，上面が曲面 $z = f(x,y)$ であるような柱状の立体の体積は 2 重積分 $\iint_D f(x,y)dxdy$ で与えられる．

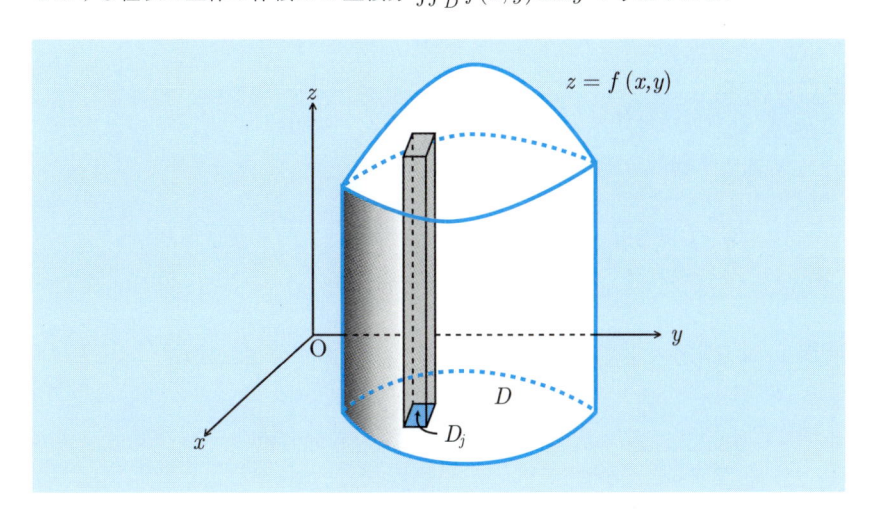

2 重積分の基本的な性質

2重積分についても，1変数関数の定積分と同様な定理が成り立つ．ここで，それらのいくつかを述べておこう．以下特に断らない限り，D は有界閉領域とし，$f(x,y), g(x,y)$ は D で連続とする．

例1 D 上で $f(x,y) = k$ （k は定数）であれば，リーマン和 $S(\Delta)$ はつねに $k|D|$ に等しいから
$$\iint_D k\, dxdy = k|D| \quad (k \text{ は定数}).$$

注 $k = 1$ のとき，$\iint_D 1\, dxdy$ を $\iint_D dxdy$ と書く．このとき D の面積は
$$|D| = \iint_D dxdy$$
となる．このことを用いて D の面積を計算する方法もある．

定理 2 （2重積分の線形性）

(1) $\iint_D \{f(x,y) \pm g(x,y)\} dxdy$
$= \iint_D f(x,y) dxdy \pm \iint_D g(x,y) dxdy$

(2) $\iint_D kf(x,y) dxdy = k \iint_D f(x,y) dxdy$ （k は定数）

定理 3 （積分領域の加法性） D が2つの閉領域 D_1, D_2 に分かれているときは
$$\iint_D f(x,y) dxdy = \iint_{D_1} f(x,y) dxdy + \iint_{D_2} f(x,y) dxdy.$$

問1 2重積分の定義にしたがって，定理2および定理3が成り立つことを確かめよ．

問2 $\iint_D \sum_{j=1}^n f_j(x,y) dxdy = \sum_{j=1}^n \iint_D f_j(x,y) dxdy$ （$n = 1, 2, \cdots$）が成り立つことを示せ．

5.1 2重積分

定理 4 (**2重積分の単調性**)　D 上で $f(x,y) \geqq g(x,y)$ ならば

$$\iint_D f(x,y)dxdy \geqq \iint_D g(x,y)dxdy$$

特に D 上で $f(x,y) \geqq 0$ ならば

$$\iint_D f(x,y)dxdy \geqq 0 \quad (\text{積分の正値性})$$

(等号が成立するのは D 上で $f(x,y) \equiv 0$ のときに限る)

系

$$\left|\iint_D f(x,y)dxdy\right| \leqq \iint_D |f(x,y)|dxdy$$

問3　3章定理7の証明にならって定理4が成り立つことを示せ.

問4　定理4を用いて, 系が成り立つことを示せ.

定理 5 (**2重積分の平均値の定理**)　$f(x,y)$ が D 上で連続であれば

$$\iint_D f(x,y)dxdy = f(\xi,\eta)|D| \tag{5.1}$$

となるような点 (ξ,η) が D 内に存在する.

証明　$f(x,y)$ は D で連続だから, 最大値 M と最小値 m をとる (4章定理4). ここで, $M > m$ としてよい ($M = m$ のときは明らか). D 上で $m \leqq f(x,y) \leqq M$ だから定理4より

$$m < \frac{1}{|D|}\iint_D f(x,y)dxdy < M$$

が成り立つことが分かる. よって, 中間値の定理 (4章定理5) より (5.1) をみたす点 (ξ,η) が D 内に存在する. ∎

第5章 重積分法

累次積分　2重積分は1変数関数の積分のくり返し（累次積分）によって求められる．まず D が閉長方形領域 $a \leqq x \leqq b, c \leqq y \leqq d$ の場合を考えよう．$f(x,y)$ が D で連続であれば，$[a,b]$ で定義される x の関数

$$g(x) = \int_c^d f(x,y)dy$$

は連続であることが示される．そこで

$$\int_a^b g(x)dx = \int_a^b \left(\int_c^d f(x,y)dy\right)dx$$

が考えられるが，右辺のような積分を **累次積分** という．

定理 6　（長方形領域での累次積分）　$f(x,y)$ が長方形領域 $D = \{(x,y); a \leqq x \leqq b, c \leqq y \leqq d\}$ で連続であれば

(1) $\displaystyle\iint_D f(x,y)dxdy = \int_a^b \left(\int_c^d f(x,y)dy\right)dx$

(2) $\displaystyle\iint_D f(x,y)dxdy = \int_c^d \left(\int_a^b f(x,y)dx\right)dy$

証明　(2) も同様であるから (1) を示そう．区間 $[a,b], [c,d]$ を分割し

$$\begin{cases} a = x_0 < x_1 < \cdots < x_i < \cdots < x_m = b \\ c = y_0 < y_1 < \cdots < y_j < \cdots < y_n = d \end{cases}$$

とする．このとき領域 D は下図のように分割される．

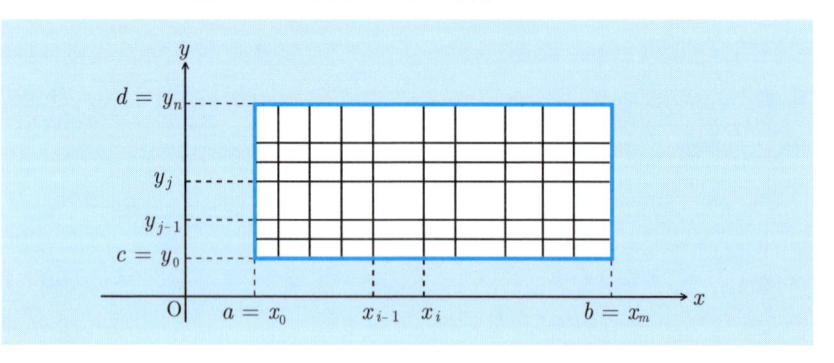

5.1 2重積分

$[a,b]$ で定義される x の関数

$$g(x) = \int_c^d f(x,y)dy$$

は連続であるから，積分法の平均値の定理（3章定理 8）によって

$$\int_a^b g(x)dx = \sum_{i=1}^m \int_{x_{i-1}}^{x_i} g(x)dx = \sum_{i=1}^m g(\xi_i)(x_i - x_{i-1})$$
$$(x_{i-1} < \xi_i < x_i)$$

となる ξ_i が存在する．また同様にして

$$g(\xi_i) = \int_c^d f(\xi_i, y)dy = \sum_{j=1}^n \int_{y_{j-1}}^{y_j} f(\xi_i, y)dy$$
$$= \sum_{j=1}^n f(\xi_i, \eta_{ij})(y_j - y_{j-1}) \quad (y_{j-1} < \eta_{ij} < y_j)$$

となる η_{ij} が存在する．よって

$$\int_a^b g(x)dx = \sum_{i=1}^m \sum_{j=1}^n f(\xi_i, \eta_{ij})(x_i - x_{i-1})(y_j - y_{j-1}).$$

ここで分割を細かくして $m, n \to \infty$ とすると，右辺は 2 重積分 $\iint_D f(x,y)dxdy$ に収束するから求める等式が得られる． ∎

注 (1), (2) 式の右辺を $\int_a^b dx \int_c^d f(x,y)dy$, $\int_c^d dy \int_a^b f(x,y)dx$ と表すことがある．このとき 2 つの累次積分は等しいことが分かる．

例 2 $f(x), g(y)$ をそれぞれ $[a,b], [c,d]$ で連続な関数とすれば，$f(x)g(y)$ は閉長方形領域 $D = \{(x,y); a \leqq x \leqq b, c \leqq y \leqq d\}$ で連続であり

$$\iint_D f(x)g(y)dxdy = \int_a^b dx \int_c^d f(x)g(y)dy$$
$$= \left(\int_a^b f(x)dx\right)\left(\int_c^d g(y)dy\right). \quad \blacksquare$$

次に有界閉領域 D として, $D = \{(x,y); a \leq x \leq b, \varphi_1(x) \leq y \leq \varphi_2(x)\}$ を考えよう. このような領域を x についての**縦線型領域**という. 同様に y についての縦線型領域 $D = \{(x,y); c \leq y \leq d, \psi_1(y) \leq x \leq \psi_2(y)\}$ も考えられる.

> **定理 7** (縦線型領域での累次積分)
>
> (1) $\varphi_1(x), \varphi_2(x)$ を $[a,b]$ 上の連続関数で $\varphi_1(x) \leq \varphi_2(x)$ とする. $f(x,y)$ が領域 $D = \{(x,y); a \leq x \leq b, \varphi_1(x) \leq y \leq \varphi_2(x)\}$ で連続ならば
> $$\iint_D f(x,y)dxdy = \int_a^b \left(\int_{\varphi_1(x)}^{\varphi_2(x)} f(x,y)dy \right) dx.$$
>
> (2) $\psi_1(y), \psi_2(y)$ を $[c,d]$ 上の連続関数で $\psi_1(y) \leq \psi_2(y)$ とする. $f(x,y)$ が領域 $D = \{(x,y); c \leq y \leq d, \psi_1(y) \leq x \leq \psi_2(y)\}$ で連続ならば
> $$\iint_D f(x,y)dxdy = \int_c^d \left(\int_{\psi_1(y)}^{\psi_2(y)} f(x,y)dx \right) dy.$$

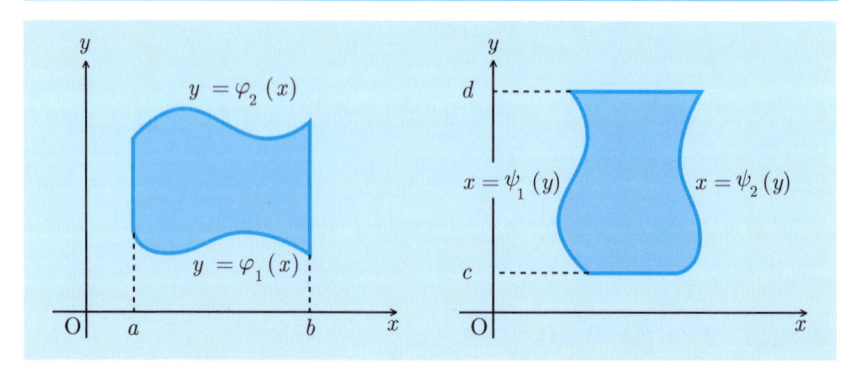

注 実際に 2 重積分を計算するときは, それぞれの領域に応じて (1) または (2) を適用すればよい. より一般の有界閉領域 D に対しては, D をいくつかの小縦線型領域に分けて定理 3 (積分領域の加法性) を適用すれば, 縦線型領域での重積分に帰着される. また, (1), (2) の右辺の累次積分を次のように表すことがある.

$$\int_a^b dx \int_{\varphi_1(x)}^{\varphi_2(x)} f(x,y)dy, \quad \int_c^d dy \int_{\psi_1(y)}^{\psi_2(y)} f(x,y)dx$$

例3 $D = \{(x,y); 1 \leq x \leq 2, x \leq y \leq 2x\}$ とすると，定理 7(1) より

$$\iint_D e^{y/x} dxdy = \int_1^2 dx \int_x^{2x} e^{y/x} dy = \int_1^2 x(e^2 - e)dx = \frac{3}{2}e(e-1).\blacksquare$$

例4 D を 3 直線 $y = 0, x - y + 1 = 0, x + y - 1 = 0$ で囲まれた閉領域とする（下図左）．$D = \{(x,y); 0 \leq y \leq 1, y - 1 \leq x \leq 1 - y\}$ と表せるから定理 7(2) より

$$\iint_D f(x,y)dxdy = \int_0^1 dy \int_{y-1}^{1-y} f(x,y)dx.$$

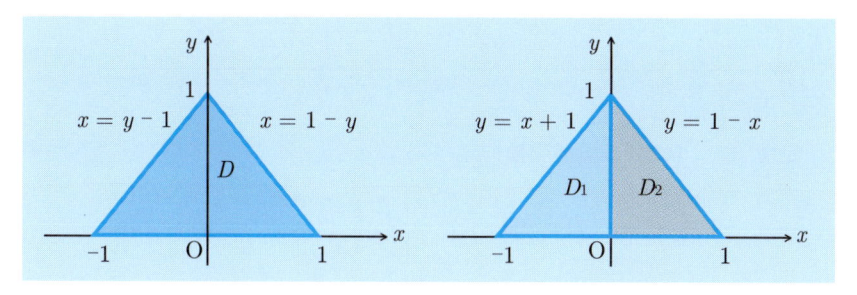

また，$D_1 = \{(x,y); -1 \leq x \leq 0, 0 \leq y \leq x + 1\}$，$D_2 = \{(x,y); 0 \leq x \leq 1, 0 \leq y \leq 1 - x\}$ とおくと，D は 2 つの小閉領域 D_1, D_2 に分かれるから（上図右），定理 3 と定理 7(1) より

$$\iint_D f(x,y)dxdy = \iint_{D_1} f(x,y)dxdy + \iint_{D_2} f(x,y)dxdy$$
$$= \int_{-1}^0 dx \int_0^{x+1} f(x,y)dy + \int_0^1 dx \int_0^{1-x} f(x,y)dy.\blacksquare$$

問5 次の 2 重積分を求めよ．

(1) $\iint_D xy\,dxdy, \quad D = \{(x,y); a \leq x \leq b, c \leq y \leq d\}$

(2) $\iint_D xy^2 dxdy, \quad D = \{(x,y); 0 \leq x \leq 1, 0 \leq y \leq \sqrt{1-x^2}\}$

(3) $\iint_D y\,dxdy, \quad D = \{(x,y); y^2 \leq x \leq y + 2\}$

領域 D が $x=a$, $x=b$, $y=\varphi_1(x)$, $y=\varphi_2(x)$ ($\varphi_1(x) \leqq \varphi_2(x)$) で囲まれた x についての縦線型領域（下図左）であり，$y=c$, $y=d$, $x=\psi_1(y)$, $x=\psi_2(y)$ ($\psi_1(y) \leqq \psi_2(y)$) で囲まれた y についての縦線型領域（下図右）でもあるとき，D 上で連続な関数 $f(x,y)$ の2重積分は，定理7により2通りの累次積分で表せる．

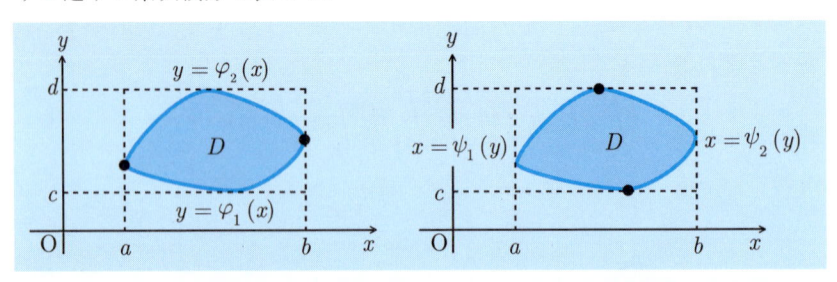

定理 8 （積分の順序交換）

$$\int_a^b \left(\int_{\varphi_1(x)}^{\varphi_2(x)} f(x,y) dy \right) dx = \int_c^d \left(\int_{\psi_1(y)}^{\psi_2(y)} f(x,y) dx \right) dy$$

例5 $\int_0^1 dx \int_0^{x^2} f(x,y) dy$ の積分順序を交換しよう．領域 D を x についての縦線型領域とみれば $D = \{(x,y); 0 \leqq x \leqq 1,\ 0 \leqq y \leqq x^2\}$ である（下図左）．この領域を y についての縦線型領域とみれば $D = \{(x,y); 0 \leqq y \leqq 1,\ \sqrt{y} \leqq x \leqq 1\}$ である（下図右）．よって

$$\int_0^1 dx \int_0^{x^2} f(x,y) dy = \int_0^1 dy \int_{\sqrt{y}}^1 f(x,y) dx.$$

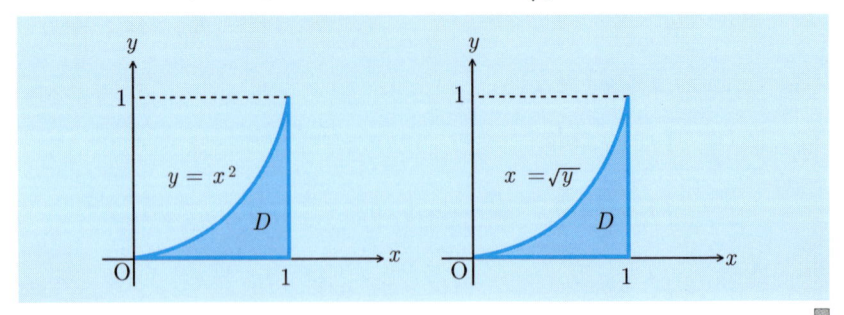

例題 1

$\int_{-1}^{2} dy \int_{y^2}^{y+2} f(x,y)dx$ の積分順序を交換せよ．

【解 答】 領域 D は $D = \{(x,y); -1 \leqq y \leqq 2,\ y^2 \leqq x \leqq y+2\}$（下図左）．$D_1 = \{(x,y); 0 \leqq x \leqq 1,\ -\sqrt{x} \leqq y \leqq \sqrt{x}\}, D_2 = \{(x,y); 1 \leqq x \leqq 4,\ x-2 \leqq y \leqq \sqrt{x}\}$ とおくと，D は 2 つの小閉領域 D_1, D_2 に分かれる（下図右）．よって

$$\int_{-1}^{2} dy \int_{y^2}^{y+2} f(x,y)dx = \int_{0}^{1} dx \int_{-\sqrt{x}}^{\sqrt{x}} f(x,y)dy + \int_{1}^{4} dx \int_{x-2}^{\sqrt{x}} f(x,y)dy.$$

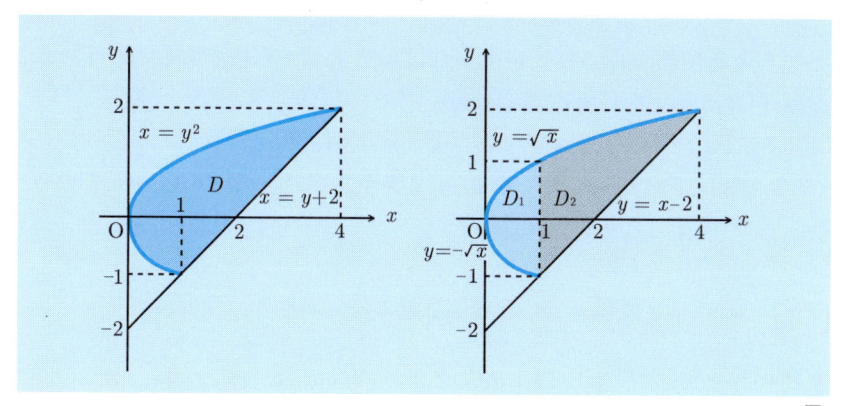

問 6 次の累次積分の順序を交換せよ．

(1) $\int_{0}^{4} dy \int_{\sqrt{y}}^{2} f(x,y)dx$ (2) $\int_{2}^{3} dx \int_{1}^{x^2} f(x,y)dy$

(3) $\int_{0}^{1} dx \int_{0}^{x} f(x,y)dy + \int_{1}^{2} dx \int_{0}^{2-x} f(x,y)dy$

問 7 次の累次積分の順序を交換し，その値を求めよ．

(1) $\int_{0}^{1} dy \int_{y}^{1} x^2 y\, dx$ (2) $\int_{0}^{\pi} dx \int_{0}^{x} y\cos(x-y)dy$

(3) $\int_{0}^{1} dx \int_{x}^{1} \sin(\pi y^2)dy$ (4) $\int_{0}^{1} dy \int_{y}^{1} e^{-x^2} dx$

2 重積分の変数変換

1変数関数の置換積分の公式（3章定理10）に対応するものとして，2変数関数の重積分についての変数変換の公式を与えよう．

uv 平面の領域 E から xy 平面の領域 D への写像 T を考える．T の像は xy 平面の点であるから $T(u,v) = (\varphi(u,v), \psi(u,v))$ と表される．

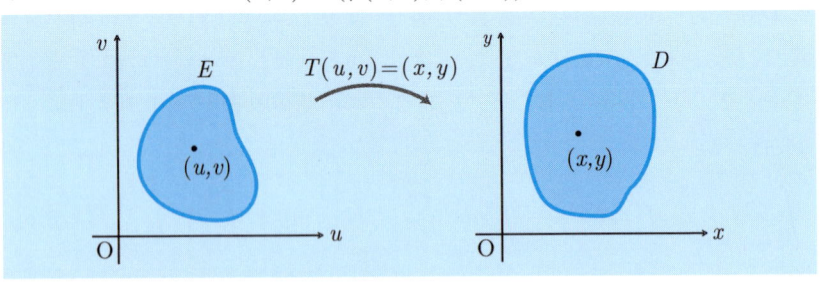

このとき関数 φ, ψ が C^1 級であれば写像 T は C^1 級であるという．また $T(u,v)$ を次のように書くこともある．

$$x = \varphi(u,v), \quad y = \psi(u,v)$$

C^1 級の写像 T に対して次の関数行列式を**ヤコビアン**（**Jacobian**）という．

$$J = \begin{vmatrix} \varphi_u & \varphi_v \\ \psi_u & \psi_v \end{vmatrix} = \varphi_u \psi_v - \varphi_v \psi_u = x_u y_v - x_v y_u$$

$J = J(u,v)$ は 2 変数 u, v の連続関数である．

問 8 $x = au + bv, y = cu + dv$ のとき，$J = ad - bc$ を示せ．

定理 9 （**2重積分の変数変換公式**） uv 平面の有界閉領域 E を xy 平面の有界閉領域 D に写す C^1 級写像 T が 1 対 1 で，E 上のすべての点で $J \neq 0$ とする．このとき D 上の連続関数 $f(x,y)$ に対し

$$\iint_D f(x,y) dx dy = \iint_E f(\varphi(u,v), \psi(u,v)) |J| du dv$$

が成り立つ．ただし，$T(u,v) = (\varphi(u,v), \psi(u,v))$ である．

注 T が 1 対 1 でなくても，またヤコビアン $J(u,v)$ が 0 となるような点 (u,v) があっても，そのような点が有限個であれば定理は成り立つ．

系1 （1次変換）
1次変換 $x = au + bv, y = cu + dv \ (ad - bc \neq 0)$ によって，uv 平面の有界閉領域 E が xy 平面の有界閉領域 D に写されるとする．このとき D 上の連続関数 $f(x, y)$ に対して，次式が成り立つ．

$$\iint_D f(x, y) dx dy = \iint_E f(au + bv, cu + dv) |ad - bc| du dv$$

注 $J = ad - bc \neq 0$ より，上記の1次変換は1対1である．1次変換を考えるときは，条件 $ad - bc \neq 0$ を確かめよう．

例題 2

次の2重積分を求めよ．

$$\iint_D y \, dx dy, \quad D = \{(x, y); 0 \leqq y - x \leqq 1, 0 \leqq x + y \leqq 1\}$$

【解　答】 $y - x = u, x + y = v$ とおくと，

$$x = \frac{v - u}{2}, \quad y = \frac{u + v}{2}$$

だから $E = \{(u, v); 0 \leqq u \leqq 1, 0 \leqq v \leqq 1\}, J = -1/2$ となる．よって

$$\iint_D y \, dx dy = \frac{1}{4} \iint_E (u + v) du dv = \frac{1}{4} \int_0^1 du \int_0^1 (u + v) dv = \frac{1}{4}.$$

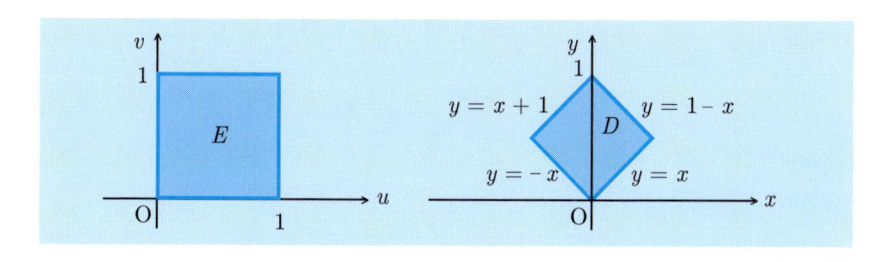

注 この場合，E が長方形（正方形）で，各辺が x 軸あるいは y 軸に平行になっているので，2重積分の計算が容易になっている．

系2 (極座標変換)

極座標変換 $x = r\cos\theta, y = r\sin\theta$ によって, $r\theta$ 平面の有界閉領域 E が xy 平面の有界閉領域 D に写されるとする. このとき D 上の連続関数 $f(x,y)$ に対して, 次式が成り立つ.

$$\iint_D f(x,y)dxdy = \iint_E f(r\cos\theta, r\sin\theta)r\,drd\theta$$

注 $J = J(r,\theta) = r$ より, $r = 0$ のとき $J = 0$ である. しかしながら, このような場合でも定理9は適用できる (定理9の注を参照).

例題 3

次の2重積分を求めよ.

(1) $\displaystyle\iint_D x\,dxdy, \quad D = \{(x,y); x^2 + y^2 \leqq 1, x \geqq 0, y \geqq 0\}$

(2) $\displaystyle\iint_D y\,dxdy, \quad D = \left\{(x,y); \dfrac{x^2}{a^2} + \dfrac{y^2}{b^2} \leqq 1, y \geqq 0\right\}$

【解答】(1) $x = r\cos\theta, y = r\sin\theta$ と変換すると, $r\theta$ 平面の閉長方形領域 $E = \{(r,\theta); 0 \leqq r \leqq 1, 0 \leqq \theta \leqq \pi/2\}$ と xy 平面の有界閉領域 D が対応する. よって

$$\iint_D x\,dxdy = \iint_E (r\cos\theta)r\,drd\theta = \int_0^1 r^2 dr \int_0^{\pi/2} \cos\theta\,d\theta = \frac{1}{3}.$$

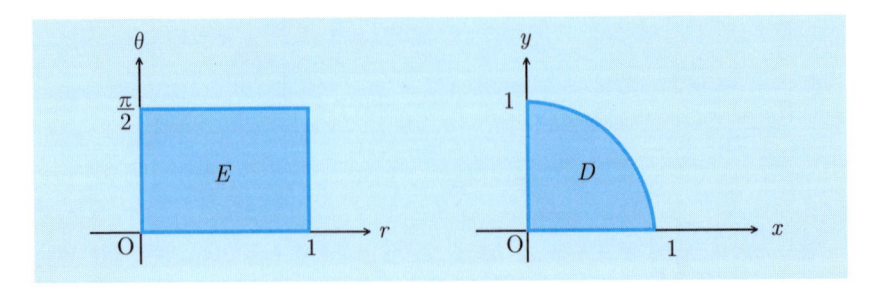

5.1 2重積分

(2) $x = ar\cos\theta$, $y = br\sin\theta$ と変換すると，$r\theta$ 平面の閉長方形領域 $E = \{(r,\theta); 0 \leqq r \leqq 1, 0 \leqq \theta \leqq \pi\}$ と xy 平面の有界閉領域 D が対応する．この変換のヤコビアンは $J = abr$ となるので

$$\iint_D y\,dxdy = \iint_E (br\sin\theta)abr\,drd\theta$$
$$= ab^2 \int_0^1 r^2 dr \int_0^\pi \sin\theta\,d\theta = \frac{2}{3}ab^2.$$

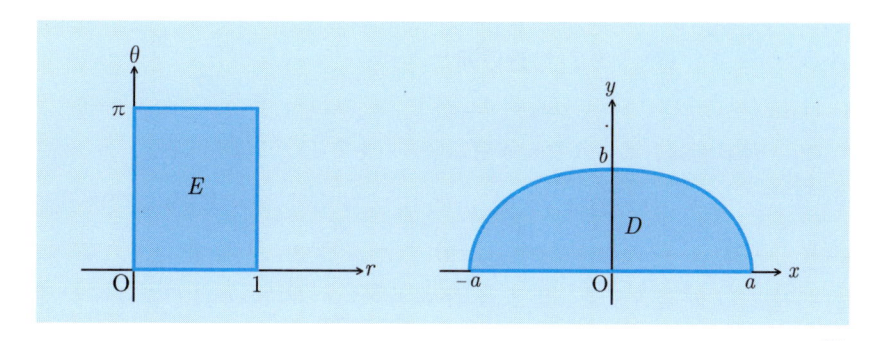

注 楕円領域で上記のような変換をすると，$J = abr$ で $0 \leqq r \leqq 1$ となる．

問 9 変数変換を用いて次の 2 重積分を求めよ．

(1) $\iint_D x^2 dxdy$, $D = \{(x,y); 0 \leqq x-y \leqq 1, 0 \leqq x+y \leqq 1\}$

(2) $\iint_D (x-y)^2 dxdy$,
$\qquad D = \{(x,y); -1 \leqq x+2y \leqq 1, -1 \leqq x-y \leqq 1\}$

(3) $\iint_D (x^2+y^2)dxdy$, $D = \{(x,y); x^2+y^2 \leqq 1\}$

(4) $\iint_D \sqrt{a^2-x^2-y^2}\,dxdy$,
$\qquad D = \{(x,y); x^2+y^2 \leqq a^2, x \geqq 0, y \geqq 0\}$ $(a > 0)$

(5) $\iint_D xy\,dxdy$, $D = \left\{(x,y); \dfrac{x^2}{a^2} + \dfrac{y^2}{b^2} \leqq 1\right\}$ $(a > 0, b > 0)$

5.2 広義の2重積分

広義2重積分の定義　これまで積分領域 D は有界閉領域であり，被積分関数 $f(x,y)$ は D で連続であるとした．3章において1変数関数の広義積分を考えたように，ここでは積分領域が必ずしも有界閉領域でない場合に重積分の定義を拡張しよう．

平面集合 D に対して，D に含まれる有界閉領域の列 $\{D_n\}$ が次の2条件をみたすとき，$\{D_n\}$ を D の**近似列**という．

(1)　$D_1 \subset D_2 \subset \cdots \subset D_n \subset D_{n+1} \subset \cdots \subset D$

(2)　D に含まれるどんな有界閉領域も，ある D_n に含まれる．

例6　$D = \{(x,y); x \geqq 0,\ y \geqq 0\}$ とすると，D は閉領域であるが有界でない．このとき $D_n = \{(x,y); 0 \leqq x \leqq n,\ 0 \leqq y \leqq n\}$, $E_n = \{(x,y); x^2 + y^2 \leqq n^2,\ x \geqq 0,\ y \geqq 0\}$ とすると，$\{D_n\}, \{E_n\}$ はともに D の近似列である． ∎

例7　$D = \{(x,y); 0 < x^2 + y^2 \leqq 1\}$ とすると，D は有界であるが閉領域ではない．このとき $D_n = \{(x,y); 1/n^2 \leqq x^2 + y^2 \leqq 1\}$ とすると，$\{D_n\}$ は D の近似列である． ∎

注　一般の平面集合 D について，近似列が存在するとは限らないし，また存在するとしても無数に存在することが多い．ここで扱う D としては，全平面や第1象限などのように必ずしも有界でない場合や，単純な有界閉領域から有限個の点（または長さが有限の曲線）を取り除いたような集合を考えれば十分である．

D 上で連続な関数 $f(x,y)$ について，どのように D の近似列 $\{D_n\}$ をとっても，近似列のとり方によらない一定の有限な極限値

$$\lim_{n \to \infty} \iint_{D_n} f(x,y) dx dy = I$$

が存在するとき，この極限値 I を $\iint_D f(x,y) dx dy$ と表し，**広義2重積分**という．また，$f(x,y)$ は D 上**広義2重積分可能**（または単に**重積分可能**）であるという．

5.2 広義の2重積分

$f(x,y)$ が D 上連続で $f(x,y) \geqq 0$ とする．このとき，D のある1つの近似列 $\{D_n\}$ について極限値 I が存在するならば，$f(x,y)$ は D 上重積分可能となる．実際，D の近似列 $\{D_n\}, \{E_n\}$ に対して，次のようにおく．

$$I(D_n) = \iint_{D_n} f(x,y)dxdy, \quad I(E_n) = \iint_{E_n} f(x,y)dxdy$$

$f(x,y) \geqq 0$ より $\{I(D_n)\}, \{I(E_n)\}$ は単調増加数列となる．

ところで有界閉領域 E_m はある D_n に含まれるから，単調増加数列 $\{I(D_n)\}$ が極限値 I をもてば $I(E_m) \leqq I(D_n) \leqq I$ となり，$\{I(E_m)\}$ は上に有界な単調増加数列となる．よって数列 $\{I(E_m)\}$ は極限値 J をもち，$J \leqq I$．同様に $I \leqq J$ も示され，$I = J$ となることが分かる．すなわち $f(x,y)$ は D 上重積分可能である．

以上のことから次の定理が得られる．

> **定理 10**　（広義重積分可能性の判定）　$f(x,y)$ は D 上連続で，$f(x,y) \geqq 0$ とする．このとき，ある1つの近似列 $\{D_n\}$ について
> $$\lim_{n \to \infty} \iint_{D_n} f(x,y)dxdy = I$$
> が存在すれば，$f(x,y)$ は D 上重積分可能であり，広義重積分は I となる．

注　D 上で $f(x,y) \leqq 0$ のとき，同様の結論が得られる．

例8　$I = \iint_D \dfrac{1}{\sqrt{x^2+y^2}} dxdy$, $D = \{(x,y); 0 < x^2+y^2 \leqq 1\}$ を求める．

$D_n = \{(x,y); 1/n^2 \leqq x^2+y^2 \leqq 1\}$ とおくと，$\{D_n\}$ は D の近似列である．D_n 上の重積分を計算するために $x = r\cos\theta, y = r\sin\theta$ と極座標変換すると，対応する $r\theta$ 平面の領域は $1/n \leqq r \leqq 1, 0 \leqq \theta \leqq 2\pi$ である．$J = r$ より

$$I(D_n) = \iint_{D_n} \frac{1}{\sqrt{x^2+y^2}} dxdy = \int_{1/n}^1 dr \int_0^{2\pi} d\theta = 2\pi\left(1 - \frac{1}{n}\right)$$

$I(D_n) \to 2\pi$ $(n \to \infty)$ であるから定理10を用いると，$I = 2\pi$ となる．■

例題 4

$\int_0^\infty e^{-x^2} dx = \dfrac{\sqrt{\pi}}{2}$ を示せ.

【解　答】 $f(x, y) = e^{-(x^2+y^2)}$, $D = \{(x, y); x \geqq 0,\ y \geqq 0\}$ とおいて, $f(x, y)$ の D 上での広義重積分を 2 通りの方法で求める. $D_n = \{(x, y); x^2 + y^2 \leqq n^2,\ x \geqq 0,\ y \geqq 0\}$ とおくと $\{D_n\}$ は D の近似列である. $f(x, y)$ の D_n 上での重積分を求めるために極座標変換をして $x = r\cos\theta$, $y = r\sin\theta$ とおくと, $0 \leqq r \leqq n$, $0 \leqq \theta \leqq \pi/2$ である.

$$I(D_n) = \iint_{D_n} e^{-(x^2+y^2)} dxdy = \int_0^n re^{-r^2} dr \int_0^{\pi/2} d\theta = \frac{\pi}{4}(1 - e^{-n^2})$$

より $I(D_n) \to \pi/4\ (n \to \infty)$ となり, $f(x, y)$ は D 上広義重積分可能で, その広義重積分は $\pi/4$ である.

他方, $E_n = \{(x, y); 0 \leqq x \leqq n,\ 0 \leqq y \leqq n\}$ とおくと $\{E_n\}$ もまた D の近似列である.

$$I(E_n) = \iint_{E_n} e^{-(x^2+y^2)} dxdy = \int_0^n e^{-x^2} dx \int_0^n e^{-y^2} dy$$

より $I(E_n) \to \left(\int_0^\infty e^{-x^2} dx\right)^2 = \dfrac{\pi}{4}\ (n \to \infty)$ となり, 結論が得られる. ■

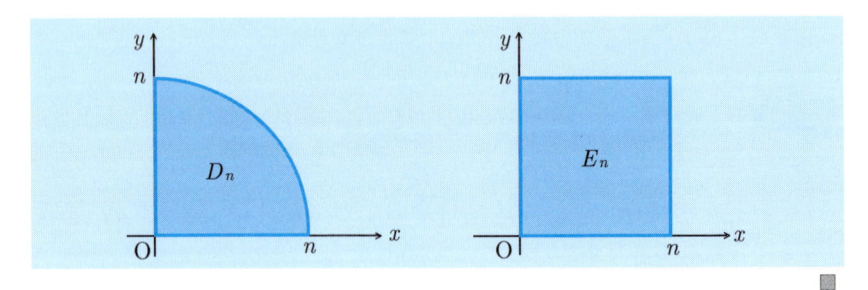

注　上記のような領域 D で広義重積分を求める場合, 一般には近似列として正方形領域を用いるのが普通である. この場合のように被積分関数 $f(x, y)$ が, $f(x, y) = g(x^2 + y^2)$ の形であれば, 近似列として円領域（扇形領域）を用いるとその後の計算が簡単になることも多い（例 8 参照）.

5.2 広義の2重積分

例9 $I = \iint_D \dfrac{1}{\sqrt{x-y}} dxdy, D = \{(x,y); 0 < x \leqq 1, \ 0 \leqq y < x\}$ を求めよ．

【解】 $D_n = \{(x,y); \dfrac{1}{n} \leqq x \leqq 1, \ 0 \leqq y \leqq x - \dfrac{1}{n}\}$ とおくと，$\{D_n\}$ は D の近似列である．

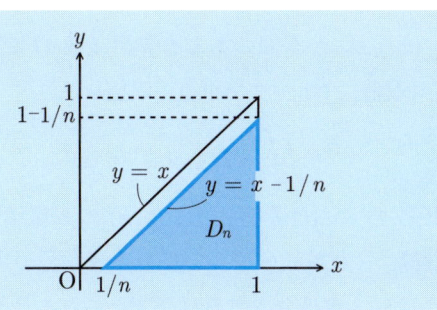

$$I(D_n) = \iint_{D_n} \dfrac{1}{\sqrt{x-y}} dxdy = \int_{1/n}^{1} dx \int_{0}^{x-1/n} \dfrac{1}{\sqrt{x-y}} dy$$

$$= 2\int_{1/n}^{1} \left(\sqrt{x} - \sqrt{\dfrac{1}{n}}\right) dx = \dfrac{4}{3} - 2\sqrt{\dfrac{1}{n}} + \dfrac{2}{3}\sqrt{\dfrac{1}{n^3}}$$

$I(D_n) \to 4/3 \ (n \to \infty)$ であるから定理10より，$I = 4/3$ である．　∎

問10 次の広義積分を求めよ．

(1) $\iint_D e^{y/x} dxdy, \quad D = \{(x,y); 0 < x \leqq 1, \ 0 \leqq y \leqq x^2\}$

(2) $\iint_D \dfrac{1}{x^2 y^2} dxdy, \quad D = \{(x,y); x \geqq 1, \ y \geqq 1\}$

(3) $\iint_D \dfrac{1}{\sqrt{a^2 - x^2 - y^2}} dxdy, \quad D = \{(x,y); x^2 + y^2 < a^2\} \ (a > 0)$

(4) $\iint_D \dfrac{1}{(x-y)^\alpha} dxdy, \quad D = \{(x,y); 0 \leqq y < x \leqq 1\} \ (0 < \alpha < 1)$

(5) $\iint_D \dfrac{1}{(1+x^2+y^2)^{\alpha/2}} dxdy, \quad D = \{(x,y); y \geqq 0\}$

(6) $\iint_D \log(x^2 + y^2) dxdy, \quad D = \{(x,y); 0 < x^2 + y^2 \leqq 1\}$

5.3 3重積分

3重積分の定義　これまで2重積分，すなわち2変数関数の積分を考えてきたが，3変数以上の関数の場合にもそのまま拡張される．

3変数関数 $f(x,y,z)$ が空間のある有界閉領域 D で連続であるとする．2重積分の場合と同様に，リーマン和の極限値を

$$\iiint_D f(x,y,z)dxdydz$$

と書き表し，領域 D における関数 $f(x,y,z)$ の **3重積分** という．

3重積分の計算　3重積分についても2重積分の場合と同様の定理が成り立つが，ここでは3重積分の計算に必要とされる最も基本的な定理を紹介し，その使い方を簡単に説明する．

空間の有界閉領域

$$D = \{(x,y,z); (x,y) \in E, \varphi(x,y) \leqq z \leqq \psi(x,y)\}$$

を考える．ただし E は xy 平面の有界閉領域で，$\varphi(x,y), \psi(x,y)$ は E 上連続で，$\varphi(x,y) \leqq \psi(x,y)$ とする．2重積分と同様に，次の累次積分の公式が成り立つ．

定理 11　（縦線型領域での累次積分）　関数 $f(x,y,z)$ が領域

$$D = \{(x,y,z); (x,y) \in E, \varphi(x,y) \leqq z \leqq \psi(x,y)\}$$

で連続ならば

$$\iiint_D f(x,y,z)dxdydz = \iint_E \left(\int_{\varphi(x,y)}^{\psi(x,y)} f(x,y,z)dz\right)dxdy. \quad (5.2)$$

注　このような領域 D を xy についての **縦線型領域** という．yz あるいは zx についての縦線型領域でも同様なことが成り立つ．縦線型領域における3重積分の計算は，2重積分を求めることに帰着されることになる．なお，(5.2) の右辺を $\iint_E dxdy \int_{\varphi(x,y)}^{\psi(x,y)} f(x,y,z)dz$ と書くこともある．

5.3　3重積分

例10　$D = \{(x,y,z); x \geq 0,\ y \geq 0,\ z \geq 0,\ x+y+z \leq 1\}$ のとき，$E = \{(x,y); x \geq 0,\ y \geq 0,\ x+y \leq 1\}$ とすると，$D = \{(x,y,z); (x,y) \in E,\ 0 \leq z \leq 1-x-y\}$ と表せる．よって

$$\iiint_D f(x,y,z)dxdydz = \iint_E dxdy \int_0^{1-x-y} f(x,y,z)dz$$

さらに E 上の 2 重積分を累次積分で表すと

$$\iiint_D f(x,y,z)dxdydz = \int_0^1 dx \int_0^{1-x} dy \int_0^{1-x-y} f(x,y,z)dz \quad ■$$

注　領域 E は，xyz 空間の領域 D を xy 平面に正射影したものである．3重積分の計算では，空間の領域を縦線型領域として表すことが大切である．

問 11　D を例 10 における領域とするとき，次の 3 重積分を求めよ．

(1) $\iiint_D dxdydz$　(2) $\iiint_D x\,dxdydz$　(3) $\iiint_D (1-x-y)dxdydz$

3重積分の変数変換

2変数関数の重積分についての変数変換公式（定理 9）と同様のことは，3重積分についても成り立つ．

$$x = x(u,v,w), \quad y = y(u,v,w), \quad z = z(u,v,w)$$

によって定義される uvw 空間から xyz 空間への C^1 級の写像を T とする．すなわち，$T(u,v,w) = (x,y,z)$ である．写像 T に対して関数行列式

$$J = J(u,v,w) = \begin{vmatrix} x_u & x_v & x_w \\ y_u & y_v & y_w \\ z_u & z_v & z_w \end{vmatrix}$$

をヤコビアン（**Jacobian**）という．

定理 12（3重積分の変数変換公式）　uvw 空間の有界閉領域 E を xyz 空間の有界閉領域 D に写す C^1 級写像 T が 1 対 1 で，E 上のすべての点で $J \neq 0$ とする．このとき D 上の連続関数 $f(x,y,z)$ に対し，

$$\iiint_D f(x,y,z)dxdydz$$
$$= \iiint_E f(x(u,v,w), y(u,v,w), z(u,v,w))|J|dudvdw$$

空間の極座標と円柱座標

空間の極座標は球面座標ともいう．同一点の直交座標 (x, y, z) と極座標 (r, θ, φ) は次のように与えられる（下図左）．

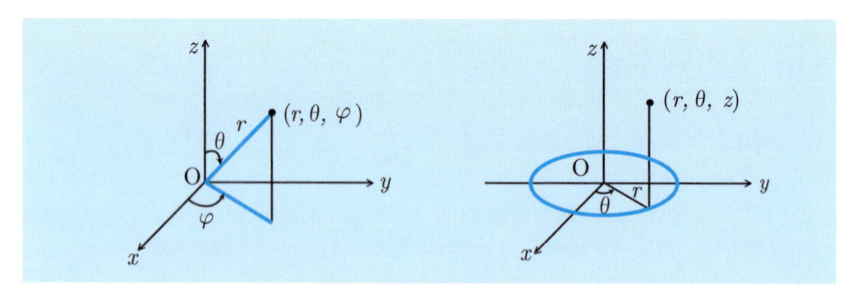

$$x = r\sin\theta\cos\varphi, \quad y = r\sin\theta\sin\varphi, \quad z = r\cos\theta$$

$$(r \geqq 0,\ 0 \leqq \theta \leqq \pi,\ 0 \leqq \varphi \leqq 2\pi)$$

空間の円柱座標 (r, θ, z) の同一点の直交座標 (x, y, z) は次のように与えられる（上図右）．

$$x = r\cos\theta, \quad y = r\sin\theta, \quad z = z \quad (r \geqq 0,\ 0 \leqq \theta \leqq 2\pi)$$

定理 12 より，極座標変換と円柱座標変換について次の公式が成り立つ．

系1（極座標変換） 座標変換 $x = r\sin\theta\cos\varphi,\ y = r\sin\theta\sin\varphi,\ z = r\cos\theta$ によって xyz 空間の領域 D と $r\theta\varphi$ 空間の領域 E が対応しているとき

$$\iiint_D f(x, y, z)\,dxdydz$$
$$= \iiint_E f(r\sin\theta\cos\varphi, r\sin\theta\sin\varphi, r\cos\theta)r^2\sin\theta\,drd\theta d\varphi.$$

系2（円柱座標変換） 座標変換 $x = r\cos\theta,\ y = r\sin\theta,\ z = z$ によって xyz 空間の領域 D と $r\theta z$ 空間の領域 E が対応しているとき

$$\iiint_D f(x, y, z)\,dxdydz = \iiint_E f(r\cos\theta, r\sin\theta, z)r\,drd\theta dz.$$

例題 5

次の 3 重積分を求めよ．

(1) $\iiint_D dxdydz$,
$D = \{(x,y,z); x^2+y^2+z^2 \leq a^2, z \geq 0\}$ $(a>0)$

(2) $\iiint_D (x^2+y^2)z\, dxdydz$,
$D = \{(x,y,z); x^2+y^2 \leq 1, 0 \leq z \leq \sqrt{x^2+y^2}\}$

【解 答】 (1) $x = r\sin\theta\cos\varphi$, $y = r\sin\theta\sin\varphi$, $z = r\cos\theta$ と極座標に変換すると，xyz 空間の領域 D は $r\theta\varphi$ 空間の領域 $E = \{(r,\theta,\varphi); 0 \leq r \leq a, 0 \leq \theta \leq \pi/2, 0 \leq \varphi \leq 2\pi\}$ に対応する．

$$\iiint_D dxdydz = \iiint_E r^2 \sin\theta\, drd\theta d\varphi$$
$$= \int_0^a r^2 dr \int_0^{\pi/2} \sin\theta\, d\theta \int_0^{2\pi} d\varphi = \frac{2}{3}\pi a^3$$

(2) $x = r\cos\theta$, $y = r\sin\theta$, $z = z$ と円柱座標に変換すると，xyz 空間の領域 D は $r\theta z$ 空間の領域 $E = \{(r,\theta,z); 0 \leq r \leq 1, 0 \leq \theta \leq 2\pi, 0 \leq z \leq r\}$ に対応する．

$$\iiint_D (x^2+y^2)z\, dxdydz = \iiint_E r^3 z\, drd\theta dz$$
$$= \int_0^{2\pi} d\theta \int_0^1 dr \int_0^r r^3 z\, dz = 2\pi \int_0^1 \frac{r^5}{2} dr = \frac{\pi}{6} \quad \blacksquare$$

問 12 1 次変換 $x = au, y = bv, z = cw$ に対して，$J = abc$ を示せ．

問 13 ヤコビアン J を計算して，系 1 と系 2 が成り立つことを示せ．

問 14 変数変換を用いて次の 3 重積分を求めよ．

$$\iiint_D z\, dxdydz, \quad D = \{(x,y,z); x^2+y^2+z^2 \leq 1, z \geq 0\}$$

5.4 重積分の応用

3章（3.6節積分の応用）では，1変数関数の定積分を用いて平面上の図形の面積や曲線の弧の長さを求めた．ここでは，重積分を用いて空間における立体の体積や曲面の面積を求める方法を示す．

平面図形の面積　平面図形 D が特殊な領域の場合，その面積 $|D|$ を求めるときに2重積分が有効である．

例11　楕円 $\dfrac{x^2}{a^2} + \dfrac{y^2}{b^2} = 1$ で囲まれる図形 D（下図左）の面積を求めよう．$x = ar\cos\theta$, $y = br\sin\theta$ と変換すると，$0 \leqq r \leqq 1$, $0 \leqq \theta \leqq 2\pi$, $J = abr$ であるから

$$|D| = \iint_D dxdy = ab \int_0^1 r\,dr \int_0^{2\pi} d\theta = \pi ab.$$

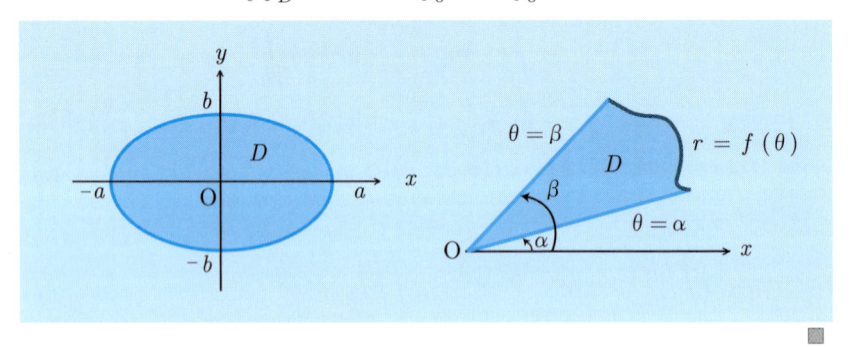

例12　極座標で表された曲線 $r = f(\theta)$ ($\alpha \leqq \theta \leqq \beta$) と2つの半直線 $\theta = \alpha$, $\theta = \beta$ とで囲まれる図形 D（上図右）の面積は，次式で与えられる．

$$|D| = \frac{1}{2} \int_\alpha^\beta \{f(\theta)\}^2 d\theta$$

実際，$x = r\cos\theta$, $y = r\sin\theta$ と極座標変換すると，$J = r$ より

$$|D| = \int_\alpha^\beta d\theta \int_0^{f(\theta)} r\,dr = \frac{1}{2} \int_\alpha^\beta \{f(\theta)\}^2 d\theta.$$

注　3章（3.6節積分の応用）において計算した結果と比較せよ．

5.4 重積分の応用

立体の体積　空間における立体の体積は重積分（2重積分または3重積分）によって求められる．円や楕円の面積を求めるとき2重積分が有効なように，球や楕円体の体積を求めるときは3重積分が有効である．このとき領域 D の体積は $|D| = \iiint_D dxdydz$ と表されることに注意する．

例13　次の立体の体積を求めよ．
(1) 球 $D : x^2 + y^2 + z^2 \leqq a^2 \quad (a > 0)$
(2) 楕円体 $D : \dfrac{x^2}{a^2} + \dfrac{y^2}{b^2} + \dfrac{z^2}{c^2} \leqq 1$

【解】(1) $D_1 = \{(x, y, z); x^2 + y^2 + z^2 \leqq a^2,\ z \geqq 0\}$ とおく．このとき D の体積は D_1 の体積の2倍であるから，例題5(1) より

$$|D| = 2|D_1| = 2\iiint_{D_1} dxdydz = 2 \cdot \frac{2}{3}\pi a^3 = \frac{4}{3}\pi a^3.$$

(2) $x = au,\ y = bv,\ z = cw$ と変換すると，ヤコビアン $J = abc$ で，対応する領域は $E = \{(u, v, w); u^2 + v^2 + w^2 \leqq 1\}$ であるから

$$|D| = \iiint_D dxdydz = abc\iiint_E dudvdw = abc|E| = \frac{4}{3}\pi abc. \quad \blacksquare$$

注　(1) 球の体積は回転体の体積の公式を用いて求めることもできる．
(2) $x = x(u, v, w),\ y = y(u, v, w),\ z = z(u, v, w)$ が C^1 級の関数で，この変換によって xyz 空間の領域 D と uvw 空間の領域 E が1対1に対応しているものとする．このとき

$$|D| = \iiint_D dxdydz = \iiint_E |J|dudvdw$$

が成り立つ．特に1次変換の場合，J は定数となり $|D| = |J||E|$ が成り立つ．

問15　3次の正方行列 A で定義される1次変換によって uvw 空間の点 (u, v, w) が xyz 空間の点 (x, y, z) に対応するものとする．このとき，この変換のヤコビアン $J = \det A$（行列式）を示せ．

注　行列 A の行列式の絶対値は，その変換による領域の面積あるいは体積の拡大率であることが分かる．

$f(x, y)$ は xy 平面上の領域 D において連続で，$f(x, y) \geqq 0$ とする．D の境界点を通り z 軸に平行な直線を母線とする柱面を考え，これと曲面 $z = f(x, y)$ および D とで囲まれた立体を K とする（下図左）．すなわち，$K : 0 \leqq z \leqq f(x, y), (x, y) \in D$．このような立体 K を曲面 $z = f(x, y)$ と領域 D で囲まれた柱体ということにする．このとき K の体積 V は次式で与えられる．

$$V = \iint_D f(x, y) dx dy$$

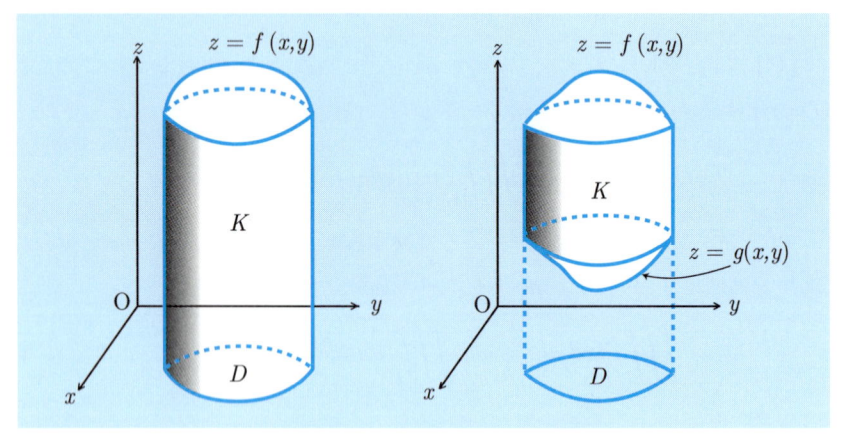

また，$f(x, y), g(x, y)$ が D において連続で，$f(x, y) \geqq g(x, y)$ のとき，2つの曲面 $z = f(x, y), z = g(x, y)$ で囲まれた D 上に立つ柱体を K とする（上図右）．すなわち，$K : g(x, y) \leqq z \leqq f(x, y), (x, y) \in D$．このとき，$K$ の体積 V は次式で与えられる．

$$V = \iint_D \{f(x, y) - g(x, y)\} dx dy$$

例14 2つの円柱 $x^2 + y^2 \leqq a^2, x^2 + z^2 \leqq a^2 \ (a > 0)$ の共通部分の体積 V を求めよ．

【解】 図形の対称性に注意して，$x \geqq 0, y \geqq 0, z \geqq 0$ の部分の体積を求めて8倍する．xy 平面上の領域 $D = \{(x, y); x^2 + y^2 \leqq a^2, x \geqq 0, y \geqq 0\}$ において関数 $z = \sqrt{a^2 - x^2}$ を2重積分すればよいから

5.4 重積分の応用

$$V = 8\iint_D \sqrt{a^2 - x^2}\, dxdy$$

$$= 8\int_0^a dx \int_0^{\sqrt{a^2-x^2}} \sqrt{a^2-x^2}\, dy$$

$$= 8\int_0^a (a^2 - x^2)dx = \frac{16}{3}a^3. \quad\blacksquare$$

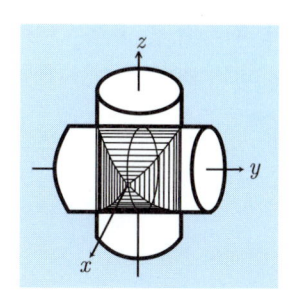

例15 （回転体の体積） $f(x)$ は閉区間 $[a,b]$ において連続で，$f(x) \geqq 0$ とする．xy 平面上の領域

$$D = \{(x,y); a \leqq x \leqq b,\ 0 \leqq y \leqq f(x)\}$$

を x 軸のまわりに回転した回転体の体積 V を求めよう．図形の対称性に注意して，$y \geqq 0$, $z \geqq 0$ の部分の体積を求めて 4 倍する．

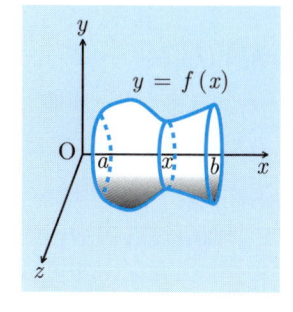

$$V = 4\iint_D \sqrt{f(x)^2 - y^2}\, dxdy$$

$$= 4\int_a^b dx \int_0^{f(x)} \sqrt{f(x)^2 - y^2}\, dy = \pi\int_a^b f(x)^2 dx \quad\blacksquare$$

注 上記の等式で最後の部分は，半径が $f(x)$ の円の面積が $\pi f(x)^2$ であることを用いた．

問 16 次の立体の体積を求めよ．
  (1) 曲面 $z = 4 - x^2 - y^2$ と xy 平面で囲まれた立体．
  (2) 球 $x^2 + y^2 + z^2 \leqq 9$ と円柱 $x^2 + y^2 \leqq 4$ の共通部分．
  (3) 円柱 $x^2 + y^2 \leqq a^2\ (a > 0)$ の xy 平面の上方，平面 $z = x$ の下方にある部分．

問 17 次の回転体の体積を求めよ．
  (1) 球 $x^2 + y^2 + z^2 \leqq 4$ を平面 $x = 1$ で切り取ったとき，$x \geqq 1$ の部分．
  (2) 曲面 $x = y^2 + z^2$ と平面 $x = a\ (a > 0)$ で囲まれた立体．

曲面積　3章では曲線の長さを定義し，それを求める方法を述べた．ここでは曲面の面積（曲面積）を定義し，それを重積分を用いて求める方法を考えよう．多面体のように有限個の三角形からなる図形の場合，その表面積はそれを作る三角形の面積の和として定義されるが，一般の曲面についてはその面積をどのように定義するかは大変難しい．以下において，C^1 級曲面の曲面積を定義しよう．

xy 平面上の有界閉領域 D で定義された C^1 級曲面 $z = f(x,y)$ の曲面積を次のように定義する．2 重積分を定義したときと同様に，D を有限個の小閉領域 $D_1, D_2, \cdots, D_j, \cdots, D_n$ に分割し，その分割を Δ で表す．D_j 内に点 (x_j, y_j) をとり，曲面上の点 $P_j(x_j, y_j, f(x_j, y_j))$ における接平面を π_j とすると，点 P_j の近くでは曲面 $z = f(x,y)$ は接平面 π_j で近似される．したがって分割 Δ が十分細かいとき，D_j の上に立つ接平面 π_j の部分を E_j とすると，その面積 $|E_j|$ は D_j の上に立つ曲面 $z = f(x,y)$ の面積を近似すると考えられる．そこで $S(\Delta) = \sum_{j=1}^{n} |E_j|$ とおき $|\Delta| \to 0$ とするとき，点 P_j のとり方に無関係に $S(\Delta)$ が一定の値 S に近づくならば，S を曲面 $z = f(x,y)$ の **曲面積** と定義する．

ところで，接平面 π_j 上の領域 E_j を xy 平面上に正射影した領域が D_j であることから，π_j と xy 平面とのなす角を θ_j とすると，

$$|D_j| = |E_j| \cos \theta_j$$

が成り立つ．接平面 π_j の法線ベクトル $(-f_x(x_j, y_j), -f_y(x_j, y_j), 1)$ と z 軸

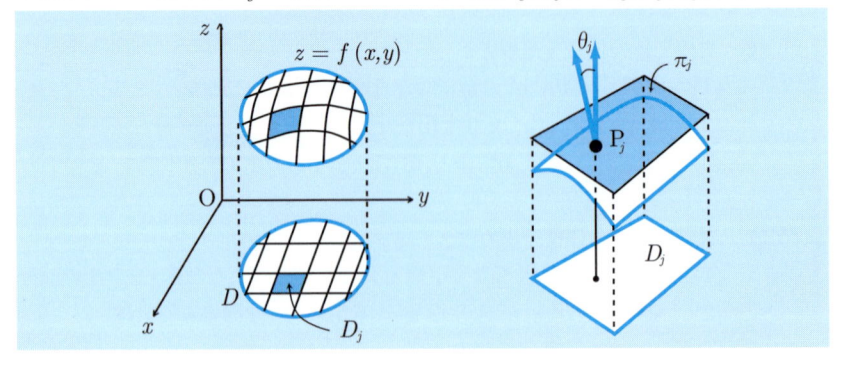

方向の単位ベクトル $(0,0,1)$ のなす角が θ_j であるから，内積の定義より

$$\cos\theta_j = \frac{-f_x \cdot 0 + (-f_y) \cdot 0 + 1 \cdot 1}{\sqrt{f_x^2 + f_y^2 + 1}\sqrt{0^2 + 0^2 + 1^2}} = \frac{1}{\sqrt{f_x^2 + f_y^2 + 1}}.$$

これより
$$S(\Delta) = \sum_{j=1}^{n} |E_j| = \sum_{j=1}^{n} \frac{|D_j|}{\cos\theta_j}$$
$$= \sum_{j=1}^{n} \sqrt{f_x(x_j, y_j)^2 + f_y(x_j, y_j)^2 + 1}\,|D_j|.$$

$\sqrt{f_x^2 + f_y^2 + 1}$ は D 上で連続だから，2重積分可能であり次の定理が得られる．

定理 13 $f(x,y)$ が D で C^1 級ならば，曲面 $z=f(x,y)$ は曲面積 S をもち

$$S = \iint_D \sqrt{f_x(x,y)^2 + f_y(x,y)^2 + 1}\,dxdy.$$

例16 放物面 $z = x^2 + y^2$ の $z \leqq a$ $(a>0)$ の部分の表面積 S を求めよ．

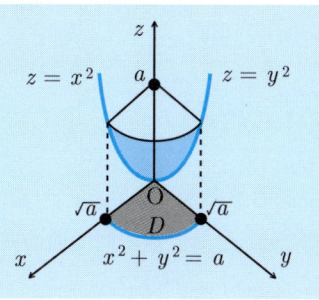

【解】 $D = \{(x,y); x^2 + y^2 \leqq a,\ x \geqq 0,\ y \geqq 0\}$ とする．図形の対称性に注意して，D の上に立つ曲面の面積を求め，それを4倍する．$x = r\cos\theta$, $y = r\sin\theta$ と極座標に変換すると

$$S = 4\iint_D \sqrt{(2x)^2 + (2y)^2 + 1}\,dxdy = 4\int_0^{\pi/2} d\theta \int_0^{\sqrt{a}} \sqrt{4r^2 + 1}\,r\,dr$$
$$= 2\pi \left[\frac{(4r^2+1)^{3/2}}{12}\right]_0^{\sqrt{a}} = \frac{(4a+1)^{3/2} - 1}{6}\pi.$$

定理 14 （回転体の表面積）　xy 平面上の C^1 級曲線 $y = f(x)$ ($a \leqq x \leqq b$) を x 軸のまわりに回転してできる回転面の曲面積 S は次式で与えられる．

$$S = 2\pi \int_a^b |f(x)|\sqrt{1+f'(x)^2}\, dx$$

証明　回転面の $z \geqq 0$ の部分は，$D = \{(x,y) ; a \leqq x \leqq b, -|f(x)| \leqq y \leqq |f(x)|\}$ 上の曲面 $z = \sqrt{f(x)^2 - y^2}$ である．

$$\sqrt{z_x^2 + z_y^2 + 1} = |f(x)| \frac{\sqrt{f'(x)^2 + 1}}{\sqrt{f(x)^2 - y^2}}$$

より

$$\begin{aligned}
S &= 2\iint_D \sqrt{z_x^2 + z_y^2 + 1}\, dxdy = 2\iint_D |f(x)| \frac{\sqrt{f'(x)^2 + 1}}{\sqrt{f(x)^2 - y^2}}\, dxdy \\
&= 4\int_a^b dx \int_0^{|f(x)|} |f(x)|\sqrt{1+f'(x)^2} \frac{dy}{\sqrt{f(x)^2 - y^2}} \\
&= 4\int_a^b |f(x)|\sqrt{1+f'(x)^2} \left[\sin^{-1}\frac{y}{|f(x)|}\right]_0^{|f(x)|} dx \\
&= 2\pi \int_a^b |f(x)|\sqrt{1+f'(x)^2}\, dx. \quad\blacksquare
\end{aligned}$$

例 17　半径 a の球の表面積を求めよう．$y = f(x) = \sqrt{a^2 - x^2}$ ($-a \leqq x \leqq a$) を x 軸のまわりに回転してできる回転面の曲面積 S を求めればよい．$f'(x) = -\dfrac{x}{\sqrt{a^2 - x^2}}$ より，$\sqrt{1+f'(x)^2} = \dfrac{a}{\sqrt{a^2 - x^2}}$ であるから

$$S = 2\pi \int_{-a}^a \sqrt{a^2 - x^2} \frac{a}{\sqrt{a^2 - x^2}}\, dx = 2\pi a \int_{-a}^a dx = 4\pi a^2. \quad\blacksquare$$

例題 6

サイクロイド $x = a(\theta - \sin\theta)$, $y = a(1 - \cos\theta)$ ($a > 0, 0 \leqq \theta \leqq 2\pi$) を x 軸のまわりに回転してできる回転体の表面積を求めよ．

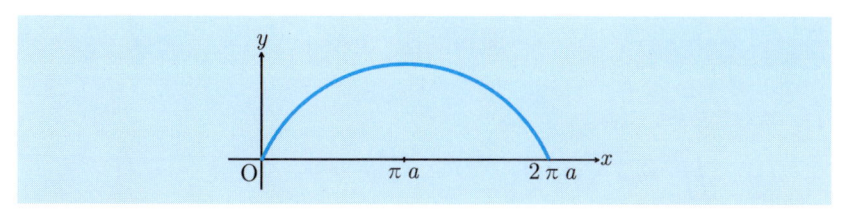

5.4 重積分の応用

【解　答】図形の対称性から $0 \leqq x \leqq \pi a$ $(0 \leqq \theta \leqq \pi)$ の部分を求め，それを 2 倍すればよい．

$$S = 4\pi \int_0^{\pi a} y\sqrt{1 + \left(\frac{dy}{dx}\right)^2}\, dx$$

$$= 4\pi \int_0^{\pi} y\sqrt{1 + \left(\frac{dy/d\theta}{dx/d\theta}\right)^2}\, \frac{dx}{d\theta}\, d\theta$$

$$= 4\pi a^2 \int_0^{\pi} (1 - \cos\theta)\sqrt{(1-\cos\theta)^2 + \sin^2\theta}\, d\theta$$

$$= 8\pi a^2 \int_0^{\pi} (1 - \cos\theta)\sin\frac{\theta}{2}\, d\theta = 16\pi a^2 \int_0^{\pi} \sin^3\frac{\theta}{2}\, d\theta$$

$$= 32\pi a^2 \int_0^{\pi/2} \sin^3 t\, dt = \frac{64}{3}\pi a^2 \qquad \blacksquare$$

注　曲線 $y = f(x)$ $(a \leqq x \leqq b)$ の媒介変数表示が $x = \varphi(\theta),\ y = \psi(\theta)$ $(\varphi'(\theta) \geqq 0, \alpha \leqq \theta \leqq \beta)$ であれば，回転体の表面積 S は次式で与えられる．

$$S = 2\pi \int_{\alpha}^{\beta} \psi(\theta)\sqrt{\varphi'(\theta)^2 + \psi'(\theta)^2}\, d\theta$$

問 18　次の図形の曲面積を求めよ．

(1) 平面 $x + y + z = 1$ の $x, y, z \geqq 0$ の部分の面積．

(2) 球面 $x^2 + y^2 + z^2 = a^2$ $(a > 0)$ のうちで $x_0 \leqq x \leqq x_0 + h$ $(-a \leqq x_0 < x_0 + h \leqq a)$ の部分の面積（このような図形を**球帯**という）．

(3) 円柱面 $x^2 + y^2 = a^2$ $(a > 0)$ の内部にある円柱面 $x^2 + z^2 = a^2$ の表面積．

(4) 球面 $x^2 + y^2 + z^2 = 9$ が円柱面 $x^2 + y^2 = 4$ によって切り取られる部分の面積．

(5) $y = \sin x$ $(0 \leqq x \leqq \pi)$ を x 軸のまわりに回転してできる回転体の表面積．

演習問題 5-A

1. 次の重積分を求めよ．

(1) $\iint_D xy(x-y)dxdy, \quad D=\{(x,y); 0 \leqq x \leqq 2,\ 0 \leqq y \leqq 1\}$

(2) $\iint_D e^{px+qy}dxdy, \quad D=\{(x,y); 0 \leqq x \leqq 1,\ 0 \leqq y \leqq 1\}$

(3) $\iint_D \sin(x+2y)dxdy, \quad D=\{(x,y); 0 \leqq x \leqq \pi/2,\ 0 \leqq y \leqq x\}$

(4) $\iint_D \sqrt{x}\,dxdy, \quad D=\{(x,y); x^2+y^2 \leqq x\}$

2. 次の累次積分の順序を交換せよ．

(1) $\int_0^1 dx \int_{x^2}^x f(x,y)dy$ \quad (2) $\int_0^a dy \int_y^{2a-y} f(x,y)dx \quad (a>0)$

3. 累次積分の順序を交換することにより，次の等式を示せ．

$$\int_0^a dx \int_0^x f(y)dy = \int_0^a (a-t)f(t)dt \quad (a>0)$$

4. 次の累次積分の順序を交換し，その値を求めよ．

(1) $\int_0^1 dx \int_{x^2}^1 \sqrt{y^2+y}\,dy$ \quad (2) $\int_1^2 dx \int_{1/x}^1 ye^{xy}\,dy$

5. 変数変換を用いて，次の重積分を求めよ．

(1) $\iint_D \dfrac{x^2+y^2}{(x+y)^3}dxdy, \quad D=\{(x,y); 1 \leqq x+y \leqq 3,\ x \geqq 0,\ y \geqq 0\}$

$(x+y=u, x-y=v$ とおけ$)$

(2) $\iint_D (x+y)e^{x-y}dxdy, \quad D=\{(x,y); 0 \leqq x+y \leqq 1,\ 0 \leqq x-y \leqq 1\}$

(3) $\iint_D (px^2+qy^2)dxdy, \quad D=\{(x,y); x^2+y^2 \leqq a^2\}$

(4) $\iint_D (x^3+y^3)dxdy, \quad D=\left\{(x,y); \dfrac{x^2}{a^2}+\dfrac{y^2}{b^2} \leqq 1,\ x \geqq 0,\ y \geqq 0\right\}$

(5) $\iint_D \sqrt{1-x^2-y^2}\,dxdy, \quad D=\{(x,y); x^2+y^2 \leqq x\}$

演習問題 5-A

6. 次の広義重積分を求めよ．

   (1) $\iint_D e^{-(x+y)} dxdy$, $D = \{(x,y); x \geq 0, 0 \leq y \leq 1\}$

   (2) $\iint_D \dfrac{x}{\sqrt{x^2+y^2}} dxdy$, $D = \{(x,y); 0 \leq y \leq x, 0 < x^2+y^2 \leq 1\}$

   (3) $\iint_D \tan^{-1} \dfrac{y}{x} dxdy$, $D = \{(x,y); x > 0, y \geq 0, x^2+y^2 \leq 1\}$

   (4) $\iint_D (x^2+y^2)^{-3/2} dxdy$, $D = \{(x,y); x^2+y^2 \geq 1\}$

7. 次の3重積分を求めよ．

   (1) $\iiint_D (xy+yz+zx) dxdydz$, $D = \{(x,y,z); 0 \leq z \leq y \leq x \leq 1\}$

   (2) $\iiint_D (x-z) dxdydz$,
   $D = \{(x,y,z); x \geq 0, y \geq 0, x^2+y^2+z^2 \leq 4\}$

   (3) $\iiint_D z\, dxdydz$,
   $D = \{(x,y,z); x^2+y^2+z^2 \leq a^2, x^2+y^2 \leq ax, z \geq 0\}$ $(a > 0)$

8. 次の立体の体積を求めよ．

   (1) $x^{2/3}+y^{2/3}+z^{2/3} = a^{2/3}$ $(a > 0)$ で囲まれた部分．

   (2) 曲面 $z = xy$ $(x \geq 0, y \geq 0)$ と円柱 $x^2+y^2 = a^2$ および xy 平面で囲まれた部分の体積．

   (3) 円柱 $x^2+y^2 \leq 1$ と球 $x^2+y^2+z^2 \leq 4$ の共通部分．

   (4) 球 $x^2+y^2+z^2 \leq a^2$ $(a > 0)$ の内部にある円柱 $x^2+y^2 \leq ax$ の部分．

9. 次の図形の曲面積を求めよ．

   (1) 錐面 $x^2+y^2 = z^2$ $(z \geq 0)$ が球面 $x^2+y^2+z^2 = a^2$ $(a > 0)$ により切り取られる部分．

   (2) 球面 $x^2+y^2+z^2 = a^2$ $(a > 0)$ が円柱 $x^2+y^2 \leq ax$ により切り取られる部分．

   (3) 楕円 $x^2 + \dfrac{y^2}{2} = 1$ を x 軸のまわりに回転してできる回転体の表面積．

   (4) アストロイド $x^{2/3}+y^{2/3} = a^{2/3}$ $(a > 0)$ を x 軸のまわりに回転してできる回転体の表面積．

演習問題 5-B

1. ガンマ関数
$$\Gamma(s) = \int_0^\infty e^{-x} x^{s-1} \, dx \quad (s > 0)$$
について次のことを示せ.

   (1) $\Gamma(s+1) = s\Gamma(s) \quad (s > 0), \quad \Gamma(n+1) = n! \quad (n \text{ は自然数})$

   (2) $\Gamma\left(\dfrac{1}{2}\right) = \sqrt{\pi}$

   (3) $\Gamma\left(n + \dfrac{1}{2}\right) = \dfrac{(2n-1)!!}{2^n}\sqrt{\pi}$

   (ただし, n は自然数で, $(2n-1)!! = (2n-1)(2n-3)\cdots 3 \cdot 1$ とする.)

2. ベータ関数
$$B(p, q) = \int_0^1 x^{p-1}(1-x)^{q-1} dx \quad (p > 0, q > 0)$$
について次のことを示せ.

   (1) $B(p, q) = \dfrac{\Gamma(p)\Gamma(q)}{\Gamma(p+q)}$

   (2) $B(p, q) = 2\displaystyle\int_0^{\pi/2} \sin^{2p-1}\theta \cos^{2q-1}\theta \, d\theta$

   (3) $\displaystyle\int_0^1 x^r(1-x^2)^s dx = \dfrac{1}{2} B\left(\dfrac{r+1}{2}, s+1\right) \quad (r > -1, \, s > -1)$

3. 立体 $K : |x|^p + |y|^p + |z|^p \leqq 1 \quad (p > 0)$ の体積を V とする.

   (1) $V = \dfrac{8}{3p^2} \dfrac{\{\Gamma(1/p)\}^3}{\Gamma(3/p)}$ を示せ.

   (2) $p = 1/2$ および $p = 2/3$ のときの体積 V を求めよ.

   (3) 立体 $\left|\dfrac{x}{a}\right|^p + \left|\dfrac{y}{b}\right|^p + \left|\dfrac{z}{c}\right|^p \leqq 1 \quad (a, b, c > 0)$ の体積は $abcV$ となることを示せ.

第6章

級　数

6.1 級数の収束・発散

級数　数列 $\{a_n\}$ に対して，各項 a_n を形式的に $+$ の記号でつないだもの
$$a_1 + a_2 + \cdots + a_n + \cdots$$
を（無限）**級数**といい，$\sum_{n=1}^{\infty} a_n$ で表す．$\{a_n\}$ の初項 a_1 から第 n 項 a_n までの和
$$S_n = \sum_{k=1}^{n} a_k = a_1 + a_2 + \cdots + a_n$$
をこの級数の**第 n 部分和**という．第 n 部分和の列 $\{S_n\}$ が S に収束するとき，級数 $\sum_{n=1}^{\infty} a_n$ は S に**収束する**という．このとき S をこの級数の和といい，$\sum_{n=1}^{\infty} a_n$ （級数と同じ記号）で表す．$\{S_n\}$ が収束しないとき，級数 $\sum_{n=1}^{\infty} a_n$ は**発散する**という．

注　$a_{n+1} = a_{n+2} = \cdots = 0$ のとき，級数 $\sum_{n=1}^{\infty} a_n$ の和は有限和 $a_1 + a_2 + \cdots + a_n$ に他ならない．

例1　$\displaystyle\sum_{n=1}^{\infty} \frac{1}{n(n+1)} = 1$．実際，
$$S_n = \sum_{k=1}^{n} \frac{1}{k(k+1)} = \sum_{k=1}^{n} \left(\frac{1}{k} - \frac{1}{k+1}\right) = 1 - \frac{1}{n+1} \to 1 \quad (n \to \infty). \blacksquare$$

定理 1 （級数の基本性質）
(1) 級数 $\sum_{n=1}^{\infty} a_n$ が収束すれば，$\{a_n\}$ は 0 に収束する．
(1') $\{a_n\}$ が 0 に収束しなければ，$\sum_{n=1}^{\infty} a_n$ は発散する．
(2) $\sum_{n=1}^{\infty} a_n, \sum_{n=1}^{\infty} b_n$ が収束すれば，
$\sum_{n=1}^{\infty}(a_n + b_n), \sum_{n=1}^{\infty} ca_n$ （c は定数）も収束して，

$$\sum_{n=1}^{\infty}(a_n+b_n) = \sum_{n=1}^{\infty} a_n + \sum_{n=1}^{\infty} b_n, \quad \sum_{n=1}^{\infty} ca_n = c\sum_{n=1}^{\infty} a_n.$$

(3) 級数 $\sum_{n=1}^{\infty} a_n$ に有限個の項を付け加えても，また取り除いても，その収束・発散は変わらない．
(4) $\sum_{n=1}^{\infty} a_n$ が収束するとき，項の順序を変えずに，そのいくつかずつを括弧でくくってできる級数

$$(a_1 + \cdots + a_{n_1}) + (a_{n_1+1} + \cdots + a_{n_2})$$
$$+ \cdots + (a_{n_{k-1}+1} + \cdots + a_{n_k}) + \cdots \tag{6.1}$$

も収束し，その和は変わらない．

証明 (1) $\sum_{n=1}^{\infty} a_n$ が収束するとき，その和を S とすると，$a_n = S_n - S_{n-1} \to S - S = 0 \quad (n \to \infty)$．(1') は (1) の対偶である．
(2) $\sum_{n=1}^{\infty} a_n, \sum_{n=1}^{\infty} b_n$ がそれぞれ S, T に収束すれば，$\sum_{k=1}^{n}(a_k + b_k) = \sum_{k=1}^{n} a_k + \sum_{k=1}^{n} b_k \to S + T \ (n \to \infty)$ となる．後半も同様．
(3) 簡単のために次の場合を考える．

$$a_1 + a_2 + \cdots + a_n + \cdots \tag{6.2}$$
$$b + a_1 + a_2 + \cdots + a_n + \cdots \tag{6.3}$$

(6.2) と (6.3) の第 n 部分和をそれぞれ S_n, T_n とすると，$T_{n+1} = b + S_n$ だから，$\{S_n\}, \{T_n\}$ の収束・発散は同時に起こる．

(4) (6.1) の第 k 部分和を T_k とすると $T_k = \sum_{n=1}^{n_k} a_n = S_{n_k}$．$\{S_n\}$ は収束するから $\{S_{n_k}\}$，すなわち $\{T_k\}$ も収束し，その和は変わらない． ∎

6.1 級数の収束・発散

注 数列 $\{a_n\}$ から，順序を変えずに無数の項を抜き出して得られる数列 $\{a_{n_k}\}$ を，$\{a_n\}$ の**部分列**という．$\{a_n\}$ が a に収束するとき，部分列 $\{a_{n_k}\}$ も a に収束することは明らかであろう（$\{T_k\}$ は $\{S_n\}$ の部分列である）．

例2
$$\sum_{n=1}^{\infty} ar^{n-1} = a + ar + ar^2 + \cdots + ar^{n-1} + \cdots$$
$$= \begin{cases} \dfrac{a}{1-r} & (|r| < 1), \\ \text{発散} & (|r| \geq 1) \end{cases} \quad (a \neq 0).$$

【解】 $|r| < 1$ のとき，$r^n \to 0 \ (n \to \infty)$ だから
$$S_n = \sum_{k=1}^{n} ar^{k-1} = \frac{a(1-r^n)}{1-r} \to \frac{a}{1-r} \quad (n \to \infty).$$
$|r| \geq 1$ なら $ar^{n-1} \not\to 0 \ (n \to \infty)$ だから，定理 1(1') より $\sum_{n=1}^{\infty} ar^{n-1}$ は発散する． ∎

問1 次の級数の和を求めよ．
(1) $\displaystyle\sum_{n=1}^{\infty} \frac{3}{(n+1)(n+2)}$ (2) $\displaystyle\sum_{n=1}^{\infty} \frac{1}{n(n+1)(n+2)}$
(3) $\displaystyle\sum_{n=1}^{\infty} \frac{3^n - 2^n}{5^n}$

定理 2 （コーシー（**Cauchy**）の定理） 級数 $\sum_{n=1}^{\infty} a_n$ が収束するためには
$$\sum_{k=n+1}^{m} a_k = a_{n+1} + \cdots + a_m \to 0 \quad (m > n \to \infty) \tag{6.4}$$
となることが必要十分である．

証明 $\sum_{n=1}^{\infty} a_n$ が収束するとき，その和を S とすると
$$\sum_{k=n+1}^{m} a_k = S_m - S_n \to S - S = 0 \quad (m > n \to \infty).$$
逆に (6.4) が成り立てば，$\{S_n\}$ はコーシー列となるから，実数の完備性（1章演習問題 1-B の 4）により収束する． ∎

6.2 正項級数

正項級数　$a_n \geqq 0$ $(n = 1, 2, \cdots)$ であるとき，$\sum_{n=1}^{\infty} a_n$ を正項級数という．

定理 3　正項級数 $\sum_{n=1}^{\infty} a_n$ は，部分和の列 $\{S_n\}$ が上に有界ならば収束する．

証明　$\{S_n\}$ は上に有界であるとする．$\sum_{n=1}^{\infty} a_n$ が正項級数だから $\{S_n\}$ は増加数列となり，1章定理3より収束する．ゆえに $\sum_{n=1}^{\infty} a_n$ は収束する．　∎

注　一般に，収束する数列は有界である．したがって定理3の逆も正しい．
　実際，数列 $\{a_n\}$ が a に収束すれば，ある番号から先のすべての n に対して，$a - 1 < a_n < a + 1$ となる．すなわち，区間 $(a - 1, a + 1)$ に含まれない a_n は高々有限個だから，$\{a_n\}$ は有界である．

定理 4　（積分判定法）　$f(x)$ は $[1, \infty)$ で連続な減少関数で，$f(x) \geqq 0$ とする．$a_n = f(n)$ $(n = 1, 2, \cdots)$ とするとき，正項級数 $\sum_{n=1}^{\infty} a_n$ が収束するためには無限積分 $\int_1^{\infty} f(x) dx$ が存在することが必要十分である．

証明　$k \leqq x \leqq k + 1$ のとき $f(k) \geqq f(x) \geqq f(k+1)$ だから

$$a_k = \int_k^{k+1} f(k) dx \geqq \int_k^{k+1} f(x) dx \geqq \int_k^{k+1} f(k+1) dx = a_{k+1}.$$

ここで $k = 1, 2, \cdots, n$ とおいて辺々加えると

$$S_n \geqq \int_1^{n+1} f(x) dx \geqq S_{n+1} - a_1.$$

6.2 正項級数

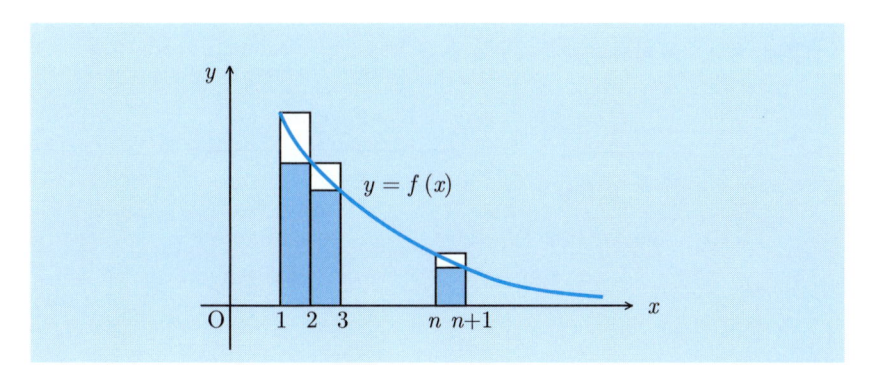

これより $\{S_n\}$, すなわち「$\sum_{n=1}^{\infty} a_n$ の収束」と「$\int_1^{\infty} f(x)dx$ の収束」は同値である. ∎

例題 1

$\sum_{n=1}^{\infty} \dfrac{1}{n^p}$ は $p > 1$ のとき収束し, $p \leqq 1$ のとき発散することを示せ.

【解 答】 $p \leqq 0$ のとき, $\dfrac{1}{n^p} = n^{-p} \not\to 0 \ (n \to \infty)$ だから $\sum_{n=1}^{\infty} \dfrac{1}{n^p}$ は発散する.

$p > 0$ のとき $f(x) = \dfrac{1}{x^p} \ (x \geqq 1)$ とおくと, $f(x)$ は連続な減少関数で $f(n) = \dfrac{1}{n^p}$. 3章問21から $\int_1^{\infty} \dfrac{dx}{x^p}$ は $p > 1$ のとき収束し, $0 < p \leqq 1$ のとき発散するから定理4より結論を得る. ∎

問 2 $\sum_{n=2}^{\infty} \dfrac{1}{n(\log n)^p}$ は $p > 1$ のとき収束し, $p \leqq 1$ のとき発散することを示せ (定理4を $[2, \infty)$ で用いよ).

問 3 次の級数の収束・発散を調べよ.

(1) $\sum_{n=1}^{\infty} \dfrac{1}{n\sqrt{n}}$ (2) $\sum_{n=1}^{\infty} \dfrac{1}{\sqrt{n}}$ (3) $\sum_{n=2}^{\infty} \dfrac{1}{n \log n}$

> **定理 5**　（比較判定法）　正項級数 $\sum_{n=1}^{\infty} a_n, \sum_{n=1}^{\infty} b_n$ において
> $$a_n \leqq Kb_n \tag{6.5}$$
> 有限個の n を除いて，をみたす正数 K が存在するとき，
> (1)　$\sum_{n=1}^{\infty} b_n$ が収束すれば，$\sum_{n=1}^{\infty} a_n$ も収束する．
> (2)　$\sum_{n=1}^{\infty} a_n$ が発散すれば，$\sum_{n=1}^{\infty} b_n$ も発散する．

証明　(1)　定理 1(3) によって，(6.5) はすべての n に対して成り立つとしてよい．$\sum_{n=1}^{\infty} b_n$ が収束するとき，その和を T とする．$\sum_{n=1}^{\infty} a_n, \sum_{n=1}^{\infty} b_n$ の第 n 部分和をそれぞれ S_n, T_n とすると，(6.5) から

$$S_n \leqq KT_n \leqq KT \quad (n=1,2,\cdots)$$

となり，$\{S_n\}$ は上に有界．よって，定理 3 より $\sum_{n=1}^{\infty} a_n$ は収束する．

(2) は (1) の対偶である．　■

例3　級数 $\displaystyle\sum_{n=1}^{\infty} \frac{n}{n^3 + 3n - 3}$ の収束・発散を調べよ．

【解】　すべての n に対して，

$$\frac{n}{n^3 + 3n - 3} \leqq \frac{n}{n^3} = \frac{1}{n^2}$$

が成り立つ．例題 1 より $\displaystyle\sum_{n=1}^{\infty} \frac{1}{n^2}$ は収束するから，定理 5 によって $\displaystyle\sum_{n=1}^{\infty} \frac{n}{n^3 + 3n - 3}$ は収束する．　■

問 4　次の級数の収束・発散を調べよ．
(1)　$\displaystyle\sum_{n=1}^{\infty} \frac{\sqrt{n}}{n^2 + 2}$　　(2)　$\displaystyle\sum_{n=2}^{\infty} \frac{1}{\log n}$　　(3)　$\displaystyle\sum_{n=1}^{\infty} \sin^2 \frac{\pi}{n}$

6.2 正項級数

系（比較判定法） 正項級数 $\sum_{n=1}^{\infty} a_n, \sum_{n=1}^{\infty} b_n \ (b_n \neq 0)$ において

$$\lim_{n \to \infty} \frac{a_n}{b_n} = l \quad (0 \leqq l \leqq \infty) \tag{6.6}$$

とする.

(1) $0 < l < \infty$ のとき, $\sum_{n=1}^{\infty} a_n, \sum_{n=1}^{\infty} b_n$ の収束・発散は同時に起こる.

(2) $l = 0$ のとき, $\sum_{n=1}^{\infty} b_n$ が収束すれば $\sum_{n=1}^{\infty} a_n$ も収束する.

(3) $l = \infty$ のとき, $\sum_{n=1}^{\infty} a_n$ が収束すれば $\sum_{n=1}^{\infty} b_n$ も収束する.

証明 (1) $0 < l < \infty$ のとき, $0 < K < l < M < \infty$ である K, M をとると, (6.6) より有限個の n を除いて $K \leqq a_n/b_n \leqq M$, すなわち $Kb_n \leqq a_n \leqq Mb_n$ が成り立つ. よって定理 5 より結論を得る.

(2), (3) も同様. ∎

問 5 定理 5 系の (2), (3) を示せ.

例 4 $\displaystyle\sum_{n=1}^{\infty} \frac{3^n}{5^n - 4^n}$ の収束・発散を調べよ.

【解】 $a_n = \dfrac{3^n}{5^n - 4^n}, \ b_n = \dfrac{3^n}{5^n} = \left(\dfrac{3}{5}\right)^n$ とおくと,

$$\frac{a_n}{b_n} = \frac{1}{1 - (4/5)^n} \to 1 \quad (n \to \infty).$$

$\sum_{n=1}^{\infty} \left(\dfrac{3}{5}\right)^n$ は収束するから, 定理 5 系より $\sum_{n=1}^{\infty} \dfrac{3^n}{5^n - 4^n}$ は収束する. ∎

問 6 次の級数の収束・発散を調べよ.

(1) $\displaystyle\sum_{n=1}^{\infty} \frac{1}{3^n - 2^n}$ (2) $\displaystyle\sum_{n=1}^{\infty} \frac{2n+3}{3n^3 - n - 1}$ (3) $\displaystyle\sum_{n=1}^{\infty} \sin \frac{\pi}{n}$

> **定理 6** （ダランベール（d'Alembert）の判定法） 正項級数 $\sum_{n=1}^{\infty} a_n$ において
> $$\lim_{n\to\infty} \frac{a_{n+1}}{a_n} = r \quad (0 \leqq r \leqq \infty) \tag{6.7}$$
> であるとき,
> (1) $0 \leqq r < 1$ ならば, $\sum_{n=1}^{\infty} a_n$ は収束する.
> (2) $1 < r \leqq \infty$ ならば, $\sum_{n=1}^{\infty} a_n$ は発散する.

証明 (1) $r < R < 1$ である R をとると, (6.7) より有限個の n を除いて

$$\frac{a_{n+1}}{a_n} < R \quad \text{すなわち} \quad a_{n+1} < R a_n \tag{6.8}$$

が成り立つ. $\sum_{n=1}^{\infty} a_n$ が収束することを示すのに (6.8) はすべての n に対して成り立つとしてよい（定理1(3)）. このとき

$$a_n \leqq a_1 R^{n-1} \quad (n=1,2,\cdots).$$

$\sum_{n=1}^{\infty} R^{n-1} \ (0 < R < 1)$ は収束するから, 定理5より $\sum_{n=1}^{\infty} a_n$ は収束する.

(2) $r > 1$ ならば, 有限個の n を除いて $a_{n+1}/a_n > 1$, すなわち $a_{n+1} > a_n$ となる. これより $a_n \not\to 0 \ (n \to \infty)$ だからこの級数は発散する. ∎

注 定理6において $r=1$ のとき, この方法では収束・発散の判定はできない. 実際 $\sum_{n=1}^{\infty} \frac{1}{n^2}$ は収束し, $\sum_{n=1}^{\infty} \frac{1}{n}$ は発散するが, いずれも $\lim_{n\to\infty} \frac{a_{n+1}}{a_n} = 1$ である.

例5 $\sum_{n=1}^{\infty} \frac{a^n}{n!} \ (a > 0)$ は収束する. 実際, $a_n = \frac{a^n}{n!}$ とおくと,

$$\lim_{n\to\infty} \frac{a_{n+1}}{a_n} = \lim_{n\to\infty} \frac{a^{n+1}}{(n+1)!} \frac{n!}{a^n} = \lim_{n\to\infty} \frac{a}{n+1} = 0$$

だから, 定理6より収束する. ∎

6.2 正項級数

定理 7 （コーシー（**Cauchy**）の判定法）　正項級数 $\sum_{n=1}^{\infty} a_n$ において

$$\lim_{n \to \infty} \sqrt[n]{a_n} = r \quad (0 \leqq r \leqq \infty) \tag{6.9}$$

であるとき，
(1) $0 \leqq r < 1$ ならば，$\sum_{n=1}^{\infty} a_n$ は収束する．
(2) $1 < r \leqq \infty$ ならば，$\sum_{n=1}^{\infty} a_n$ は発散する．

証明　(1) $r < R < 1$ である R をとると，(6.9) より有限個の n を除いて

$$\sqrt[n]{a_n} < R, \quad \text{すなわち} \quad a_n < R^n$$

が成り立つ．$\sum_{n=1}^{\infty} R^n$ は収束するから，定理 5 より $\sum_{n=1}^{\infty} a_n$ は収束する．
(2) $r > 1$ ならば，有限個の n を除いて

$$\sqrt[n]{a_n} > 1 \quad \text{すなわち} \quad a_n > 1$$

となり，$\{a_n\}$ は 0 に収束しない．したがって $\sum_{n=1}^{\infty} a_n$ は発散する．　■

注　定理 7 において $r = 1$ のとき，この方法では収束・発散の判定はできない．実際，定理 6 注の例を考えるといずれも $\lim_{n \to \infty} \sqrt[n]{a_n} = 1$ である（演習問題 1-B の 1 より $\lim_{n \to \infty} \sqrt[n]{n} = 1$）．

例 6　$\sum_{n=1}^{\infty} \left(\dfrac{n}{n+1} \right)^{n^2}$ の収束・発散を調べる．$a_n = \left(\dfrac{n}{n+1} \right)^{n^2}$ とおくと，

$$\lim_{n \to \infty} \sqrt[n]{a_n} = \lim_{n \to \infty} \left(\frac{n}{n+1} \right)^n = \lim_{n \to \infty} \left(\frac{1}{1 + 1/n} \right)^n = \frac{1}{e} < 1$$

だから，定理 7 より収束する．　■

問 7　次の級数の収束・発散を調べよ．

(1) $\displaystyle\sum_{n=1}^{\infty} \frac{n}{2^n}$ 　　(2) $\displaystyle\sum_{n=1}^{\infty} \frac{n^k}{n!}$ 　（k は自然数）

(3) $\displaystyle\sum_{n=1}^{\infty} \frac{n^n}{n!}$ 　　(4) $\displaystyle\sum_{n=1}^{\infty} \left(\frac{3n-2}{2n+3} \right)^n$

(5) $\displaystyle\sum_{n=2}^{\infty} \frac{1}{(\log n)^n}$ 　　(6) $\displaystyle\sum_{n=1}^{\infty} \left(\frac{n}{n+2} \right)^{n^2}$

6.3 絶対収束級数・条件収束級数

交代級数 $a_n a_{n+1} < 0\ (n=1,2,\cdots)$ のとき, 級数 $\sum_{n=1}^{\infty} a_n$ を交代級数という.

> **定理 8** （ライプニッツ（Leibniz）の定理）
> $a_n \geqq a_{n+1} \geqq 0\ (n=1,2,\cdots)$ で $a_n \to 0\ (n \to \infty)$ ならば, 交代級数
> $$\sum_{n=1}^{\infty}(-1)^{n-1}a_n = a_1 - a_2 + a_3 - \cdots + (-1)^{n-1}a_n + \cdots$$
> は収束する.

証明 第 n 部分和を S_n とする. まず, $\{S_n\}$ の偶数番目の項からなる部分列 $\{S_{2n}\}$ を考える. $\{a_n\}$ は単調減少だから

$$S_{2n+2} = S_{2n} + a_{2n+1} - a_{2n+2} \geqq S_{2n},$$
$$S_{2n} = a_1 - (a_2 - a_3) - \cdots - (a_{2n-2} - a_{2n-1}) - a_{2n} \leqq a_1.$$

すなわち $\{S_{2n}\}$ は上に有界な増加数列となり, 収束する. その極限値を S とする.

次に, $\{S_n\}$ の奇数番目の項からなる部分列 $\{S_{2n-1}\}$ を考えると, $S_{2n+1} = S_{2n} + a_{2n+1} \to S\ (n \to \infty)$ となり, $\{S_{2n-1}\}$ も S に収束する. したがって $\{S_n\}$ は S に収束する. ■

例7 交代級数 $\sum_{n=1}^{\infty} \dfrac{(-1)^{n-1}}{n}$ は収束する. 実際, $\left\{\dfrac{1}{n}\right\}$ は単調減少で 0 に収束するから, 定理 8 より収束. ■

絶対収束級数・条件収束級数 $\sum_{n=1}^{\infty} |a_n|$ が収束するとき, 級数 $\sum_{n=1}^{\infty} a_n$ は**絶対収束する**という. 正項級数に対しては, 収束と絶対収束の概念は一致する. 次の定理で見るように, 絶対収束級数は収束するが, 逆は必ずしも成り立たない. そこで収束する級数が絶対収束しないとき, **条件収束する**という.

6.3 絶対収束級数・条件収束級数

定理 9 級数 $\sum_{n=1}^{\infty} a_n$ は絶対収束すれば収束する.

証明 $\sum_{n=1}^{\infty} |a_n|$ が収束すれば, コーシーの定理 (定理 2) より

$$0 \leq \left| \sum_{k=n+1}^{m} a_k \right| \leq \sum_{k=n+1}^{m} |a_k| \to 0 \quad (m > n \to \infty).$$

これより, 再びコーシーの定理によって $\sum_{n=1}^{\infty} a_n$ は収束する. ∎

例 8 $\sum_{n=1}^{\infty} \dfrac{(-1)^{n-1}}{n}$ は条件収束する. 実際, 例 7 よりこの級数は収束するが $\sum_{n=1}^{\infty} \left| \dfrac{(-1)^{n-1}}{n} \right| = \sum_{n=1}^{\infty} \dfrac{1}{n}$ は発散する. ∎

問 8 次の級数について, 絶対収束か条件収束かを調べよ.

(1) $\sum_{n=1}^{\infty} \dfrac{(-1)^n}{n\sqrt{n}}$ (2) $\sum_{n=1}^{\infty} \dfrac{(-1)^n}{2n+1}$ (3) $\sum_{n=2}^{\infty} \dfrac{(-1)^n}{\log n}$

絶対収束級数には有限和のもつ次の性質が保存される (証明は省略):

定理 10
(1) 絶対収束級数は項の順序を変えても絶対収束して, その和は変わらない.
(2) $\sum_{n=1}^{\infty} a_n, \sum_{n=1}^{\infty} b_n$ が絶対収束するとき, それらの項のすべての積 $a_i b_j$ を任意の順序で並べてできる級数 $\sum a_i b_j$ も絶対収束して,

$$\sum a_i b_j = \left(\sum_{n=1}^{\infty} a_n \right) \left(\sum_{n=1}^{\infty} b_n \right).$$

注 条件収束級数は項の順序を変えることにより, 任意の数に収束させることも, また $\pm\infty$ に発散させることもできることが知られている.

6.4 整級数

整級数　一般項が関数 $f_n(x)$ である級数 $\sum_{n=0}^{\infty} f_n(x)$ を関数項級数という．特に $f_n(x) = a_n x^n \ (n = 0, 1, 2, \cdots)$ であるとき，

$$\sum_{n=0}^{\infty} a_n x^n = a_0 + a_1 x + a_2 x^2 + \cdots + a_n x^n + \cdots$$

を**整級数**という．

> **定理 11**
> (1) 整級数 $\sum_{n=0}^{\infty} a_n x^n$ は，$x = x_0 \ (\neq 0)$ で収束すれば，$|x| < |x_0|$ であるすべての x に対して絶対収束する．
> (2) 整級数 $\sum_{n=0}^{\infty} a_n x^n$ は，$x = x_0$ で発散すれば，$|x| > |x_0|$ であるすべての x に対して発散する．

証明　(1) 級数 $\sum_{n=0}^{\infty} a_n x_0^n$ が収束すれば，$a_n x_0^n \to 0 \ (n \to \infty)$ だから $\{a_n x_0^n\}$ は有界（定理3注）．したがってある定数 M が存在して，すべての n に対して $|a_n x_0^n| \leqq M$ となる．このとき $|x| < |x_0|$ ならば，

$$|a_n x^n| \leqq |a_n x_0^n| \left|\frac{x}{x_0}\right|^n \leqq M \left|\frac{x}{x_0}\right|^n \quad (n = 0, 1, 2, \cdots).$$

ここで $\left|\dfrac{x}{x_0}\right| < 1$ だから，$\sum_{n=0}^{\infty} \left|\dfrac{x}{x_0}\right|^n$ は収束．したがって比較判定法より $\sum_{n=0}^{\infty} |a_n x^n|$ は収束する．すなわち $\sum_{n=0}^{\infty} a_n x^n$ は絶対収束する．

(2) 級数 $\sum_{n=0}^{\infty} a_n x_0^n$ が発散するとき，もし $|x| > |x_0|$ である，ある x に対して $\sum_{n=0}^{\infty} a_n x^n$ が収束したとすると，(1) より $\sum_{n=0}^{\infty} a_n x_0^n$ が収束することになり矛盾．したがって，$|x| > |x_0|$ であるすべての x に対して $\sum_{n=0}^{\infty} a_n x^n$ は発散する． ∎

6.4 整級数

整級数の収束半径　　整級数 $\sum_{n=0}^{\infty} a_n x^n$ に対して，

$$r = \sup\left\{|x|; \sum_{n=0}^{\infty} a_n x^n が収束\right\} \quad (0 \leqq r \leqq \infty)$$

をこの級数の**収束半径**という．

定理 12（収束半径の性質）　　整級数 $\sum_{n=0}^{\infty} a_n x^n$ の収束半径を r とすると：

(1)　$0 < r < \infty$ ならば，$\sum_{n=0}^{\infty} a_n x^n$ は $|x| < r$ で収束（絶対収束）し，$|x| > r$ で発散する．

(2)　$r = 0$ ならば，$\sum_{n=0}^{\infty} a_n x^n$ はすべての $x \neq 0$ に対して発散する．

(3)　$r = \infty$ ならば，$\sum_{n=0}^{\infty} a_n x^n$ はすべての x に対して収束する．

逆に，(1), (2), (3) のいずれかをみたす r は $\sum_{n=0}^{\infty} a_n x^n$ の収束半径である．

証明　(1) $|x| < r$ ならば収束半径の定義より，$|x| < |u| < r$ で $\sum_{n=0}^{\infty} a_n u^n$ が収束するような u が存在する．このとき定理 11 より $\sum_{n=0}^{\infty} a_n x^n$ は収束する．$|x| > r$ のとき $\sum_{n=0}^{\infty} a_n x^n$ が発散することは明らか．

逆に，(1) の性質をみたす r が収束半径となることも定義から明らか．

(2), (3) も同様に示される．　■

$x = \pm r$ のとき，$\sum_{n=0}^{\infty} a_n x^n$ は収束することも，発散することもある（例題 2(2) 参照）．整級数 $\sum_{n=0}^{\infty} a_n x^n$ が収束するような x の集合をこの整級数の**収束域**という．

例9　$\sum_{n=0}^{\infty} x^n$ は $|x| < 1$ で収束，$|x| > 1$ で発散するから，収束半径は 1．また $x = \pm 1$ のとき発散するから，収束域は $(-1, 1)$ である．　■

> **定理 13** 整級数 $\sum_{n=0}^{\infty} a_n x^n$ の収束半径を r とする.
> (1) $\displaystyle\lim_{n\to\infty}\left|\frac{a_{n+1}}{a_n}\right|=l$ または (2) $\displaystyle\lim_{n\to\infty}\sqrt[n]{|a_n|}=l$ $(0\leq l\leq\infty)$
> が存在すれば, $r=1/l$ である (ただし $1/0=\infty$, $1/\infty=0$ とする).

証明 (1) $0<l<\infty$ とする. $\displaystyle\lim_{n\to\infty}\frac{|a_{n+1}x^{n+1}|}{|a_n x^n|}=l\,|x|$ だから, $|x|<1/l$ のとき $\sum_{n=0}^{\infty}|a_n x^n|$ は定理 6 より収束, したがって $\sum_{n=0}^{\infty} a_n x^n$ は収束. $|x|>1/l$ ならば $\{|a_n x^n|\}$ のある項から先は $|a_{n+1}x^{n+1}|>|a_n x^n|$ となるから $a_n x^n \not\to 0$. ゆえにこの級数は発散. したがって定理 12(1) より $r=1/l$ となる. $l=0$, $l=\infty$ の場合, また (2) の場合も同様. ∎

問 9 定理 13 の (2) の場合を示せ.

> **例題 2**
> 次の整級数の収束半径と収束域を求めよ.
> (1) $\displaystyle\sum_{n=1}^{\infty} n x^n$ (2) $\displaystyle\sum_{n=1}^{\infty} \frac{x^n}{n}$ (3) $\displaystyle\sum_{n=0}^{\infty}\left(\frac{2n+1}{3n+1}\right)^n x^n$

【解答】 (1) $a_n=n$ とおくと $\displaystyle\lim_{n\to\infty}\frac{a_{n+1}}{a_n}=\lim_{n\to\infty}\left(1+\frac{1}{n}\right)=1$ だから収束半径は 1. $x=\pm 1$ のとき, $nx^n \not\to 0\ (n\to\infty)$ だからこの整級数は発散. ゆえに収束域は $(-1,1)$.

(2) (1) と同様にして収束半径は 1. この整級数は $x=1$ のとき発散 (例題 1), $x=-1$ のとき例 7 より収束するから, 収束域は $[-1,1)$ である.

(3) $a_n=\left(\dfrac{2n+1}{3n+1}\right)^n$ とおくと, $r=\displaystyle\lim_{n\to\infty}\frac{1}{\sqrt[n]{a_n}}=\frac{3}{2}$. また, $x=\pm 3/2$ のとき $|a_n x^n|\geq 1$ だから, この整級数は発散. ゆえに収束域は $(-3/2,\,3/2)$. ∎

問 10 次の整級数の収束半径と収束域を求めよ.
(1) $\displaystyle\sum_{n=0}^{\infty}\frac{x^n}{n!}$ (2) $\displaystyle\sum_{n=1}^{\infty} n^n x^n$ (3) $\displaystyle\sum_{n=1}^{\infty}\frac{2^n}{n^2}x^n$

6.4 整級数

整級数で表される関数に対して次の定理が成り立つ．

> **定理 14** 整級数 $\sum_{n=0}^{\infty} a_n x^n$ の収束半径を $r > 0$ とし，$f(x) = \sum_{n=0}^{\infty} a_n x^n$ $(|x| < r)$ とする．
>
> (1) 関数 $f(x)$ は区間 $(-r, r)$ で連続である．
>
> (2) （項別積分の定理） $-r < x < r$ に対して
> $$\int_0^x f(t)dt = \sum_{n=0}^{\infty} \int_0^x a_n t^n dt = \sum_{n=0}^{\infty} \frac{a_n}{n+1} x^{n+1}.$$
>
> (3) （項別微分の定理） $f(x)$ は区間 $(-r, r)$ で微分可能で，
> $$f'(x) = \sum_{n=1}^{\infty} n a_n x^{n-1}. \tag{6.10}$$

証明 (1) は省略．

(2) $0 < x < r$ とする．定理 12 より $\sum_{n=0}^{\infty} |a_n x^n|$ は収束するから

$$\left| \int_0^x \left(\sum_{n=0}^{\infty} a_n t^n \right) dt - \sum_{n=0}^{N} \int_0^x a_n t^n dt \right| = \left| \int_0^x \sum_{n=N+1}^{\infty} a_n t^n dt \right|$$
$$\leq \int_0^x \sum_{n=N+1}^{\infty} |a_n t^n| dt \leq x \sum_{n=N+1}^{\infty} |a_n x^n| \to 0 \quad (N \to \infty)$$

となり，結論が得られる．$-r < x < 0$ のときも同様（$x = 0$ なら明らか）．

(3) $|x| < r$ とし，$|x| < u < r$ である u をとる．$\sum_{n=0}^{\infty} a_n u^n$ は収束するから，ある正数 M をとると，すべての n に対して $|a_n u^n| \leq M$（定理 11(1) の証明参照）．よって

$$|n a_n x^{n-1}| = \left| a_n u^n \frac{n x^{n-1}}{u^n} \right| \leq \frac{M}{u} n \left| \frac{x}{u} \right|^{n-1}.$$

$\sum_{n=1}^{\infty} n |x/u|^{n-1}$ は収束する（例題 2(1)）から $\sum_{n=1}^{\infty} n a_n x^{n-1}$ は収束する．そこで $g(x) = \sum_{n=1}^{\infty} n a_n x^{n-1}$ $(|x| < r)$ とおき項別積分すると，$\int_0^x g(t)dt = \sum_{n=1}^{\infty} a_n x^n = f(x) - a_0$．この第 1 項は微分可能だから，$f(x)$ は微分可能．またこの辺々を微分して (6.10) が得られる． ∎

関数の整級数展開

関数 $f(x)$ が $f(x)=\sum_{n=0}^{\infty} a_n x^n$ ($|x|<r$) と整級数で表されるとき，その表し方は一通りで $f(x)$ のマクローリン展開に他ならない:

> **定理 15** $f(x) = \sum_{n=0}^{\infty} a_n x^n$ ($|x| < r$) ならば，$a_n = \dfrac{f^{(n)}(0)}{n!}$ ．

証明 項別微分の定理から $f(x)$ は $(-r, r)$ で無限回微分可能．$f(x)$ を k 回微分して $f^{(k)}(x) = \sum_{n=k}^{\infty} n(n-1)\cdots(n-k+1) a_n x^{n-k}$．これより $f^{(k)}(0) = k!\, a_k$ となる． ∎

例題 3

次の整級数展開が成り立つことを示せ．

(1) （一般の 2 項定理：2 章例 20(5)） 任意の実数 α に対して
$$(1+x)^\alpha = \binom{\alpha}{0} + \binom{\alpha}{1}x + \binom{\alpha}{2}x^2 + \cdots + \binom{\alpha}{n}x^n + \cdots$$
$$(|x| < 1) \qquad (6.11)$$

ただし
$$\binom{\alpha}{n} = \frac{\alpha(\alpha-1)\cdots(\alpha-n+1)}{n!} \quad (n \neq 0), \quad \binom{\alpha}{0} = 1$$

(2) $\tan^{-1} x = x - \dfrac{x^3}{3} + \dfrac{x^5}{5} - \cdots + (-1)^{n-1}\dfrac{x^{2n-1}}{2n-1} + \cdots$ ($|x| < 1$)

証明 (1) $a_n = \dbinom{\alpha}{n}$ とおくと，$\lim_{n\to\infty}\left|\dfrac{a_{n+1}}{a_n}\right| = \lim_{n\to\infty}\left|\dfrac{\alpha-n}{n+1}\right| = 1$ より，(6.11) の右辺の級数の収束半径は 1．そこで
$$f(x) = \sum_{n=0}^{\infty} \binom{\alpha}{n} x^n \quad (|x| < 1)$$
とおくと，項別微分の定理より
$$f'(x) = \sum_{n=1}^{\infty} \frac{\alpha(\alpha-1)\cdots(\alpha-n+1)}{(n-1)!} x^{n-1}$$

$$= \sum_{n=0}^{\infty} \frac{\alpha(\alpha-1)\cdots(\alpha-n)}{n!} x^n.$$

したがって

$$(1+x)f'(x)$$
$$= \sum_{n=0}^{\infty} \frac{\alpha(\alpha-1)\cdots(\alpha-n)}{n!} x^n + \sum_{n=1}^{\infty} \frac{\alpha(\alpha-1)\cdots(\alpha-n+1)}{(n-1)!} x^n$$
$$= \alpha + \sum_{n=1}^{\infty} \frac{\alpha(\alpha-1)\cdots(\alpha-n+1)}{(n-1)!} \left(\frac{\alpha-n}{n} + 1 \right) x^n$$
$$= \alpha + \alpha \sum_{n=1}^{\infty} \frac{\alpha(\alpha-1)\cdots(\alpha-n+1)}{n!} x^n = \alpha f(x).$$

これより $\dfrac{f'(x)}{f(x)} = \dfrac{\alpha}{1+x}$ となる．この両辺を 0 から x まで積分すると，$\log|f(x)| = \alpha \log(1+x)$．したがって $f(x) = \pm(1+x)^\alpha$．ここで $f(0) = 1$ だから，$f(x) = (1+x)^\alpha$ となり結論を得る．

(2) $|x| < 1$ のとき，例 9 より

$$\frac{1}{1+x^2} = 1 - x^2 + x^4 - \cdots + (-1)^{n-1} x^{2(n-1)} + \cdots.$$

項別積分の定理により

$$\tan^{-1} x = \int_0^x \frac{dt}{1+t^2} = x - \frac{x^3}{3} + \frac{x^5}{5} - \cdots + (-1)^{n-1} \frac{x^{2n-1}}{2n-1} + \cdots. \blacksquare$$

問 11 次の整級数展開が成り立つことを示せ．

(1) $\log(1+x) = x - \dfrac{x^2}{2} + \dfrac{x^3}{3} - \cdots + (-1)^{n-1} \dfrac{x^n}{n} + \cdots$ $\quad (|x|<1)$

(2) $\dfrac{1}{\sqrt{1+x}} = 1 - \dfrac{1}{2}x + \dfrac{1\cdot 3}{2\cdot 4}x^2 - \cdots + (-1)^n \dfrac{1\cdot 3\cdots(2n-1)}{2\cdot 4\cdots(2n)} x^n + \cdots$
$\quad (|x|<1)$

(3) $\sin^{-1} x = x + \dfrac{1}{2}\dfrac{x^3}{3} + \dfrac{1\cdot 3}{2\cdot 4}\dfrac{x^5}{5} + \cdots + \dfrac{1\cdot 3\cdots(2n-1)}{2\cdot 4\cdots(2n)} \dfrac{x^{2n+1}}{2n+1} + \cdots$
$\quad (|x|<1)$

演習問題 6-A

1. 次の級数の収束・発散を調べよ．

(1) $\displaystyle\sum_{n=1}^{\infty} \frac{1}{n} \log\left(1 + \frac{1}{n}\right)$
(2) $\displaystyle\sum_{n=1}^{\infty} (\sqrt[n]{2} - 1)$

(3) $\displaystyle\sum_{n=1}^{\infty} \frac{1 \cdot 3 \cdots (2n-1)}{3 \cdot 6 \cdots (3n)}$
(4) $\displaystyle\sum_{n=1}^{\infty} (-1)^n \frac{\log n}{\log(n+1)}$

(5) $\displaystyle\sum_{n=1}^{\infty} (\sqrt[n]{n} - 1)$
(6) $\displaystyle\sum_{n=1}^{\infty} \left(\frac{an+b}{cn+d}\right)^n \quad (a,b,c,d > 0)$

2. 次の整級数の収束半径と収束域を求めよ．

(1) $\displaystyle\sum_{n=0}^{\infty} \frac{(n^2)!}{(2n)!} x^n$
(2) $\displaystyle\sum_{n=0}^{\infty} (\sqrt{n+1} - \sqrt{n})\, x^n$
(3) $\displaystyle\sum_{n=0}^{\infty} \frac{x^{2n}}{2^n}$

3. 整級数 $\sum_{n=0}^{\infty} a_n x^n$ の収束半径を ρ とすると，$\sum_{n=0}^{\infty} a_n x^{2n}$, $\sum_{n=0}^{\infty} a_n x^{2n+1}$ の収束半径は $\sqrt{\rho}$ であることを示せ．また $\displaystyle\sum_{n=0}^{\infty} \frac{(n!)^2}{(2n)!} x^{2n}$ の収束半径を求めよ．

4. $\sinh x = x + \dfrac{x^3}{3!} + \dfrac{x^5}{5!} + \cdots + \dfrac{x^{2n-1}}{(2n-1)!} + \cdots \quad (-\infty < x < \infty)$ を示せ．

演習問題 6-B

1. 正項級数 $\sum_{n=1}^{\infty} a_n$ が収束するとき，次の級数は収束することを示せ．

(1) $\displaystyle\sum_{n=1}^{\infty} \sqrt{a_n a_{n+1}}$
(2) $\displaystyle\sum_{n=1}^{\infty} a_n^2$
(3) $\displaystyle\sum_{n=1}^{\infty} \frac{a_n}{1 - a_n}$

2. 整級数 $\sum_{n=0}^{\infty} a_n x^n$ の収束半径を r とすると，$\sum_{n=1}^{\infty} n a_n x^{n-1}$, $\sum_{n=0}^{\infty} \dfrac{a_n}{n+1} x^{n+1}$ の収束半径も r であることを示せ．

3. 整級数 $\sum_{n=0}^{\infty} a_n x^n$ の収束半径を $r\ (0 < r < \infty)$ とするとき，$\sum_{n=0}^{\infty} a_n r^n$ が収束すれば $\lim_{x \to r-0} \sum_{n=0}^{\infty} a_n x^n = \sum_{n=0}^{\infty} a_n r^n$ である（$-r$ についても同様）．これを用いて次のことを示せ．

(1) $\log 2 = 1 - \dfrac{1}{2} + \dfrac{1}{3} - \cdots + (-1)^{n-1} \dfrac{1}{n} + \cdots$

(2) $\dfrac{\pi}{4} = 1 - \dfrac{1}{3} + \dfrac{1}{5} - \cdots + (-1)^{n-1} \dfrac{1}{2n-1} + \cdots$

付　章

微分方程式

A.1　1階微分方程式

微分方程式　独立変数と未知関数ならびにその導関数からなる方程式を**微分方程式**という．n 次の導関数を含み $(n+1)$ 次以上の導関数を含まないとき，n **階微分方程式**といい，n をその**階数**という．

独立変数を x，未知関数を y とするとき，n 階微分方程式は

$$F(x, y, y', \cdots, y^{(n)}) = 0 \tag{A.1}$$

と表される．区間 I において，(A.1) をみたす x の関数 y を方程式 (A.1) の**解**といい，解を求めることを**微分方程式を解く**という（x の関数 y が陰関数で表されているときも解という）．

微分方程式 (A.1) を $y^{(n)}$ について解いた形

$$y^{(n)} = f(x, y, y', \cdots, y^{(n-1)}) \tag{A.2}$$

を**正規形**という．特に，

$$y^{(n)} + P_1(x) y^{(n-1)} + \cdots + P_n(x) y = Q(x) \tag{A.3}$$

の形の方程式を n **階線形微分方程式**という．

条件　　$y(a) = b_0, \quad y'(a) = b_1, \quad \cdots, \quad y^{(n-1)}(a) = b_{n-1}$ 　　(A.4)

のもとで (A.2) を解くことを**初期値問題（コーシー（Cauchy）問題）**といい，(A.4) を**初期条件**という．

例1 正規形微分方程式 (A.2) において，右辺が x だけの関数であれば，その解は不定積分を用いて容易に求められる．連続関数 $f(x)$ に対して，$f(x)$ の原始関数の 1 つを $F_1(x)$ とすると，$y = F_1(x) + c_1$ (c_1 は任意定数) は 1 階微分方程式 $y' = f(x)$ の解である．同様にして，$F_1(x)$ の原始関数の 1 つを $F_2(x)$ とすると，$y = F_2(x) + c_1 x + c_2$ (c_1, c_2 は任意定数) は 2 階微分方程式 $y'' = f(x)$ の解である．このようにして $y^{(n)} = f(x)$ の解は，$y = F(x) + c_1 x^{n-1} + \cdots + c_{n-1} x + c_n$ と表せることが分かる．ただし，$F^{(n)}(x) = f(x)$ である (任意定数 $c_1, c_2, \cdots, c_n$ を**積分定数**という)． ∎

この例のように方程式の階数だけ任意定数を含む解を**一般解**という．これに対して，一般解における任意定数が特定の値をとったものを**特殊解**という．また，一般解の任意定数にどのような値を代入しても得られない解があれば，そのような解を**特異解**という．微分方程式を解くということは，一般解および特異解を求めることであり，この解の中で与えられた初期条件をみたすものを**初期値問題の解**という．

微分方程式を解くことは一般には難しく，例 1 のように積分のくり返し (**求積法**という) によって解が求められる微分方程式は限られている．ここでは求積法で解が求められるような特殊な形の 1 階微分方程式の解法を順次説明しよう．

変数分離形 次の形の微分方程式を**変数分離形**という．

$$\frac{dy}{dx} = f(x)g(y) \tag{A.5}$$

$g(y) \neq 0$ ならば，両辺を $g(y)$ で割って

$$f(x) = \frac{1}{g(y)}\frac{dy}{dx} = \frac{d}{dx}\int \frac{1}{g(y)} dy$$

と書けるから，次式を計算することによって (A.5) の一般解が得られる．

$$\int \frac{1}{g(y)} dy = \int f(x) dx + c \quad (c \text{ は任意定数}) \tag{A.6}$$

また，$g(y_0) = 0$ となる y_0 があれば，$y = y_0$ は (A.5) の解である．このとき，$y = y_0$ は一般解に含まれる場合もあるし，特異解である場合もある (例題 1 参照)．

A.1　1階微分方程式

例題 1　　　　　　　　　　　　　　　　　　　　　　　　　　　　変数分離形

次の微分方程式を解け．

(1) $\dfrac{dy}{dx} = \dfrac{y-1}{x}$　　(2) $\dfrac{dy}{dx} = y^2 - 1$

【解　答】(1) $y \neq 1$ のとき，(A.6) の形に書くと

$$\int \frac{1}{y-1} dy = \int \frac{1}{x} dx + c$$

これより，$\log|y-1| = \log|x| + c$（c は任意定数）となるから，$C = \pm e^c$ とおくと $y = Cx + 1$ $(C \neq 0)$ となる．$y = 1$ も解であるが，これは $C = 0$ として得られるから特異解ではない．よって，求める解は $y = Cx + 1$（C は任意定数）である．

(2) $y^2 - 1 \neq 0$ のとき，(A.6) の形に書くと

$$\int \frac{1}{y^2 - 1} dy = \int dx + c$$

両辺の積分を計算して，

$$\frac{1}{2} \log\left|\frac{y-1}{y+1}\right| = x + c \quad (c \text{ は任意定数})$$

これを y について解いて $C = \pm e^{2c}$ とおくと，$y = \dfrac{1 + Ce^{2x}}{1 - Ce^{2x}}$ $(C \neq 0)$ となる．また，$y = \pm 1$ も解であるから，これらをまとめると求める解は

$$y = \frac{1 + Ce^{2x}}{1 - Ce^{2x}} \quad (C \text{ は任意定数}), \quad y = -1 \text{（特異解）}.　\blacksquare$$

注　(1) の一般解において $C = 0$ とすると $y = 1$ が得られるので，$y = 1$ は特異解ではない．
　また，(2) の一般解において $C = 0$ とすると $y = 1$ が得られるので，$y = 1$ は特異解ではないが，$y = -1$ は任意定数 C にどのような値を代入しても得られないので，$y = -1$ は特異解である．

問 1　次の微分方程式を解け．

(1) $y' = ay$（a は定数）　　(2) $y' = xy$　　(3) $y' = x(1 + y^2)$

1階微分方程式の解が求積法によって比較的簡単に求められる場合は，変数分離形と，何らかの方法でそのような形に帰着できるものに限られる．

例2 $y' = f(ax + by + c)$ （a, b, c は定数）は，$u = ax + by + c$ とおくと

$$\frac{du}{dx} = a + by' = a + bf(u)$$

となり，変数分離形に帰着できる． ∎

例題 2

次の微分方程式を解け．
(1) $\dfrac{dy}{dx} = \dfrac{1}{(x+y)^2}$ 　　(2) $\dfrac{dy}{dx} = \dfrac{1}{\log(2x+y+3)+1} - 2$

【解　答】　(1) $u = x + y$ とおくと，$u' = 1 + y' = 1 + 1/u^2$ となり変数分離形である．(A.6) の形に書くと

$$\int \frac{u^2}{1+u^2} du = \int dx + c.$$

両辺の積分を計算して，$u - \tan^{-1} u = x + c$ となる．$u = x + y$ を代入して整理すると，求める解は $y - \tan^{-1}(x+y) = c$（c は任意定数）である．

(2) $u = 2x + y + 3$ とおくと，$u' = 2 + y' = 2 + \dfrac{1}{\log u + 1} - 2 = \dfrac{1}{\log u + 1}$ となり変数分離形である．(A.6) の形に書くと

$$\int (\log u + 1) du = \int dx + c.$$

両辺の積分を計算して，$u \log u = x + c$ となる．$u = 2x + y + 3$ を代入して，求める解は $(2x+y+3)\log(2x+y+3) = x + c$（$c$ は任意定数）となる． ∎

同次形　次の形の微分方程式を**同次形**という．

$$\frac{dy}{dx} = f\left(\frac{y}{x}\right) \tag{A.7}$$

この形の方程式は，$u = y/x$ とおくと，$y = ux$ だから x で微分して，$y' = u'x + u$ となる．よって，$u' = \dfrac{y' - u}{x} = \dfrac{f(u) - u}{x}$ となり変数分離形に帰着できる．

A.1　1階微分方程式

例題 3

次の微分方程式を解け．

(1) $\dfrac{dy}{dx} = \dfrac{y}{x} + \dfrac{x}{y}$　　(2) $\dfrac{dy}{dx} = \dfrac{3x+y-5}{x-3y-5}$

【解　答】 (1) $y = ux$ とおいて x で微分すると，$y' = u'x + u$ となる．よって

$$\frac{du}{dx} = \frac{y'-u}{x} = \frac{1}{ux}$$

となり，変数分離形である．これを解いて，$u = \dfrac{y}{x}$ を代入すると求める解は

$$\frac{1}{2}\left(\frac{y}{x}\right)^2 = \log|x| + c \quad (c \text{ は任意定数})．$$

(2) この微分方程式は同次形ではないが，$x = X + 2,\ y = Y - 1$ とおくと，

$$\frac{dY}{dX} = \frac{dy}{dx} = \frac{3(X+2)+(Y-1)-5}{(X+2)-3(Y-1)-5} = \frac{3X+Y}{X-3Y} \tag{A.8}$$

となり，同次形に帰着される．$Y = uX$ とおいて変数分離形に変換すると

$$\frac{du}{dX} = \frac{3(1+u^2)}{X(1-3u)}$$

となる．これを解いて，

$$\log|X| = \frac{1}{3}\tan^{-1} u - \frac{1}{2}\log(u^2+1) + c$$

となり，X, u を x, y で表すと求める解は

$$3\log(x^2+y^2-4x+2y+5) = 2\tan^{-1}\frac{y+1}{x-2} + C \quad (C \text{ は任意定数})．\ \blacksquare$$

問 2　次の微分方程式を解け．

(1) $y' = x + y + 1$　　(2) $y' = (4x+y+1)^2$　　(3) $y'(x+y+1) = 1$

(4) $xy' = y$　　(5) $y' = \dfrac{2xy+y^2}{x^2}$　　(6) $y' = \dfrac{x+y}{x-y}$

(7) $y' = \dfrac{x-y}{x+y}$

例3　例題 3(2) のような微分方程式を，(A.8) のような同次形に変換するためには，(2) の右辺における分子，分母の定数項を消去すればよい．

$$\frac{dy}{dx} = f\left(\frac{ax+by+c}{px+qy+r}\right) \quad (aq-bp \neq 0) \tag{A.9}$$

のときは，$ax+by+c = px+qy+r = 0$ の解を $(x,y) = (\alpha, \beta)$ として，$x = X+\alpha, \ y = Y+\beta$ とおけば (A.9) は同次形に変換される． ■

注　$c = r = 0$ のときは (A.9) は同次形である．また，$aq-bp = 0$ のときは (A.9) は例 2 の方法で解けばよい．

問3　(　) 内の変換をして，次の微分方程式を解け．

(1) $y' = \dfrac{2x-y+3}{x-2y+3} \quad (x = X-1, \ y = Y+1)$

(2) $y' = \dfrac{x-y-3}{x+y+1} \quad (x = X+1, \ y = Y-2)$

1 階線形微分方程式

次の形の微分方程式を **1 階線形微分方程式** という．

$$\frac{dy}{dx} + P(x)y = Q(x) \tag{A.10}$$

この方程式を解くために，(A.10) の両辺に $e^{\int P(x)dx}$ を掛けると

$$\frac{dy}{dx}e^{\int P(x)dx} + P(x)ye^{\int P(x)dx} = Q(x)e^{\int P(x)dx}.$$

ところで，この式の左辺は $\frac{d}{dx}\left(ye^{\int P(x)dx}\right)$ に等しいから，

$$ye^{\int P(x)dx} = \int Q(x)e^{\int P(x)dx}dx + c.$$

よって (A.10) の一般解は次式で与えられる．

$$y = e^{-\int P(x)dx}\left(\int Q(x)e^{\int P(x)dx}dx + c\right) \quad (c \text{ は任意定数}) \tag{A.11}$$

例4　次の微分方程式を解け．

(1) $\dfrac{dy}{dx} + y = e^{2x}$ 　　(2) $\dfrac{dy}{dx} + 2xy = x^3$

A.1 1階微分方程式

【解】 (1) $P(x) = 1, Q(x) = e^{2x}$ を (A.11) に代入して解を求めると

$$y = e^{-x}\left(\int e^{2x}e^x dx + c\right) = \frac{1}{3}e^{2x} + Ce^{-x} \quad (C \text{ は任意定数}).$$

(2) $P(x) = 2x, Q(x) = x^3$ を (A.11) に代入して解を求めると

$$y = e^{-x^2}\left(\int x^3 e^{x^2} dx + c\right) = e^{-x^2}\left(\frac{1}{2}x^2 e^{x^2} - \int xe^{x^2} dx + c\right)$$
$$= \frac{1}{2}(x^2 - 1) + Ce^{-x^2} \quad (C \text{ は任意定数}). \quad \blacksquare$$

例5 (ベルヌーイ（Bernoulli）の微分方程式)

$$\frac{dy}{dx} = P(x)y + Q(x)y^n \quad (n \neq 0, 1). \tag{A.12}$$

この方程式は $z = y^{1-n}$ とおくと，次の1階線形微分方程式に変換される．

$$\frac{dz}{dx} + (n-1)P(x)z = (1-n)Q(x) \quad \blacksquare$$

注 $n = 0$ のときは，(A.12) は1階線形微分方程式である．また，$n = 1$ のときは，(A.12) は変数分離形である（1階線形微分方程式でもある）．

例6

$$y' = xy + e^{-x^2}y^3$$

の解を求める．$z = y^{-2}$ とおくと，$z' + 2xz = -2e^{-x^2}$ となり1階線形微分方程式に変換される．(A.11) にあてはめて解くと，

$$z = e^{-x^2}\left(-2\int e^{-x^2}e^{x^2} dx + c\right) = -2e^{-x^2}(x + C) \quad (C \text{ は任意定数}).$$

また，$y = 0$ も明らかに解だから，求める解は

$$y^2(x + C) = -\frac{1}{2}e^{x^2} \quad (C \text{ は任意定数}), \quad y = 0 \quad (\text{特異解}). \quad \blacksquare$$

問4 次の微分方程式を解け．

(1) $y' + y = x$ (2) $y' - 2y = e^{3x}$
(3) $y' - y = -2\sin x$ (4) $xy' + y = x\log x$
(5) $xy' - y = y^2 \log x$

A.2　2階微分方程式

定数係数2階線形微分方程式　一般の2階線形微分方程式を解くことは難しいので，次のような係数が定数の2階線形微分方程式を考える．

$$y'' + ay' + by = f(x) \quad (a, b \text{ は定数}) \tag{A.13}$$

このような微分方程式は，解き方が簡単で応用上も重要である．(A.13) を**定数係数2階線形微分方程式**という．特に，$f(x) = 0$ のとき，すなわち

$$y'' + ay' + by = 0 \tag{A.14}$$

を**同次形**（または**斉次形**）という．これに対して，(A.13) を**非同次形**（または**非斉次形**）という．

同次形の方程式 (A.14) の一般解は，次の定理を用いて求めることができる．

定理 1　（同次形定数係数2階線形微分方程式）　$t^2 + at + b = 0$ の解を α, β とするとき，$y'' + ay' + by = 0$ の一般解 y は次のように表される．

(1) α, β が相異なる2つの実数解ならば，$y = c_1 e^{\alpha x} + c_2 e^{\beta x}$

(2) $\alpha = \beta$（重解）ならば，$y = e^{\alpha x}(c_1 + c_2 x)$

(3) $\alpha = p + qi, \beta = p - qi$ ならば，$y = e^{px}(c_1 \sin qx + c_2 \cos qx)$

（ただし，c_1, c_2 は任意定数で，i は虚数単位 $\sqrt{-1}$ である．）

注　$t^2 + at + b = 0$ を**特性方程式**（または**補助方程式**）という．

例7　次の微分方程式の一般解を求めよ．

(1) $y'' - 3y' + 2y = 0$　　(2) $y'' + 2y' + y = 0$　　(3) $y'' - 2y' + 2y = 0$

【解】　(1) $t^2 - 3t + 2 = 0$ の解は，$t = 1, 2$（相異なる実数解）．
よって，一般解は $y = c_1 e^x + c_2 e^{2x}$　（c_1, c_2 は任意定数）．

(2) $t^2 + 2t + 1 = 0$ の解は，$t = -1$（重解）．
よって，一般解は $y = e^{-x}(c_1 + c_2 x)$　（c_1, c_2 は任意定数）．

(3) $t^2 - 2t + 2 = 0$ の解は，$t = 1 \pm i$（虚数解）．
よって，一般解は $y = e^x(c_1 \sin x + c_2 \cos x)$　（c_1, c_2 は任意定数）．

A.2 2階微分方程式

問 5 次の微分方程式の一般解を求めよ．
(1) $y'' - 5y' + 6y = 0$ (2) $y'' + 6y' + 9y = 0$
(3) $y'' + y = 0$ (4) $y'' + 2y' + 4y = 0$

次に，非同次形の方程式 (A.13) の特殊解を求める方法を考えよう．微分方程式 $y'' + ay' + by = f(x)$ の特殊解 y を見つけるために，y は $f(x)$ と類似した形であろうと予想を立てる．すなわち，

(1) $f(x)$ が n 次の整式のときは，特殊解を n 次の整式とおく．
(2) $f(x) = ke^{rx}$ のときは，特殊解を Ae^{rx} とおく．
(3) $f(x) = k_1 \sin rx + k_2 \cos rx$ のときは，特殊解を $A \sin rx + B \cos rx$ とおく．

例 8 次の微分方程式の特殊解を求めよ．
(1) $y'' - 3y' + 2y = 2x + 1$ (2) $y'' + 2y' + y = 4e^x$
(3) $y'' - 2y' + 2y = 5 \sin 2x$

【解】 (1) 特殊解を $y = Ax + B$ とおき，与えられた微分方程式に代入して A, B を求めると，$A = 1, B = 2$．よって，求める特殊解は $y = x + 2$．

(2) 特殊解を $y = Ae^x$ とおき，与えられた微分方程式に代入すると，$A = 1$．よって，求める特殊解は $y = e^x$．

(3) 特殊解を $y = A \sin 2x + B \cos 2x$ とおき，与えられた微分方程式に代入すると，$A = -\frac{1}{2}, B = 1$．よって，求める特殊解は $y = -\frac{1}{2} \sin 2x + \cos 2x$．

注 この例のように，特殊解の形を予想し，与えられた微分方程式に代入して未定係数を求める方法を**未定係数法**という．

問 6 次の微分方程式の特殊解を求めよ．
(1) $y'' + 3y' + 2y = x^2$ (2) $y'' + 6y' + 9y = 5e^{2x}$
(3) $y'' - y' + 2y = -2 \cos x$

問 7 次の微分方程式の特殊解を（ ）内の形で求めよ．
(1) $y'' - y' = -2x$ $(y = Ax^2 + Bx)$
(2) $y'' - y' - 2y = e^{2x}$ $(y = Axe^{2x})$
(3) $y'' - 2y' + y = e^x$ $(y = Ax^2 e^x)$

注 問 7 の特殊解は，例 8 と同じ方法では求められない．これを確かめよ．

例 9 非同次形微分方程式 $y'' + ay' + by = f(x)$ の一般解を y, 特殊解を y_1 とすると, $y - y_1$ は同次形微分方程式 $y'' + ay' + by = 0$ の解となる. 実際,

$(y - y_1)'' + a(y - y_1)' + b(y - y_1) = (y'' + ay' + by) - \{(y_1)'' + a(y_1)' + by_1\}$
$= f(x) - f(x) = 0.$ ∎

このことから, 非同次形微分方程式 $y'' + ay' + by = f(x)$ の一般解 y は次の形で表せることが分かる.

(特殊解 y_1) + (同次形微分方程式 $y'' + ay' + by = 0$ の一般解)

例題 4 ──────────────────────── 非同次形 ──

次の微分方程式の一般解を求めよ.
(1) $y'' - 3y' + 2y = 2x + 1$ (2) $y'' + 2y' + y = 4e^x$
(3) $y'' - 2y' + 2y = 5\sin 2x$

【解 答】 (1) 同次形方程式の一般解は, 例 7 より $c_1 e^x + c_2 e^{2x}$ であり, 非同次形方程式の特殊解は, 例 8 より $x + 2$ だから, 例 9 により求める一般解は, $y = x + 2 + c_1 e^x + c_2 e^{2x}$ (c_1, c_2 は任意定数).

(2) 同次形方程式の一般解は, 例 7 より $e^{-x}(c_1 + c_2 x)$ であり, 非同次形方程式の特殊解は, 例 8 より e^x だから, 例 9 により求める一般解は, $y = e^x + e^{-x}(c_1 + c_2 x)$ (c_1, c_2 は任意定数).

(3) 同次形方程式の一般解は, 例 7 より $e^x(c_1 \sin x + c_2 \cos x)$ であり, 非同次形方程式の特殊解は, 例 8 より $-\frac{1}{2}\sin 2x + \cos 2x$ だから, 例 9 により求める一般解は, $y = -\frac{1}{2}\sin 2x + \cos 2x + e^x(c_1 \sin x + c_2 \cos x)$ (c_1, c_2 は任意定数). ∎

問 8 次の微分方程式の一般解を求めよ.
(1) $y'' + y' - 2y = x^2$ (2) $y'' - 4y' + 4y = e^{3x}$
(3) $y'' + y' - 6y = \sin x$

問 9 次の微分方程式の特殊解を (　) 内の形で求め, また一般解も求めよ.
(1) $y'' + y' = 2x + 1$ ($y = Ax^2 + Bx$)
(2) $y'' + 2y' + y = e^{-x}$ ($y = Ax^2 e^{-x}$)
(3) $y'' + y = \sin x + \cos x$ ($y = Ax\sin x + Bx\cos x$)

問題の略解

第1章

問 7 (1) $\pi/4$ (2) $\pi/6$ (3) $\pi/6$ (4) $-\pi/2$ (5) $\pi/4$ (6) $\pi/2$ **問 8** (1) $1/\sqrt{6}$ (2) $3/4$ **問 9** $\tan^{-1}\frac{1}{2}=\alpha$, $\tan^{-1}\frac{1}{3}=\beta$ とおき，加法定理を使う． **問 10** (1) $3/2$ (2) 1 (3) 1 (4) 0 **問 11** (1) e^a (2) $1/5$ (3) e^2

演習問題 1-A

1. (1) 0 (2) $1/2$ (3) 0 (4) π (5) $1/e$ (6) 1

2. (1) $2/3$ (2) $1/2$ (3) 0 (4) 1 (5) e (6) 0

演習問題 1-B

1. $\sqrt[n]{n}=1+h_n$ とおくと $n=(1+h_n)^n \geqq 1+n(n-1)\frac{h_n^2}{2}$. これより $h_n^2 \leqq \frac{2}{n}$ だから $h_n \to 0\ (n\to\infty)$. **2.** 各 n に対して $l-1/n < a_n \leqq l$ となる a_n をとる．

3. $\{x_n\}$ は下に有界な減少数列となる．x_n の定義式で $n\to\infty$ とする．

4. (1) $\{a_n\}$ の極限値を a とすると $|a_m - a_n| \leqq |a_m - a| + |a - a_n|$.

(2) $|a_{k+1} - a_k| \leqq c^{k-1}|a_2 - a_1|$ を示せ．$\{a_n\}$ はコーシー列になる．

5. (1) $\{a_n\}$ は上に有界な増加数列.

(2) $\{a_n\}$, $\{b_n\}$ の極限値を a, b とすると，$0 \leqq b - a \leqq b_n - a_n$.

第2章

問 3 $f'_+(0) = 1$, $f'_-(0) = -1$. **問 4** (1) $5x^4 + \frac{3}{x^4}$ (2) $2x + \frac{2}{x^2} - \frac{4}{x^5}$ (3) $\frac{x^4+x^2+2x+2}{(x^2+1)^2}$ (4) $x\cos x$ (5) $-\frac{1}{\sin^2 x}$ (6) $e^x(\cos x - \sin x)$ (7) $\log x$ (8) $\frac{\log x - 1}{(\log x)^2}$ **問 7** (1) $14x(x^2+1)^6$ (2) $-10x\sin 5x^2$ (3) $3\sin 6x$ (4) $-\frac{6x}{(x^2+1)^4}$ (5) $\frac{2x^2+a^2}{\sqrt{x^2+a^2}}$ (6) $e^{\cos 2x}(1-2x\sin 2x)$ (7) $\frac{1}{x\sqrt{1+2\log x}}$ (8) $\frac{1}{x\log x}$ **問 8** (1) $x^x(\log x + 1)$ (2) $\frac{2x}{x^4-1}\sqrt{\frac{1-x^2}{1+x^2}}$

問 10 (1) $\frac{1}{\sqrt{a^2-x^2}}$ (2) $\frac{6(\tan^{-1}2x)^2}{1+4x^2}$ (3) $\frac{1}{|x|\sqrt{x^2-1}}$

問 11 $\frac{dy}{dx} = -\tan t$, $\frac{d^2y}{dx^2} = \frac{1}{3\sin t \cos^4 t}$

問 13 (1) $3^n \sin\left(3x + \frac{n\pi}{2}\right)$ (2) $\frac{(-2)^n n!}{(2x+1)^{n+1}}$ (3) $a^x(\log a)^n$

問 14 (1) $2^{n/2}e^x \cos\left(x + \frac{n\pi}{4}\right)$ (2) $\frac{(-1)^n n!}{2}\left\{\frac{1}{(x-1)^{n+1}} - \frac{1}{(x+1)^{n+1}}\right\}$

(3) $\frac{1}{2}\left\{7^n \cos\left(7x + \frac{n\pi}{2}\right) + 3^n \cos\left(3x + \frac{n\pi}{2}\right)\right\}$

問題の略解

問 16 (1) $x\sin\left(x+\frac{n}{2}\pi\right)+n\sin\left(x+\frac{n-1}{2}\pi\right)$ (2) $3^{n-2}e^{3x}\{9x^2+6nx+n(n-1)\}$ (3) $a^x(\log a)^{n-3}\{(\log a)^3 x^3+3n(\log a)^2 x^2+3n(n-1)(\log a)x+n(n-1)(n-2)\}$ **問 17** 0 （n：奇数）, $(-1)^{n/2-1}2\cdot(n-1)!$ （n：偶数）

問 18 (1) $-1+3x-2x^2+x^3$, $1+2(x-1)+(x-1)^2+(x-1)^3$

(2) $x-\frac{x^2}{2}+\frac{x^3}{3}-\frac{x^4}{4(1+\theta x)^4}$

問 21 (1) $|R_n|=\frac{|x|^n}{n!}\left|\sin(\theta x+\frac{n\pi}{2})\right|\leq\frac{|x|^n}{n!}\to 0$ $(n\to\infty)$ (2) も同様.

問 22 $\log(1+x)$, $\log(1-x)$ の級数展開から.

問 23 (1), (2) は $(1+x)^\alpha$ の展開式でそれぞれ $\alpha=-2$, $\alpha=1/2$ とおく.

問 25 (1) $x=e$ で極大値 $1/e$ (2) $x=(5/6)\pi$, $(7/6)\pi$ で極大値 $7/4$, $x=\pi$ で極小値 $\sqrt{3}$.

問 27 $x=1/\sqrt{e}$ で極小値 $-1/2e$.

問 28 極大値 4 をとる. **問 29** $x=-1$ で極小値 $-1/2$, $x=1$ で極大値 $1/2$, 区間 $(-\infty,-\sqrt{3})$, $(0,\sqrt{3})$ で凹, 区間 $(-\sqrt{3},0)$, $(\sqrt{3},\infty)$ で凸.

問 30 例：(1) $f(x)=x+1/x$, $g(x)=x$ (2) $f(x)=2x$, $g(x)=x$ (3) $f(x)=x+1/x+a$, $g(x)=x$. **問 31** (1) $1/2$ (2) -1 (3) 0 (4) 1 (5) 0

演習問題 2-A

1. (1) $\cosh x$ (2) $\sinh x$ (3) $1/\cosh^2 x$ (4) $1/(1-x^2)$ (5) $1/\sin x$ (6) $\frac{4x(11x^2+17)}{15\sqrt[5]{x^2+1}\sqrt[3]{x^2+2}}$ (7) $x^{1/x}\frac{1-\log x}{x^2}$ (8) $x^{\sin^{-1}x}\left(\frac{\log x}{\sqrt{1-x^2}}+\frac{\sin^{-1}x}{x}\right)$ (9) $\frac{1}{2\sqrt{(x-1)(2-x)}}$ (10) $2\sqrt{a^2-x^2}$ (11) $2\sqrt{x^2+A}$ (12) $\frac{a^2\cos x}{\sqrt{(a^2\cos^2 x+b^2\sin^2 x)^3}}$ (13) $\frac{2xe^{\tan^{-1}x}}{\sqrt{(1+x^2)^3}}$ (14) $1/\cos x$ (15) $-\cot x$ (16) -1 **2.** (1) $\frac{dy}{dx}=\frac{\sin t}{1-\cos t}$, $\frac{d^2y}{dx^2}=\frac{-1}{a(1-\cos t)^2}$ (2) $\frac{dy}{dx}=2\tanh t$, $\frac{d^2y}{dx^2}=\frac{2}{\cosh^3 t}$ **3.** 接線 $y=-\sqrt{3}x+\sqrt{3}a/2$, 法線 $y=x/\sqrt{3}+a/\sqrt{3}$ **4.** (1) $3^{n-2}\{9x^2\cos(3x+\frac{n}{2}\pi)+6nx\cos(3x+\frac{n-1}{2}\pi)+n(n-1)\cos(3x+\frac{n-2}{2}\pi)\}$ (2) $(-1)^n(n-4)!\frac{6}{x^{n-3}}$ **5.** $x=\pi/4\pm 2n\pi$ で極大, $x=3\pi/4\pm 2n\pi$ で極小, $x=\pi/2\pm n\pi$ $(n=0,1,2,\cdots)$ は変曲点

6. $1<a<e$ ($y=(\log x)/x$ が $x=e$ で極大値をもつことを使え)

7. (1) $f(x)=x\log x-x+1$ とおいて, $f(x)\geq f(1)=0$ を示せ.

(2) $f(x)=\sin x-2x/\pi$ が $(0,\pi/2)$ で凹関数であることを使え.

(3) $f(x)=x^\alpha-1-\alpha(x-1)$ とおいて, $f'(x)>0$ $(x>1)$ より $f(x)>f(1)=0$

(4) マクローリンの定理を使え.

問題の略解   **209**

(5) $f(x) = x^{1/x}$ が $x \geqq 3$ で減少関数 $(f'(x) < 0)$ であることを使え．
8. (1) 0   (2) 2   (3) 0   (4) 1   (5) 1   (6) 0   (7) $1/e$
(8) $\sqrt{ab}$

演習問題 2-B
1. (1) 不連続（$f'(x)$ の $x = 0$ における極限値は存在しない）   (2) 連続 ($f'(x)$ の $x = 0$ における極限値は $0 = f'(0)$ である）． **2.** 平均値の定理を使え．
3. テイラーの定理を使え．
4. (2) $f^{(2n)}(0) = 0$, $f^{(2n+1)}(0) = 1^2 \cdot 3^2 \cdots (2n-1)^2$ ($n = 1, 2, \cdots$)
(3) $x + \frac{1}{6}x^3 + \frac{3}{40}x^5 + \cdots + \frac{1^2 \cdot 3^2 \cdots (2n-1)^2}{(2n+1)!}x^{2n+1} + \cdots$
5. (1) 凸の定義 (2.8) で, x_1, x_2, x を $x, y, \alpha x + \beta y$ でおき換えよ．
(2) $f(x) = -\log x$ に対し, (ii) を適用せよ．   **6.** (1) 中間値の定理より明らか．   (2) $\alpha < x_{n+1} < x_n$ を示せ ($n = 2$ でテイラーの定理を適用せよ）．
8. マクローリンの定理を使え．

第 3 章
問 2 (1) $\frac{x^3}{3} + 2x - \frac{1}{x}$ (2) $\frac{x^4}{4} + \frac{3^x}{\log 3}$ (3) $\frac{2}{3}\sqrt{x^3} - \frac{3}{3}\sqrt[3]{x^4}$
(4) $\log|\tan x|$ (5) $\frac{1}{10}(\sin 5x + 5\sin x)$ (6) $\frac{5}{\sqrt{3}}\tan^{-1}\frac{x}{\sqrt{3}}$
(7) $\frac{1}{\sqrt{3}}\log\left|\frac{x-\sqrt{3}}{x+\sqrt{3}}\right|$ (8) $\sin^{-1}\frac{x}{2}$ (9) $\log|x + \sqrt{x^2 - 4}|$
問 3 (1) $\frac{1}{8}\left(\frac{4x^2-4x}{2x-1} + 2\log|2x-1|\right)$ (2) $-\frac{1}{2}e^{-x^2}$ (3) $\frac{1}{\sqrt{5}}\tan^{-1}\frac{x+2}{\sqrt{5}}$
(4) $\log|x + 2 + \sqrt{x^2 + 4x + 7}|$ (5) $\sin^{-1}\frac{x-1}{2}$ (6) $\tan^{-1}e^x$
問 4 (1) $\frac{1}{16}(2x+3)^8$ (2) $\frac{1}{18}(x^2+1)^9$ (3) $\frac{1}{5}\sin^5 x$ (4) $-\frac{1}{4(x^2+1)^2}$
(5) $\frac{1}{2}\log(x^2 - x + 1) + \frac{1}{\sqrt{3}}\tan^{-1}\frac{2x-1}{\sqrt{3}}$ (6) $-\sqrt{3 + 2x - x^2} + \sin^{-1}\frac{x-1}{2}$
問 5 (1) $\frac{x^2}{4}(2\log|x| - 1)$ (2) $x\sin x + \cos x$ (3) $-e^{-x}(x^2 + 2x + 2)$
(4) $x\sin^{-1}x + \sqrt{1 - x^2}$ (5) $x\tan^{-1}x - \frac{1}{2}\log(1 + x^2)$ (6) $\frac{1}{2}e^x(\sin x - \cos x)$
(7) $\frac{e^x}{2}\{x\sin x + (1-x)\cos x\}$ (8) $\frac{x}{2}\{\sin(\log x) - \cos(\log x)\}$
問 7 (1) $\frac{1}{2}(x+1)\sqrt{3 - 2x - x^2} + 2\sin^{-1}\frac{x+1}{2}$ (2) $\frac{1}{2}\{(x+2)\sqrt{x^2 + 4x + 3}$
$- \log|x + 2 + \sqrt{x^2 + 4x + 3}|\}$ (3) $\sin^{-1}\frac{x}{\sqrt{2}} - \frac{1}{2}x\sqrt{2 - x^2}$
(4) $\frac{1}{2}\{x\sqrt{x^2 + 3} - 3\log|x + \sqrt{x^2 + 3}|\}$ (5) $\frac{1}{4}\{(2x^2 - 1)\sin^{-1}x + x\sqrt{1 - x^2}\}$
問 8 (1) $\frac{1}{24}\left\{\frac{x^3 + 5x}{(x^2+3)^2} + \frac{1}{\sqrt{3}}\tan^{-1}\frac{x}{\sqrt{3}}\right\}$ **問 10** (1) $\frac{1}{3}\log(x+1)^2|x-2|$
(2) $\frac{x^2}{2} + x + \frac{1}{3}\log|x-1|(x+2)^2$ (3) $\log\left|1 + \frac{1}{x}\right| - \frac{3}{x+1}$

(4) $\frac{x^2}{2} - \frac{1}{6}\log\frac{x^3+1}{(x+1)^3} - \frac{1}{\sqrt{3}}\tan^{-1}\frac{2x-1}{\sqrt{3}}$
(5) $\frac{1}{9}\log\frac{(x+1)^2}{x^2+2} + \frac{2}{3(x+1)} + \frac{4\sqrt{2}}{9}\tan^{-1}\frac{x}{\sqrt{2}}$ (6) $\frac{1}{5}\log\left|\frac{x^5}{x^5+1}\right|$
(7) $\frac{1}{3}\tan^{-1}x^3$ (8) $\frac{1}{4}\log\frac{x^2+x+1}{x^2-x+1} + \frac{1}{2\sqrt{3}}\left(\tan^{-1}\frac{2x-1}{\sqrt{3}} + \tan^{-1}\frac{2x+1}{\sqrt{3}}\right)$
(9) $\frac{1}{2}\left(\log\frac{x^2}{x^2+1} + \frac{1}{x^2+1}\right)$

問 11 (1) $\frac{2}{\sqrt{3}}\tan^{-1}\frac{2\tan(x/2)+1}{\sqrt{3}}$ (2) $\tan\frac{x}{2} - 2\log\left|\cos\frac{x}{2}\right|$
(3) $\frac{1}{2}\tan^{-1}\frac{\tan x}{2}$ (4) $\frac{1}{2}\log\left|\frac{1+\sin x}{1-\sin x}\right|$ (5) $\frac{1}{3}\sin^3 x - \frac{1}{5}\sin^5 x$
(6) $\frac{1}{5}\cos^5 x - \frac{1}{3}\cos^3 x$ **問 12** (1) $\frac{3}{7}\sqrt[3]{(x-1)^7} + \frac{3}{4}\sqrt[3]{(x-1)^4}$
(2) $\frac{1}{2}\log\left|\frac{\sqrt{x-2}-\sqrt{x-1}}{\sqrt{x-2}+\sqrt{x-1}}\right| + \sqrt{(x-1)(x-2)}$ (3) $2\tan^{-1}\sqrt{\frac{1-x}{x}} - 2\sqrt{\frac{1-x}{x}}$
(4) $\log\left|\frac{\sqrt{x^2-x+1}+x-1}{\sqrt{x^2-x+1}+x+1}\right|$ **問 13** (1) $\frac{1}{2}\sqrt{x^4+1} + \frac{1}{4}\log\frac{\sqrt{x^4+1}-1}{\sqrt{x^4+1}+1}$
(2) $\frac{4}{15}\sqrt{\sqrt{x}+1}(3x-4\sqrt{x}+8)$ (3) $\frac{1}{3}\left(\log\left|\frac{\sqrt{1-x^3}-1}{\sqrt{1-x^3}+1}\right| + \frac{2}{\sqrt{1-x^3}}\right)$

問 14 (1) $x - \log(e^x+1)$ (2) $\frac{1}{2}\tan^{-1}e^{2x}$ (3) $\log(e^x + e^{-x})$
問 17 (1) $\frac{1}{2}(\log 2)^2$ (2) $\tan^{-1}e - \frac{\pi}{4}$ (3) $\frac{5}{6\sqrt{2}}$ **問 18** (1) $\frac{1}{4}(e^2+1)$
(2) $\frac{\pi}{4} - \frac{1}{2}\log 2$ (3) $\frac{8}{15}$ (4) $2\frac{n-1}{n}\frac{n-3}{n-2}\cdots\frac{3}{4}\frac{1}{2}\frac{\pi}{2}$ (n：偶数),
$2\frac{n-1}{n}\frac{n-3}{n-2}\cdots\frac{4}{5}\frac{2}{3}$ (n：奇数) (5) $2\frac{n-1}{n}\frac{n-3}{n-2}\cdots\frac{3}{4}\frac{1}{2}\frac{\pi}{2}$ (n：偶数), 0 (n：奇数)
問 19 $\frac{1}{1-\lambda}(b-a)^{1-\lambda}$ ($\lambda < 1$), 存在しない ($\lambda \geqq 1$)
問 20 (1) $-1/4$ (2) $2\sqrt{2}$ (3) 6 **問 22** (1) 1 (2) 2
(3) $\pi/2$ **問 23** $p, q \geqq 1$ のとき, $f(x) = x^{p-1}(1-x)^{q-1}$ とおくと $\int_0^1 f(x)dx$ は定積分として存在. $0 < p < 1$ のとき, $\lim_{x\to +0} x^{1-p}f(x) = 1$ より $x^{1-p}f(x)$ は $x = 0$ の近くで有界. ゆえに $\int_0^{1/2} f(x)dx$ は存在. $0 < q < 1$ のとき $\lim_{x\to 1-0}(1-x)^{1-q}f(x) = 1$. これより $(1-x)^{1-q}f(x)$ は $x = 1$ の近くで有界だから $\int_{1/2}^1 f(x)dx$ は存在. **問 24** (1) 存在 (2) 存在しない (3) 存在
問 25 $3\pi a^2$ **問 26** $(4/3)\pi^3 a^2$ **問 28** (1) $6a$
(2) $\frac{\sqrt{5}}{2} + \frac{1}{4}\log(2+\sqrt{5})$ (3) $a\{\pi\sqrt{4\pi^2+1} + \frac{1}{2}\log(2\pi + \sqrt{4\pi^2+1})\}$
問 29 (1) $\kappa = 2/5\sqrt{5}$, $\rho = 5\sqrt{5}/2$ (2) $\kappa = -1$, $\rho = 1$

演習問題 3-A

1. (1) $\frac{-1}{2(\log x)^2}$ (2) $\frac{1}{2}\sin^{-1}x^2$ (3) $\frac{1}{2}(\tan^{-1}x - \frac{x}{1+x^2})$
(4) $\frac{1}{2}\tan^2 x + \log|\cos x|$ (5) $2\sqrt{e^x+1} + \log\left|\frac{\sqrt{e^x+1}-1}{\sqrt{e^x+1}+1}\right|$ (6) $\frac{1}{2}\log\frac{|x(x-2)|}{(x-1)^2}$
(7) $\log\frac{|x+1|}{\sqrt{x^2+1}} - \frac{1}{x+1}$ (8) $\frac{1}{3}\log\left|\frac{x^3}{x^3+1}\right|$ (9) $\log\left|\frac{x-1}{x+1}\right| + \frac{1}{\sqrt{3}}\tan^{-1}\frac{x}{\sqrt{3}}$

(10) $\frac{1}{16}\log\left|\frac{x^2+2x+2}{x^2-2x+2}\right|+\frac{1}{8}\tan^{-1}(x+1)+\frac{1}{8}\tan^{-1}(x-1)$ (11) $x+\frac{2}{1+\tan(x/2)}$

(12) $x\tan\frac{x}{2}$ (13) $-\frac{1}{\sin x}-\frac{1}{2}\log\left|\frac{1-\sin x}{1+\sin x}\right|$ (14) $x-\frac{1}{\sqrt{2}}\tan^{-1}\frac{\tan x}{\sqrt{2}}$

(15) $2\log|x+\sqrt{x^2+x+1}|-\frac{3}{2}\log|2x+1+2\sqrt{x^2+x+1}|+\frac{3}{2}\frac{1}{2x+1+2\sqrt{x^2+x+1}}$

(16) $\sqrt{x^2-1}-\log|x+\sqrt{x^2-1}|$ (17) $\frac{1}{\sqrt{2}}\log\left|\frac{\sqrt{2-x}-\sqrt{2x+2}}{\sqrt{2-x}+\sqrt{2x+2}}\right|$

(18) $\frac{4}{3}\sqrt[4]{x^3}+4\sqrt[4]{x}+2\log\left|\frac{\sqrt[4]{x}-1}{\sqrt[4]{x}+1}\right|$ **2.** (1) $I=\frac{1}{2}(x-\log|\sin x+\cos x|)$, $J=\frac{1}{2}(x+\log|\sin x+\cos x|)$ ($I\pm J$ を求めよ)

(2) $I=\frac{e^{ax}}{a^2+b^2}(a\sin bx-b\cos bx)$, $J=\frac{e^{ax}}{a^2+b^2}(a\cos bx+b\sin bx)$

3. (1) $e-2$ (2) $1/e$ (3) 3π (4) $(3\pi+2)/6$

(5) $(\pi^2-8)/4$ (6) $\pi/16$ (7) $(1+2e^{-\pi}+e^{-2\pi})/2$

(8) $0\ (m\neq n)$, $\pi\ (m=n)$ **4.** (1) $1/6$ (2) $4ab\tan^{-1}(b/a)$

5. (1) $a(e^{1/a}-e^{-1/a})$ (2) $1+\frac{\sqrt{2}}{2}\log(1+\sqrt{2})$

6. (1) π (2) $\pi^2/8$ (3) $b/(a^2+b^2)$

演習問題 3-B

1. (1) $\pi^2/32$ (2) $\pi^2/4$ ($[\pi/2,\pi]$ での積分で $x=\pi-t$ とおけ)

2. (2) $\frac{\pi}{2}\log 2$ (部分積分を用いて, (1) の結果を使え)   **3.** $E'(x)\geqq 0$ を示せ.

第 4 章

問 1 (1) 定義域 $x^2+y^2\leqq 4$, 値域 $[0,2]$ (2) 定義域 $xy>0$, 値域 $(-\infty,+\infty)$

(3) 定義域 $|xy|\leqq 1$, 値域 $[0,1]$ (4) 定義域 $(x,y)\neq(0,0)$, 値域 $[-1/2,1/2]$

問 2 等高線は (1) 平面   (2) 円   (3) 楕円   問 4 (1)〜(4) ともに 0

問 5 (1) 連続   (2) 不連続   (3) 連続   問 6 (1) $z_x=3x^2-3ay$, $z_y=3y^2-3ax$ (2) $z_x=x/\sqrt{x^2+y^2}$, $z_y=y/\sqrt{x^2+y^2}$

(3) $z_x=ae^{ax}\cos by$, $z_y=-be^{ax}\sin by$

(4) $z_x=2x/(x^2+y^2)$, $z_y=2y/(x^2+y^2)$ (5) $z_x=yx^{y-1}$, $z_y=x^y\log x$

(6) $z_x=\frac{|y|}{y\sqrt{y^2-x^2}}$, $z_y=\frac{-x|y|}{y^2\sqrt{y^2-x^2}}$ 問 7 (1) $z_{xx}=4y$, $z_{xy}=z_{yx}=4x+6y$, $z_{yy}=6x$ (2) $z_{xx}=y^2e^{xy}$, $z_{xy}=z_{yx}=(xy+1)e^{xy}$, $z_{yy}=x^2e^{xy}$

(3) $z_{xx}=-\cos(x-2y)$, $z_{xy}=z_{yx}=2\cos(x-2y)$, $z_{yy}=-4\cos(x-2y)$

(4) $z_{xx}=e^{x+y}/(e^x+e^y)^2$, $z_{xy}=z_{yx}=-e^{x+y}/(e^x+e^y)^2$, $z_{yy}=e^{x+y}/(e^x+e^y)^2$

(5) $z_{xx}=xy^3/\sqrt{(1-x^2y^2)^3}$, $z_{xy}=z_{yx}=1/\sqrt{(1-x^2y^2)^3}$, $z_{yy}=x^3y/\sqrt{(1-x^2y^2)^3}$ 問 8 (1) $z_{xx}=\frac{2(y^2-x^2)}{(x^2+y^2)^2}=-z_{yy}$

(2) $z_{xx}=e^x\cos y=-z_{yy}$ (3) $z_{xx}=-\frac{2xy}{(x^2+y^2)^2}=-z_{yy}$

問題の略解

問 9 (3) $f_{xy}(x,0)=1\ (x\neq 0),\quad f_{yx}(0,y)=-1\ (y\neq 0)$
問 12 $(n+1)$ 通り
問 14 (1) $dz=\cos y dx - x\sin y dy$ (2) $dz=\frac{2x}{x^2+y^2}dx+\frac{2y}{x^2+y^2}dy$
(3) $dz=ye^{xy}dx+xe^{xy}dy$ **問 17** (1) 接平面 $2x-2y-z=0$, 法線 $\frac{x-1}{2}=\frac{y-1}{-2}=-z$ (2) 接平面 $x+y-z=2-\log 2$, 法線 $x-1=y-1=-z+\log 2$ **問 19** $3\sin t\cos t(\sin t-\cos t)$ **問 20** (1) $z_\theta=0$ を導け.
(2) $z_r=0$ を導け. **問 21** (1) $z_u=2u/(u^2+v^2),\ z_v=2v/(u^2+v^2)$
(2) $z_u=2u,\ z_v=-2v$ **問 22** $h\neq 0$ のとき k^2/h, $h=0$ のとき 0
問 23 (1) $\frac{2x+y}{2y-x}$ (2) $\frac{x^2-ay}{ax-y^2}$ (3) $\frac{e^x(e^y-1)}{e^y(1-e^x)}$
問 24 (1) 接線 $ax+by-1=0$, 法線 $bx-ay=0$ (2) 接線 $x-\sqrt{2}y+1=0$, 法線 $\sqrt{2}x+y-2\sqrt{2}=0$ **問 25** (1) $(-1,0)$ (2) $(0,0)$ (3) $(0,0)$
問 26 (1) $(3,2)$ で極小値 -7 (2) $(\frac{2}{3},\frac{2}{3})$ で極大値 $\frac{8}{27}$ (3) 極値なし
(4) $(0,0)$ で極小値 0 (5) 極値なし **問 27** (1) $x=1$ で極大値 $y=2$, $x=-1$ で極小値 $y=-2$ (2) $x=2$ で極小値 $y=4$ (3) $x=\sqrt[3]{2}$ で極大値 $y=\sqrt[3]{4}$ **問 30** (1) $(2,2)$ で極大値 4, $(-2,-2)$ で極小値 -4
(2) $(1,1),(-1,-1)$ で極小値 2

演習問題 4-A

1. (1) 極限値なし (2) 0 **2.** 平面全体で連続
3. (1) $z_x=2x\cos(x^2+y^2),\ z_y=2y\cos(x^2+y^2)$ (2) $z_x=\frac{y}{\sqrt{1-x^2y^2}}$, $z_y=\frac{x}{\sqrt{1-x^2y^2}}$ (3) $z_x=ye^{xy}\tan^{-1}y,\ z_y=e^{xy}(x\tan^{-1}y+\frac{1}{1+y^2})$
(4) $z_x=y\log(2x+y)+\frac{2xy}{2x+y},\ z_y=x\log(2x+y)+\frac{xy}{2x+y}$
4. (1) 調和 (2) 調和 (3) 調和でない (4) 調和でない
5. 連続は明らか. 偏微分可能でないことは, $(e^{|h|}-1)/h$ の $h=0$ における極限値が存在しないことから分かる (右極限と左極限を考えよ).
6. (1) $f_x(0,0)=f_y(0,0)=0$ (2) $\varepsilon(h,k)=hk\sin\frac{1}{\sqrt{h^2+k^2}}=o(\sqrt{h^2+k^2})$ を示せ. (3) $f_x=y\sin\frac{1}{\sqrt{x^2+y^2}}-\frac{x^2y}{\sqrt{(x^2+y^2)^3}}\cos\frac{1}{\sqrt{x^2+y^2}}$ より $(0,0)$ で不連続.
7. (1) 接平面 $x+y-z=1$, 法線 $x=y=2-z$
(2) 接平面 $2x-3y-z=-1$, 法線 $\frac{x}{2}=\frac{y}{-3}=1-z$ (3) 接平面 $2ax+2by-z=a+b$, 法線 $\frac{x-1}{2a}=\frac{y-1}{2b}=a+b-z$ **9.** (1) 接線 $2x-y=2$, 法線 $x+2y=1$
(2) 接線 $3x+4e^2y=20$, 法線 $4e^2x-3y=16e^2-6/e^2$
10. (1) $y+xy-\frac{y^2}{2}+\frac{x^2y}{2}-\frac{xy^2}{2}+\frac{y^3}{3}+\cdots$ (2) $(x+y)-\frac{(x+y)^3}{6}+\cdots$

問題の略解

(3) $1 - \frac{(x+y)^2}{2} + \cdots$　**11.** (1) $\frac{dy}{dx} = -\frac{2x+y}{x+2y}$, $\frac{d^2y}{dx^2} = -\frac{6(x^2+xy+y^2)}{(x+2y)^3}$
(2) $\frac{dy}{dx} = \frac{x(3x+2)}{2y}$, $\frac{d^2y}{dx^2} = \frac{4y^2(3x+1)-x^2(3x+2)^2}{4y^3}$　(3) $\frac{dy}{dx} = \frac{x^2-y}{x-y^2}$,
$\frac{d^2y}{dx^2} = \frac{2xy}{(x-y^2)^3}$　**12.** (1) なし　(2) $(0,0)$　(3) $(0,0)$
13. (1) $(0,0)$ で極大値 0　(2) $(3,3)$ で極小値 -26　(3) $(0,0)$ で極小値 0, $(\pm 1, 0)$ で極大値 a/e　**14.** (1) $x=1$ で極大値 $y=1$, $x=-1$ で極小値 $y=-1$　(2) $x=-2/9$ で極大値 $y=4/27$　(3) $x=0$ で極大値 $y=1/2$, $x=\pm 1$ で極小値 $y=-3/2$　**15.** (1) $(\pm 1/\sqrt{3}, \pm 1/\sqrt{3})$ で極大値 $1/3$, $(\pm 1, \mp 1)$ で極小値 -1　(2) $(3,3)$ で極大値 18, $(0,0)$ で極小値 0
16. $\frac{|ax_0+by_0+c|}{\sqrt{a^2+b^2}}$　($g = ax+by+c, f = (x-x_0)^2+(y-y_0)^2$ として，定理19を適用)

演習問題 4-B
1. $z_r = z_x \cos\theta + z_y \sin\theta, r/z_\theta = -z_x \sin\theta + z_y \cos\theta$ より求める等式を得る．
2. $f(tx,ty) = t^n f(x,y)$ の両辺を t で微分して，$t=1$ とおく．
3. (1) $h''(x) = 6x + \psi''(x), \psi''(x) = -16/y^3$ を示せ．
(2) $(2/\sqrt{3}, -2/\sqrt{3})$ で極小値 $2\sqrt{3}/9$, $(-2/\sqrt{3}, 2/\sqrt{3})$ で極大値 $-2\sqrt{3}/9$

第5章
問 5 (1) $(b^2-a^2)(d^2-c^2)/4$　(2) $1/15$　(3) $9/4$
問 6 (1) $\int_0^2 dx \int_0^{x^2} f(x,y) dy$　(2) $\int_1^4 dy \int_2^3 f(x,y) dx + \int_4^9 dy \int_{\sqrt{y}}^3 f(x,y) dx$
(3) $\int_0^1 dy \int_y^{2-y} f(x,y) dx$　**問 7** (1) $\int_0^1 dx \int_0^x x^2 y \, dy = 1/10$
(2) $\int_0^\pi dy \int_y^\pi y \cos(x-y) dx = \pi$　(3) $\int_0^1 dy \int_0^y \sin(\pi y^2) dx = \frac{1}{\pi}$
(4) $\int_0^1 dx \int_0^x e^{-x^2} dy = \frac{1}{2}(1 - \frac{1}{e})$
問 9 (1) $7/48$　(2) $4/9$　(3) $\pi/2$　(4) $\pi a^3/6$　(5) 0
問 10 (1) $1/2$　(2) 1　(3) $2\pi a$　(4) $1/(1-\alpha)(2-\alpha)$
(5) $\alpha > 2$ のとき $\pi/(\alpha-2)$, $\alpha \leq 2$ のとき ∞　(6) $-\pi$
問 11 (1) $1/6$　(2) $1/24$　(3) $1/12$　**問 14** $\pi/4$
問 16 (1) 8π　(2) $4(9-5\sqrt{5}/3)\pi$　(3) $2a^3/3$
問 17 (1) $5\pi/3$　(2) $\pi a^2/2$　**問 18** (1) $\sqrt{3}/2$　(2) $2\pi ah$
(3) $8a^2$　(4) $12(3-\sqrt{5})\pi$　(5) $2\pi\{\sqrt{2}+\log(1+\sqrt{2})\}$

演習問題 5-A
1. (1) $2/3$　(2) $(e^p-1)(e^q-1)/pq$　(3) $2/3$　(4) $8/15$
2. (1) $\int_0^1 dy \int_y^{\sqrt{y}} f(x,y) dx$

(2) $\int_0^a dx \int_0^x f(x,y)dy + \int_a^{2a} dx \int_0^{2a-x} f(x,y)dy$

3. $\int_0^a dx \int_0^x f(y)dy = \int_0^a dy \int_y^a f(y)dx = \int_0^a (a-y)f(y)dy$

4. (1) $\int_0^1 dy \int_0^{\sqrt{y}} \sqrt{y^2+y}\, dx = \frac{4}{15}(\sqrt{2}+1)$
   (2) $\int_{1/2}^1 dy \int_{1/y}^2 ye^{xy}\, dx = \frac{1}{2}e^2 - e$ 5. (1) $4/3$ (2) $(e-1)/4$
   (3) $(p+q)\pi a^4/4$ (4) $2ab(a^3+b^3)/15$ (5) $(3\pi-4)/9$

6. (1) $(e-1)/e$ (2) $\sqrt{2}/4$ (3) $\pi^2/16$ (4) 2π

7. (1) $1/8$ (2) 2π (3) $5\pi a^4/64$

8. (1) $4\pi a^3/35$ (2) $a^4/8$ (3) $4(8-3\sqrt{3})\pi/3$ (4) $2(3\pi-4)a^3/9$

9. (1) $\sqrt{2}\pi a^2/2$ (2) $2(\pi-2)a^2$ (3) $2\{2+\sqrt{2}\log(1+\sqrt{2})\}\pi$
   (4) $12\pi a^2/5$

演習問題 5-B

1. (1) 部分積分を用いて，$\Gamma(s+1) = s\Gamma(s)$．さらに，$\Gamma(1) = 1$ を示せ．
(2) $x = t^2$ とおいて，例題 4 の結果を使え．   (3) (1) をくり返し用いて，最後に (2) を使え．   **2.** (1) $\Gamma(p)\Gamma(q) = \iint_D e^{-x-y} x^{p-1} y^{q-1} dxdy, D = \{(x,y); x \geq 0, y \geq 0\}$ において，$x = uv, y = u(1-v)$ とし，u,v の累次積分で表せ ($u \geq 0, 0 \leq v \leq 1, J = -u$ に注意)．   (2) $x = \sin^2\theta$ とおけ．
(3) $p = (r+1)/2, q = s+1$ を代入して，$x = t^2$ とおいて積分を計算せよ．

3. (1) $V = 8\iint_D (1-x^p-y^p)^{1/p} dxdy, D = \{(x,y); x^p+y^p \leq 1, x \geq 0, y \geq 0\}$ において，$x = r^{2/p}\cos^{2/p}\theta, y = r^{2/p}\sin^{2/p}\theta$ と変数変換し，前問の結果を用いよ ($0 \leq r \leq 1, 0 \leq \theta \leq \pi/2, J = (2/p)^2 r^{(4/p)-1} \sin^{(2/p)-1}\theta \cos^{(2/p)-1}\theta$ に注意)．
(2) $4/45$ $(p=1/2)$, $4\pi/35$ $(p=2/3)$
(3) $x = au, y = bv, z = cw$ と変数変換すると，$J = abc$ となり結論を得る．

第 6 章

問 1 (1) $3/2$ (2) $1/4$ (3) $5/6$ 問 3 (1) 収束   (2) 発散
(3) 発散   問 4 (1) 収束   (2) 発散   (3) 収束   問 6 (1) 収束
(2) 収束   (3) 発散   問 7 (1) 収束   (2) 収束   (3) 発散
(4) 発散   (5) 収束   (6) 収束   問 8 (1) 絶対収束   (2) 条件収束
(3) 条件収束   問 10 (1) $r = \infty, (-\infty, \infty)$ (2) $r = 0, \{0\}$
(3) $r = 1/2$, $[-1/2, 1/2]$ 問 11 (1) 項別積分より   (2) $(1+x)^\alpha$ の展開式より   (3) (2) から $1/\sqrt{1-x^2}$ の展開式を求め，項別積分する．

問題の略解

演習問題 6-A

1. (1) 収束　(2) 発散　(3) 収束　(4) 発散　(5) 発散
(6) $a < c$ のとき収束, $a \geq c$ のとき発散　**2.** (1) $r=0, \{0\}$　(2) $r=1$, $[-1,1)$　(3) $r=\sqrt{2},(-\sqrt{2},\sqrt{2})$　**3.** $\sum a_n x^{2n} = \sum a_n(x^2)^n$ は $|x| < \sqrt{\rho}$ のとき収束, $|x| > \sqrt{\rho}$ のとき発散するから収束半径は $\sqrt{\rho}$. $\sum a_n x^{2n+1} = x \sum a_n x^{2n}$ の収束半径も $\sqrt{\rho}$. $a_n = (n!)^2/(2n)!$ のとき $r=2$.
4. e^x, e^{-x} の展開式から

演習問題 6-B

1. いずれも比較判定法による：(1) $\sqrt{a_n a_{n+1}} \leq (a_n + a_{n+1})/2$.
(2) $a_n \to 0 \ (n \to \infty)$ だからある項から先は $0 < a_n < 1$. このとき $a_n^2 < a_n$.
(3) ある項から先は $0 < a_n < 1/2$. このとき $a_n/(1-a_n) < 2a_n$.
2. 定理 14 の証明参照（あるいは定理 14 を使ってもよい．）
3. (1) $\log(1+x)$ ($|x|<1$) のマクローリン展開は $x=1$ で収束する．
(2) も同様．

付　章

問 1 (1) $y = ce^{ax}$　(2) $y = ce^{x^2/2}$　(3) $y = \tan(x^2/2 + c)$
問 2 (1) $y = ce^x - x - 2$　(2) $y = 2\tan(2x+c) - 4x - 1$
(3) $x + y + 2 = ce^y$　(4) $y = cx$　(5) $y = x^2/(c-x)$, $y = 0$ （特異解）
(6) $2\tan^{-1}(y/x) - \log(x^2 + y^2) = c$　(7) $x^2 - 2xy - y^2 = c$
問 3 (1) $x^2 - xy + y^2 + 3(x-y) = c$　(2) $x^2 - 2xy - y^2 - 6x - 2y = c$
問 4 (1) $y = ce^{-x} + x - 1$　(2) $y = e^{2x}(e^x + c)$
(3) $y = ce^x + \sin x + \cos x$　(4) $y = \frac{x}{2}\log x - \frac{x}{4} + \frac{c}{x}$
(5) $y = \frac{x}{x(1-\log x)+c}$, $y = 0$ （特異解）
問 5 (1) $y = c_1 e^{2x} + c_2 e^{3x}$　(2) $y = e^{-3x}(c_1 + c_2 x)$
(3) $y = c_1 \sin x + c_2 \cos x$　(4) $y = e^{-x}(c_1 \sin\sqrt{3}\,x + c_2 \cos\sqrt{3}\,x)$
問 6 (1) $y = (2x^2 - 6x + 7)/4$　(2) $y = e^{2x}/5$　(3) $y = \sin x - \cos x$
問 7 (1) $y = x^2 + 2x$　(2) $y = xe^{2x}/3$　(3) $y = x^2 e^x/2$
問 8 (1) $y = -(2x^2 + 2x + 3)/4 + c_1 e^x + c_2 e^{-2x}$　(2) $y = e^{3x} + e^{2x}(c_1 + c_2 x)$
(3) $y = -(7\sin x + \cos x)/50 + c_1 e^{2x} + c_2 e^{-3x}$
問 9 (1) $y = x^2 - x$ （特殊解），　$y = x^2 - x + c_1 e^{-x} + c_2$ （一般解）
(2) $y = x^2 e^{-x}/2$ （特殊解），　$y = x^2 e^{-x}/2 + e^{-x}(c_1 + c_2 x)$ （一般解）
(3) $y = x(\sin x - \cos x)/2$ （特殊解），
$y = x(\sin x - \cos x)/2 + c_1 \sin x + c_2 \cos x$ （一般解）

索　引

━━━欧　字━━━

ε-δ 論法　8
C^1 級曲面　127
C^n 級　116
C^n 級の関数　32
n 階線形微分方程式　197
n 回微分可能　32
n 階微分方程式　197
n 回偏微分可能　116
n 回連続微分可能　32
n 次導関数　32

━━━あ　行━━━

アステロイド　97, 101
アルキメデスの螺旋　98
1 階線形微分方程式　202
一般解　198
陰関数　134
陰関数の極値　140
陰関数の存在定理　134
上に有界　1, 6
ウォリスの公式　105
演算子　119
円柱座標　166
オイラーの関係式　45

━━━か　行━━━

カージオイド　99, 101
開区間　10
開集合　108
階数　197
外点　108
回転体　171, 174
下界　1
下限　1
カテナリー　104
関数　8
関数の連続性　112
ガンマ関数　95
逆関数の存在　12
逆関数の微分法　28
逆三角関数　14
逆正弦関数　14
逆正接関数　14
逆余弦関数　14
級数　179
求積法　198
球面座標　166

境界　108
境界点　108
狭義単調減少　12
狭義単調増加　12
狭義の単調関数　12
極　98
極限　109
極限値　4, 8, 109
極座標　98, 166
極座標系　98
極小　48, 138
極小値　48, 138
曲線　11, 100
極大　48, 138
極大値　48, 138
極値　48, 138
極値点　138
極方程式　98
曲面　107
曲面積　172
曲率　102
曲率半径　102
距離　108
近似列　160
近傍　108
区間　10
組合せ　2
グラフ　11
結節点　137
原始関数　63
減少関数　46
減少数列　6
広義積分　90
広義積分の存在　94
広義定積分　90
広義 2 重積分　160
広義 2 重積分可能　160
広義の極小　48
広義の極大　48
広義の極値　138
高次偏導関数　116
合成関数の微分公式　128
合成関数の微分法　26
交代級数　188
項別積分の定理　193
項別微分の定理　193
コーシーの定理　181
コーシーの判定法　187
コーシーの平均値定理　39

コーシー問題　197
コーシー列　20
孤立点　137
混合偏導関数　119

━━━さ　行━━━

サイクロイド　97, 101
最小数　1
最小値　36
最小二乗法　50
最大数　1
最大値　36
三角不等式　2
3 重積分　164
指数関数　13
始線　98
自然対数　13
下に凹　52
下に凸　52
下に有界　1, 6
実数の完備性　20
実数の連続性　2
重積分　147
重積分可能　147, 160
縦線型領域　152, 164
収束　4, 90, 179
収束域　191
収束半径　191
従属変数　106
シュワルツの不等式　62, 105
上界　1
上限　1
条件収束級数　188
条件付極値問題　142
剰余項　40
初期条件　197
初期値問題　197
初等関数　81, 112
数列　4
正規形　197
整級数　190
正項級数　182
斉次形　204
正則点　137
積分　63
積分定数　63, 198
積分の正値性　83, 149
積分の平均値定理　84
積分判定法　182

索　引

積分変数　63
接線　21, 136
絶対収束級数　188
接平面　124, 126
漸化式　70
全区間　10
尖点　137
全微分　123
全微分可能　120, 122
増加関数　46
増加数列　6
双曲線関数　19
存在　90

――― た　行 ―――

第 n 部分和　179
対数関数　13
対数微分法　28
多変数関数　106
ダランベールの判定法　186
単調関数　12
単調減少　12
単調数列　6
単調増加　12
値域　8, 106
置換積分法　66, 86
中間値の定理　11, 113
調和関数　116
直線の方程式　125
底　13
定義域　8, 106
定数係数 2 階線形微分方程式　204
定積分　82
テイラーの定理　40, 132
導関数　22
等高線　107
同次関数　145
同次形　200, 204
特異解　198
特異点　137
特殊解　198
特性方程式　204
独立変数　106

――― な　行 ―――

内点　108

2 回微分可能　32
2 項係数　3
2 項積分　80
2 項定理　3, 44, 194
2 次導関数　32
2 次偏導関数　116
2 重積分　147
2 重積分可能　147
2 変数関数　106
ニュートンの方法　62
ネイピアの数　7

――― は　行 ―――

はさみうちの定理　5, 10, 110
発散　4, 9, 90, 179
パラメータ表示された関数の微分法　30
比較判定法　184, 185
非斉次形　204
被積分関数　63
左極限値　9
左半開区間　10
左微分可能　22
左微分係数　22
左連続　10
非同次形　204
微分係数　21
微分　22
微分可能　21, 22, 120, 122
微分積分学の基本定理　85
微分方程式　197
不定形の極限　56
不定積分　63
部分積分法　68, 88
部分列　181
平均値の定理　38, 132, 149
閉区間　10
閉集合　108
平面の方程式　125
閉領域　108
ベータ関数　95
ヘルダーの不等式　62
ベルヌーイの微分方程式　203
変曲点　52
変数分離形　198
偏導関数　115
偏微分　115

偏微分可能　114
偏微分係数　114
偏微分作用素　119
偏微分の順序変更　118
方向微分係数　131
法線　60, 126, 136
法線ベクトル　125
補助方程式　204

――― ま　行 ―――

マクローリン級数　44, 133
マクローリン展開　44, 133
マクローリンの定理　41, 133
右極限値　9
右半開区間　10
右微分可能　22
右微分係数　22
右連続　10
未定係数法　205
無限回微分可能　44
無限積分　93

――― や　行 ―――

ヤコビアン　156, 165
ヤングの不等式　49
有界　1, 6
有界閉領域　108
有理関数　72

――― ら　行 ―――

ライプニッツの公式　34
ライプニッツの定理　188
ラグランジュの平均値定理　38
螺旋　98, 99
ラプラシアン　116
ランダウの記号　62, 120
リーマン和　82, 146
立体　169
領域　108
累次積分　150, 164
連続　10, 112
連続曲線　11
ロピタルの定理　57, 58
ロルの定理　37

監修者略歴

越 昭三
(こし しょうぞう)

1951 年　北海道大学理学部卒業
　　　　北海道大学名誉教授　理学博士
2003 年　逝去

著者略歴

高橋 泰嗣
(たかはし やすじ)

1971 年　岡山大学大学院理学研究科修士課程修了
　　　　岡山県立大学名誉教授　理学博士
2017 年　逝去

加藤 幹雄
(かとう みきお)

1974 年　広島大学大学院理学研究科修士課程修了
現　在　九州工業大学名誉教授　理学博士

数学基礎コース＝H2

微分積分概論 [新訂版]

1998 年　5 月 10 日 ©	初版発行
2013 年　1 月 25 日	初版第 24 刷発行
2013 年 11 月 10 日 ©	新訂第 1 刷発行
2025 年　2 月 10 日	新訂第 16 刷発行

監修者	越　昭三	発行者	森平敏孝
著　者	高橋泰嗣	印刷者	篠倉奈緒美
	加藤幹雄	製本者	小西惠介

発行所　株式会社　サイエンス社

〒151-0051　東京都渋谷区千駄ヶ谷 1 丁目 3 番 25 号
営業☎ (03) 5474-8500 (代)　FAX☎ (03) 5474-8900
編集☎ (03) 5474-8600 (代)　振替 00170-7-2387

印刷　(株)ディグ　　　　　製本　ブックアート

《検印省略》

本書の内容を無断で複写複製することは、著作者および
出版者の権利を侵害することがありますので、その場合
にはあらかじめ小社あて許諾をお求め下さい。

ISBN978-4-7819-1329-2

PRINTED IN JAPAN

サイエンス社のホームページのご案内
http://www.saiensu.co.jp
ご意見・ご要望は
rikei@saiensu.co.jp　まで．